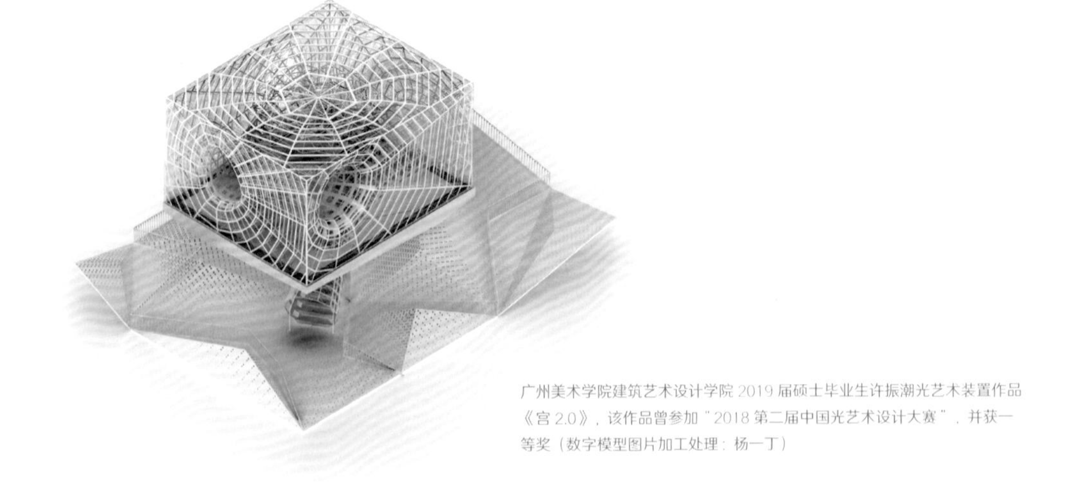

广州美术学院建筑艺术设计学院2019届硕士毕业生许振潮光艺术装置作品《宫2.0》，该作品曾参加"2018第二届中国光艺术设计大赛"，并获一等奖（数字模型图片加工处理：杨一丁）

照明艺术设计

光与空间形象

林 红
杨一丁 著

上海·同济大学出版社

序

自十年前起，很多高校都针对照明设计教育进行着不懈的探索。其中，广州美术学院（简称“广美”）探索出一条颇具特色的教学道路，并为中国照明设计的人才培养作出重要贡献。

《照明艺术设计：光与空间形象》一书为林红、杨一丁两位老师的教学经验总结，是一本教学笔记，更是对广美十年来照明设计教学思想的阐释。先撇开本书不谈，理解广美的照明设计教育，我认为有两个主要的观察视角。

视角一：学生作品。我对于广美学生作品的深刻印象始于 2012 年 BPI 学生竞赛的一等奖作品《黑河》—— 用反设计的语言探讨了珠江两岸的过度亮化问题。此后，我担任各类评委多年，总能从众多设计中比较快地认出广美的学生方案。当然，这种高辨识度不是来自表达形式，而是来自作品中展现出的接地气、对美好生活的热爱，以及用光手法的细腻与轻松，“接地气”是其中最为可贵的特质。广美的环境行为观察多来自广东地区的街头巷尾，以那些看似熟悉但实则陌生的光、人、空间关系作为照明设计的切入点，学生们总能够轻松地放下设计师的包袱，进入设计画面之中，由旁观者变为参与者，甚至评委也常被带入其中，感同身受地会心一笑。说到此处，不由得要提及那些作品被收录到《照明艺术设计：光与空间形象》一书中作为教学范例的学生，其中很多人已成为照明设计的行业骨干，建立今日与往昔的映射，对于业内读者而言，真是一件趣事。

视角二：教师本人。我与林红、杨一丁两位老师相识多年。两位平日里轻松随和，对于教学一丝不苟，遇事立场鲜明，颇有金庸笔下的侠侣风范。在教学科研的规定动作外，他们更像学生社团里的“大家长”，推动并指导学生参加各类竞赛，利用各种途径维护并做强广美照明设计教育的学术声誉，建立纵向各年级学生间的学术联系，定期组织毕业生与在校生的交流，维系与用人单位之间的良性互动，利用各地学术活动的间隙与校友交流经验，尽力照顾到每一名学生的成长，并将全程育人延伸到职场。照明设计教育中隐去的一个关键词就是“职业”（Professional），对于职场的信息提取和教学反馈，是教育能够有的放矢的重要环节，也是渗透到《照明艺术设计：光与空间形象》各章节文字中的颇有价值的看点。

本书的出版，为我们提供了理解广美照明设计教育的新视角，即师生间最本质的关系——课堂教学。关于光与空间，从教学角度进行纯形式或形而上的讨论容易，但回归日常生活、回归真实视觉任务，则需要对于生活的敏锐洞察，以及对于照明的逻辑阐释，特别是将其提炼转化为设计问题的能力。因此，光与空间也是照明设计中最难教的内容之一，与尺度密切相关，要求较高的实现度，而非简单的图像呈现。在特色教学层面，两位老师借用了建筑照明、戏剧照明与灯具设计的方法，三者在光的几何原理上同源，但承载的内容不同：建筑照明为人的使用；戏剧照明为面向观众的呈现；灯具设计为光的传递。在教学过程中，他们将三者结合，强调了空间中光环境的实用性、叙事性与可实现性，以追求美好光效果为导向，也对应了书中提到的突出“艺术性”“实验性”“创作性”的教学原则。在设计工具层面，两位老师坚持将缩尺照明模型作为学生的设计研究工具，区别于各类绘图式设计的纸上谈兵，也解决了足尺灯光装置造价高、探索尺度受限等问题，并与建筑、景观设计教学中的模型研究实现了对接。另外，他们在照明设计教学中强调了对于设计问题的创造性解决思路，不仅强调专业分工，更看重光与空间的专业合力。

本人先睹为快，并将其推荐给与光之设计有关的教师、学生以及从业者。当然，也遗憾于很多关于光的教学探讨难以通过纸媒的形式准确传递。期待两位老师通过线下展览、线上视频等更多辅助方式，将广美的教学经验推荐给更多院校，并期待高校间关于照明设计能有更多的思想交流涌现。

张昕　博士

清华大学建筑学院副教授
英国剑桥大学访问学者

目录

导言

照明设计是一个日趋复杂的综合性工作，其中包含了科学技术和文化艺术等多重内涵，其设计过程和成果中所对应的因素有的可以较为精准地量化实现及评价，有的则难以直接描述和表达。这使得照明设计更容易偏向于依赖规范标准，而忽略更加细腻、感性的创新引导，容易失之片面和平庸。如果要拓展相关专业设计人员和学习者的知识领域、思维方式和解决问题的方法，就要对其知识和能力的构成进行分析，并有针对性地进行全面的培养与训练。

一个好的照明设计应该在理性校准和感性认知上都有出色的表达。本书涉及的课程教学依照所培养的艺术设计系学生的专业特点，确立理论教学与设计实践并重的照明设计教学框架，引导学生理解照明在功能和审美上所扮演的双重角色。

课程体系

教学内容——引导学生关注三个核心问题

（1）光对空间的意义：借由光可以显现和强化空间的形态和内涵，光为空间创造出合适的主题氛围。

（2）光的趣味性：光是情感交流的媒介，灵动善变；光可以带来场景化意趣，带给人们丰富的生理和心理体验。

（3）光的设计方法：照明设计包含科学理性的量化追求，更注重基于使用者和创作者内心的想象与表达，寻找想象与表达的契合点，让光要素在空间环境中以最合适、最美好的形态方式显现。

教学流程——四个环节有针对性地动态调整组合

在教学过程中，我们设置了“记录与叙事”“体验与想象”“设计与表达”“模型引导的照明设计”四个环节，分别对应解决以下几个问题：以记录与叙事为手段的知识讲授和认知；基于体验与想象的构思创意；熟练掌握照明设计的专业绘图技能；用缩尺及数字模型预测对光线要求敏感空间所采取的自然光和人工照明效果，引导设计过程推演，用等比例照明模型模拟真实的空间照明。这四个环节以多种形式进行不同侧重的组合，教学全过程中始终贯穿图文手段的运用，并反映在学生知识背景、专业水平、教学目标定位各自不同的课程里。

在总体的教学理念指导下，整个教学内容成为一个结构明确、内容跟随照明专业发展及学习者自身需求、接受力不同而调整变化的动态知识体系与训练包，并已成为广州美术学院建筑学、环境设计、风景园林专业本科生的必修核心课程，以及非空间设计类美术及艺术设计专业的选修课程和硕士研究生的专业研究课程。经过多年教学实践，该课程教学取得了显著的成效。我们希望借本书的出版，为教育、设计领域的同行及相关人士提供相关经验参考，并引发更多、更深入的照明设计思考与实践。

理论基础

任何设计的问题都不应该仅仅是对功能和形式的简单处理，更不应该是滥用手段的炫技，而是要在错综复杂的问题及其关系中梳理出脉络和线索，将已有的手段有针对性地施加上去，并寻找、发现新方法以更有效地解决问题。这要求设计者有明确的概念和清晰的思维逻辑，而理论原理的学习是培养这一能力的基础。

对于照明设计学习和工作而言，如果设计者在照明设计的理论原理、相关的艺术观念、著名设计师的经验手法等内容上存在“陌生感”和“距离感”，无疑将阻碍其有效的专业知识认知和设计实践。

在本书介绍的课程教学内容中，借鉴了大量照明领域的经典理论，以及对于城市照明、建筑照明、室内外照明等新诠释、新实验的内容。

为了突出核心理论基础的价值和对经典的借鉴，我们选取了四个照明设计理论——照明三部曲理论、舞台照明理论、完形理论和间接照明理论，三位照明设计大师——面出薰（Kaoru Mende）、近田玲子 (Reiko Chikada)、乌瑞卡·布兰迪（Ulrike Brandi）的设计理念和手法，以尽可能涵盖人、空间和光的多重关系，并呈现照明设计领域的重要理念及其影响。

增强焦点光

减弱环境光

引入装饰光

强度、亮度、扩散方式、

光谱色彩、方向和运动

控制光特质的目的在于形

成有层次的光，不仅照亮

环境和物体，更重要的是

营造环境气氛

第一章

照明三部曲

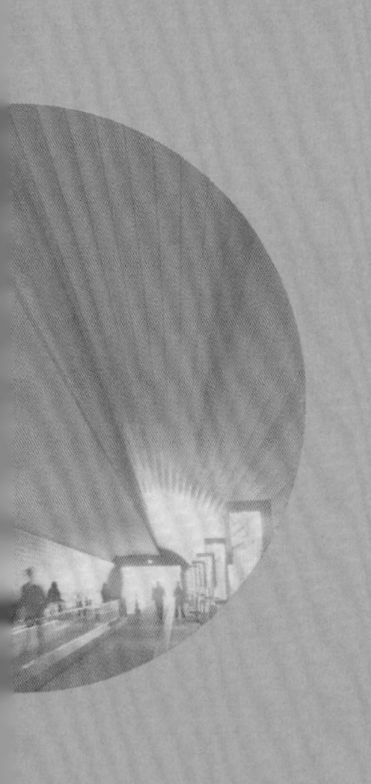

照明三部曲理论

照明是建筑中构成视觉艺术的重要部分 ，最重要的是今天我们能做好的事情，但是明天就不足够了。在逻辑上我可以设计很多照明技术来改善人们的生活或让房子更加美丽，但是直到我们有了实践经验才诉诸文字。[1]

—— 理查德 · 凯利

在早期的现代主义建筑中，如何将照明和建筑完美结合是当时亟待解决的问题。美国著名照明设计师理查德·凯利（Richard Kelly，1910—1977）认为，灯光是建筑设计不可分割的一部分，他从视觉心理学的感知理论、舞台灯光的实际经验，以及自然界的光学效应中获取了丰富的灵感，并进行了很多设计实践，将属于经验和感知层面的以舞台灯光制造气氛的手法及其他要素与以视觉心理学为基础的照明设计理念综合运用到了建筑照明之中。

理查德·凯利基于人的视觉感知将照明分成三种基本的效果："①焦点光或高光（Focal glow or highlight），②环境光或分级光（Ambient luminescence or graded washes），③装饰光或锐利的细节光（ Play of brilliants or sharp detail）……每一个效果在环境表现中都具有特定的角色和作用。"[2]

为了帮助设计师更好地理解如何应用该理论指导照明设计，理查德·凯利把他的照明设计理论转化为三种设计策略。

（1）增强焦点光

"增强焦点光"是理查德 · 凯利在一个场景中强调一个物件的手法。他这样描述："增强焦点光就像现代舞台上的追光灯，就像灯光打在你最爱的阅读座位上，或者初升的阳光点亮峡谷的尽头；就像黑暗中打在脸上的烛光，或者你走在昏暗的楼梯上时面前的那一束手电光……增强焦点光使照明对象更加清晰明了，也可以用来在商店橱窗里凸显售卖的商品。它可以把重要的东西从一堆不重要的东西中分离出来，让人们一目了然。"[3]

1. Margaret Maile Petty.Play of Brilliant. lighting: Illumination in Architecture, 2016(48).
2. 同上。
3. Thomas Schielke. Light Matters: Richard Kelly, The Unsung Master behind Modern Architecture ' s Greatest Buildings. [2014-05-20]. https://www.archdaily.com/501008/light-matters-richard-kelly-the-unsung-master-behind-modern-architecture-s-greatest-buildings.

（2）减弱环境光

减弱环境光是让人大体上感知环境的背景光。理查德·凯利用形象的语言描述："减弱环境光就像清晨一望无际的雪原，就像海上的大雾中小艇的灯光，又像是宽阔的河面上，将河水、堤岸与天空模糊成一片的黯淡的天光。这就是为什么艺术画廊偏好用白墙、透明天花板与条状灯带。减弱环境光是没有影子的泛光，用以消解背景物体的形状和体积。"[2]

（3）引入装饰光

装饰光是指动态而丰富多彩的光线，把光线本身作为一种信息。理查德 · 凯利这样描述："装饰光，如同夜晚的纽约时代广场，或者 18 世纪那种被烛光和水晶吊灯点亮的宴会厅。是喷泉或者潺潺流淌的小溪反射的跳动的阳光，是洞穴中埋藏的钻石，也可以是教堂里五彩的玫瑰窗……它刺激人们的身体和精神，鼓舞人心甚至增进食欲，激发好奇与想象。"[2]

理查德 · 凯利的视觉美学，就是以上三个层次（或三种策略）交织的产物，虽然在很多时候其中某一个层次会被刻意凸显。

理查德·凯利设计完成了很多标志性的作品，他的理论能够指导照明设计成为优秀范例，他的实践也反复验证了照明层次理论的可行性。理查德 · 凯利为西格拉姆大厦所做的出色照明设计赢得了美国建筑师协会（AIA）的荣誉，就是为了表彰他在"建筑中的用光"方面的卓越成就，建筑界也自此认识到了照明设计作为一个专门行业的价值。

视觉心理学和舞台照明对建筑照明设计的影响

理查德 · 凯利在建筑设计中考虑环境心理因素，确立了以视觉心理学为基础的照明设计理念，成为今天所有建筑照明设计的基本准则，用来指导设计师调整环境中的光状态，营造空间层次和氛围，改善人的切身感受。

理查德 · 凯利的理论体系改变了之前简单地以均匀照度（一个量化指标）等作为主要照明设计依据的情况，提供了一种通过分层次的照明理论来分析空间、确立照明概念和控制光品质的方法。照明从仅重视“数量”问题转变为更关注“质量”问题，更多地从视觉的、心理的、体验的角度去认识和运用光。

最早有意识地将照明作为一种艺术表现方式对待的是舞台灯光设计。光无形、不可触摸，但当光遇到空间中的物体时即可赋予不同的几何形状。光创造出实与空的空间效果，“而舞台作为逐次展开又瞬息变化的行动的场所，提供的是运动中的色彩和形式”[4]，通过光的亮度、色彩、分布等变化能够有效塑造舞台气氛，呈现场景细腻的层次和细节，牵动观众的情绪。

舞台照明所产生的艺术效果给现代建筑照明设计带来很大的启发。耶鲁大学戏剧学院负责舞台灯光设计课程的著名教师史坦利 · 麦坎德利斯（Stanley McCandless）指出，舞台灯光影响气氛的效果将对日常环境带来影响。理查德·凯利作为史坦利的学生延续了这种理念，并将用光制造不同舞台气氛的手法运用到了建筑照明之中，使得建筑照明理论体系更加完善。

威廉 · 林（William Lam，1924—2012）是现代照明设计的另一位重要创始人。20 世纪 70 年代，威廉 · 林提出照明中的视觉心理学研究，并以视觉心理学的研究成果为基础，综合人的生理和心理特点，从感性角度完善了照明理论。他认为，照明设计应以满足人的需求为基本出发点和最终目标，具体应满足以下几个方面的需求：①行为需求（人们有意识地获取信息），②生理需求（无意识的感知，光线在背后操控我们的身体），③心理需求（应能识别和理解周围环境，感到安全，看到风景），④方向性需求（理解空间、引导空间方向和道路，感受时间、天气、环境的变化），⑤交流需求（公共生活、社交、观看的需求）。

威廉 · 林的设计理念是将灯光与建筑形式融为一体。他运用视觉感知原则来决定应该照亮什么以及为什么这样做，其设计的重点始终是照明建筑表面，包括结构和其他需要强调的部分。他认为，天花板应该发光，墙壁应该发光；如果想要漂亮的灯具，就用建筑表面来设计，这样可以扩展空间并创造亮度感，从而产生视觉上的舒适感和兴趣。他虽然没有发明间接照明，但他在寻求无眩光环境时将其提升到一个全新的水平。华盛顿地铁照明就是他设计理念的完美体现。

4. 奥斯卡 · 施莱默，等 . 包豪斯舞台 . 周诗岩，译 . 北京：金城出版社，2014.

光品质控制和设计手法

六种光的特质

理查德·凯利认为照明设计需要控制六种光的特质：强度、亮度、扩散方式、光谱色彩、方向和运动。控制的目的在于形成有层次的光。例如，利用扩散光形成均匀、柔和的光场；通过改变光的明暗、颜色、方向、照射区域的大小、形状或质感等，制造场景的变换和不同的气氛等。在他的理念中，光不仅仅照亮环境和物体，更重要的是营造环境气氛，影响人的情绪。

照明设计手法

在理查德·凯利的很多经典照明项目中，具体的照明手法包括：间接照明、洗墙照明、发光天棚、内透光照明、采光天窗、外环境照明、下照聚光灯、树枝形吊灯等。这些具体手法体现了照明三部曲理论的灵活组织与运用，并成为沿用至今的经典照明手法。

理查德·凯利对建筑材料和构造的精深研究，对环境诗意的追求，以及对建筑采光和照明的深刻理解，使得他与建筑师们合作完成的作品成为建筑照明中的典范，如玻璃住宅（Glass House，1949)、耶鲁大学美术馆（Yale University Art Gallery，1953)、西格拉姆大厦（Seagram Building，1958)、杜勒斯机场 (Dulles International Airport，1963)、耶鲁大学英国艺术中心（Yale Center for British Art，1974) 等建筑中的照明设计。

照明三部曲理论应用范例

下面以商店照明为例，解析 Erco（欧科）定性照明三部曲设计语法[5]：

环境光——强调均匀的垂直照明、水平照明、货架商品照明和空间引导。

焦点光——强调商品、表皮、空间区域，在知觉中创建层次结构的重点光，吸引观察者注意力，显示商品细节和建筑元素。

装饰光——强调装饰、欣赏和审美，可以选用色光或装饰性灯具。

5. Light for the World of Shopping: Planning Principles and Design. [2018-09-10].https://www.erco.com/planning-light/mediaassetpool/lighting-technology/lighting-analysis-shops-6556/en/.

范例：斯图加特 Frische Paradies 公司销售空间的定性照明设计

图 1–1

(a) 在该案例的商品展示中，设计师提出了细致的照明概念，采用各种配光、灯光颜色和安装的方法，主要有洗墙照明、一般照明、重点照明，以及采用冷色和暖色光区分新鲜食品柜台和市场大厅等具体措施

(b) 洗墙照明强调室内深度。在长长的鱼类陈列后面的洗墙照明创造出宽敞而明亮的空间印象。嵌入式灯具与顶棚设计融合在一起，因此是灯光效果而非灯具决定了视觉感知

(c) 一般水平照明展示台面商品。采用一般水平照明展示新鲜和美味的鱼和其他海鲜。通过嵌入式筒灯的点光源在食品上创造出迷人的光彩

(d) 重点照明强化商品展示。强调照明强调货架，展示区和标牌。如果布置和装饰发生变化，则简单调整射灯和替换光分布透镜即可实现

(e) 暖光适合暖色材料。暖白色 3000K 与市场大厅的木质天花板的暖色相对应。这种颜色使大厅具有愉悦的氛围，也有利于带有暖色的食品，例如烘焙食品和肉类

(f) 冷光适合鲜货区域。凉爽的中性白光 4000K 强调了鱼类区域中冷白色和蓝色色彩效果，也为商品带来了新鲜而诱人的形象展示

3000K
4000K
FISCH
(b)
(c)
3000K
4000K
FISCH
(e)
(f)

图 1-2《一条街道的神秘与忧郁》

范例：看光束讲故事（2016 级建筑，许雨桐 / 图 1-3，图 1-4）

背景描述：《一条街道的神秘与忧郁》（*Mystery and Melancholy of a Street*，乔治·德·基里柯（Giorgio de Chirico），1914 年，图 1-2），画上的透视景深和诡异的气氛极富感染力。一个女孩在街上滚铁环，街两旁的建筑一明一暗，街道前方有一道怪异的长长的人影，天空阴沉，街上却十分明亮。基里柯承认这幅画来自尼采对意大利荒漠广场描绘的启迪，长长的阴影，加上极不正常的明暗对比，给观众留下不安和神秘的印象。

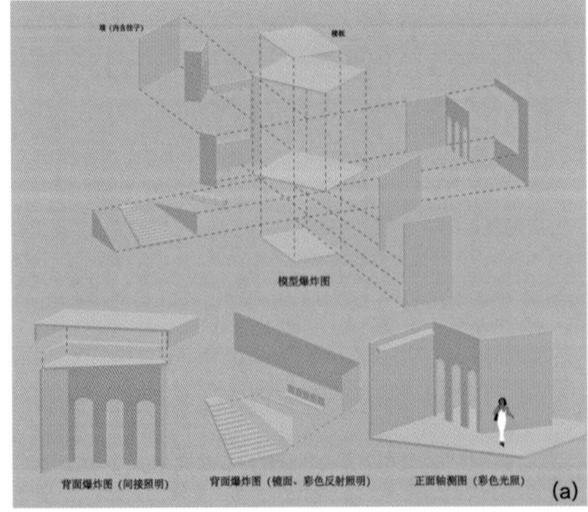

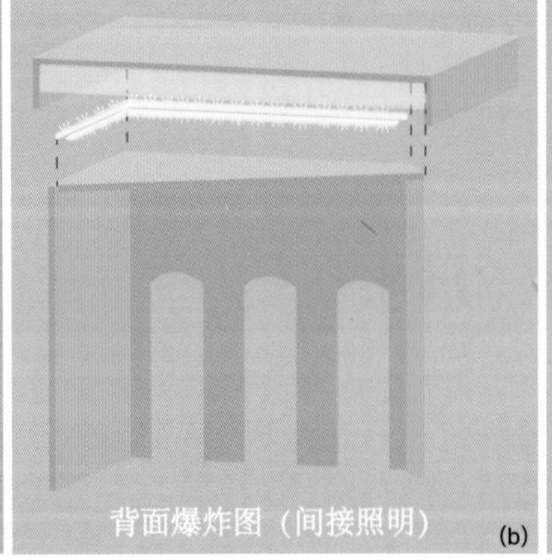

设计要求：从基里柯绘画作品中学习用光层次。要求确定设计概念，分析形成神秘气氛的原因，学习绘画中明暗高对比的手法，学习光源位置对阴影长度的影响，运用多种光的手法（直接光、间接光）对空间模型进行光环境塑造，满足空间照明的三个层次（详见表 7-2）。

作业评析：（为配合理论阐述，此处只截取了学生课程作业中的单元片段，重点展示通过学习绘画来感知光与空间关系，进而构思如何设计再现的过程。）《看光束讲故事》的设计概念是受基里柯绘画《一条街道的神秘与忧郁》的启发而设计的一个广场模型——被看作“上演日常生活的剧场”，主调为神秘，希望让观者在观看光束变化时感受心情的变化。空间设计为给定的两个盒子空间的交错组合，空间的一侧为类似原画作的广场，运用冷暖的光和色呼应原绘画中建筑和街道的明暗和色彩。在这个照明设计中，采用间接照明的环境光、聚光效果的焦点光、镜面材料反射的橘色装饰光实现了照明的三个层次。

图 1-3
通过设计呼应《一条街道的神秘与忧郁》中的空间和主题气氛

(a) 廊内的间接透光成为环境光，用以表达空间
(b) 聚光灯形成焦点光，用以表达独白
(c) 镜面材料反射的橘色灯光作为装饰光，用以增加空间的活力，缓解忧郁

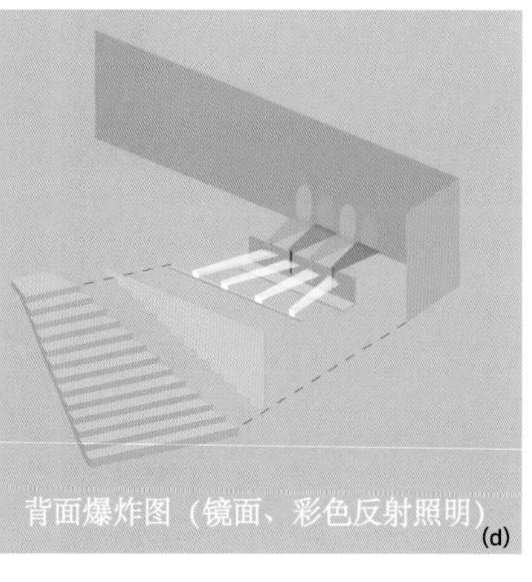

图 1-4
受《一条街道的神秘与忧郁》启发设计的广场空间轴测图

(a) 两个盒子穿插而成的空间与灯光设计轴测图
(b) 色温和色光共同形成间接环境光
(c) 聚光灯制造的焦点光
(d) 镜面反射制造的橙色装饰光

范例：三场王家卫电影布景及灯光设计

（2017 年“艺术照明”选修课，叶思华，陈梓聪，黄俊豪，古少华，黄耀荣 / 图 1-5）

背景描述：王家卫在其电影作品中擅长通过光影与语言寓意表现关于情欲与回忆等题材。例如，电影《2046》运用绚丽的灯光和华美的服饰以灰暗色调烘托出影片整体的情感氛围；电影《东邪西毒》大量使用了“蓝黄互补”的色彩规律，明亮的颜色与漆黑的周围环境形成强烈的对比；电影《重庆森林》用消夜档的冷色调凸显出伤感和寂寞。

设计要求：从王家卫电影中学习布景和灯光技法，进行同名再创作，重新设计空间布景及灯光（“Lighting for Art——电影或舞台灯光设计”课程任务书）。

（1）从电影布光中学习：电影布光属于艺术，它不仅仅停留在“再现”，其价值在于“表现”。观摩影片，通过分析镜头空间和照明，学习获得“好影像”的布光三要素：侧光、明暗和立体感，图示分析灯位、方向、强弱、色彩等。

（2）从舞台灯光中学习：通过学习舞台灯光布局、灯具选用、灯光控制的技术，了解色彩渲染、节奏变化等所形成空间的气氛，设计剧目的特定空间。构思空间及灯光氛围，运用多种光的手法（直接光、间接光）对空间模型进行光环境塑造，满足空间照明的三个层次：环境光、焦点光、装饰光。借助电影或舞台的场景布光，通过改变光的位置、方向、色彩、明暗等做出戏剧化场景变化的效果图。

作业评析：来自动画专业的同学在本专业的学习中，需要借助电脑设计动画空间，并在空间中放入道具，布置灯光。这项作业要求学生观看王家卫三部电影后，从每部中选取一个段落，提炼该段落的空间特征、气氛和灯光模式，与电影同名再创作一幕新的场景。作业《2046》里的客房灯光采取吸顶灯制造环境光，床头灯制造焦点光的方法呈现了客房的现实感。作业《东邪西毒》的色调和构图则做了大胆的二次创作，用极低的地平线构图将画面分割成非常规视点，散射光让空气和沙漠弥漫着落日的红色。作业《重庆森林》中的厨房柜台内外加强了亮度对比，使画面更具戏剧性。

图 1-5

左列：王家卫电影片段截屏

右列：根据电影片段用光再创作的布景和布光

范例："纪念碑谷式"带院子的公寓（2016 建筑，万裕琪 / 图 1-8）

图 1-6 游戏《纪念碑谷》页面

背景描述：《纪念碑谷》（*Monument Valley*）是一款由 Ustwo Games 独立游戏工作室在 2014 年开发和发行的解谜游戏（图 1-6）。在游戏中，玩家引导主人公"公主"艾达在错视和不可能的几何物体构成的迷宫中行走，通过每个关卡，到达目的地。

如"纪念碑谷"般迷幻的建筑在世界上的确存在。一栋公寓建筑，名为"La Muralla Roja"——"红墙"（西班牙语），坐落在西班牙卡尔佩小镇上，由西班牙建筑师里卡多·波菲尔（Ricardo Bofill）于 1968 年设计。樱粉、朱砂、砖红等不同层次的"红"色调充盈着整座建筑，而公共庭院和楼梯上涂刷着天蓝、靛蓝和紫色……颜色的不同强度在光线下产生迷幻的效果（图 1-7）。

设计要求：从游戏空间和建筑作品案例中学习用光层次。通过学习案例空间布局，根据切割、并置、穿插、套叠等作业指引的要求，设计公寓的院落和阶梯。理解物体颜色和光色的区别，运用多种光的设计手法进行光环境的塑造。在戏剧化场景灯光再设计环节，依旧利用该空间呈现两种不同的场景设计，或者借助戏剧和电影的场景利用软件通过改变光的位置、方向、色彩、明暗等做出两张戏剧化场景变化的效果图（详见表 7-2）。

图 1-7 西班牙红墙公寓空间形式和色彩

作业评析：该作业受《纪念碑谷》游戏空间和纪念碑谷现实版西班牙红墙公寓的启发，设计了错综复杂的公寓户外楼梯和庭院，借鉴了样板的空间形式，建筑材料采用素混凝土，照明设计包括以下几个层次：由楼梯底部向上掠射墙面的光形成垂直面上柔和的环境光；从窗口投射出的光聚在墙面或地面，形成焦点光；埋在庭院沙粒下面的灯发出斑驳的光投射在树木上，星光点点，形成装饰光。在戏剧化场景灯光再设计环节，该设计巧妙地通过两种色光组合照明，闪烁的灯串和聚光射灯营造了该空间在圣诞节中的欢乐气氛。另外，红墙公寓不同深浅的红色和蓝色涂料，影响了设计者对光的颜色的选择，光色将混凝土染色以调节气氛和影响人的情感。

图 1-8 ▶

(a) 公寓户外楼梯和庭院

(b) 两种色光组合照明营造公寓空间的节日气氛

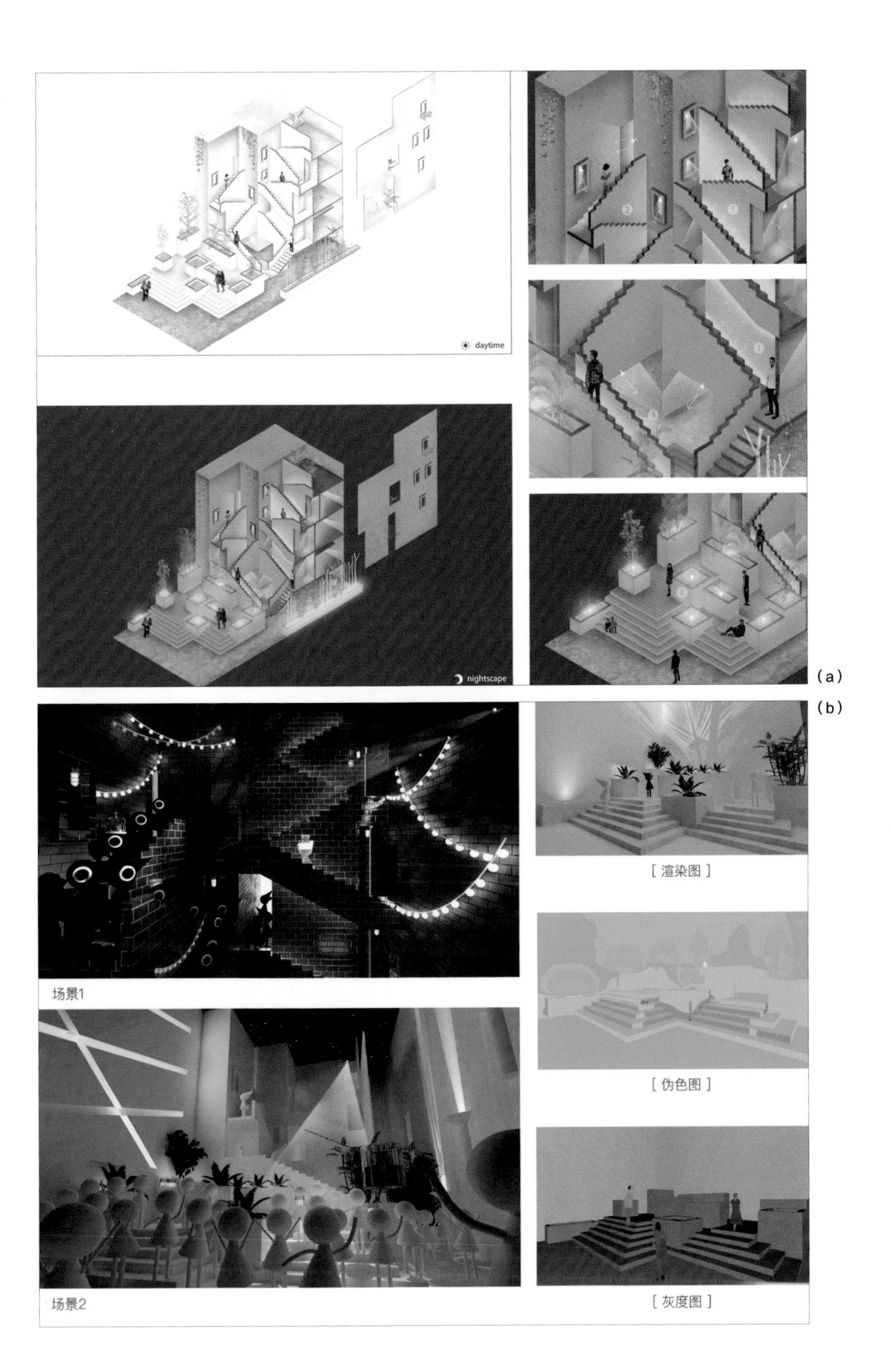

(a)

(b)

第二章

舞台照明理论对建筑照明领域的影响

现代照明设计发展得如此多样，以至于有时甚至会忽略建筑照明与舞台照明的关联——建筑照明源自舞台照明。我们理解和研究舞台照明，可以将“舞台”的概念拓展和转换到不同尺度和功能作用的建筑、室内和景观环境之中，并以更多样的形式和更深刻的内涵去演绎光对空间以及空间中人的活动的影响。

戏剧既再现真实生活，也描绘玄幻的非现实生活，其总体上是启迪和激励观众对所处日常生活的认识与思考，并且拓展现实生活可供理解和想象的维度。

灯光是舞台演出空间构成的重要组成部分，根据情节的发展对人物以及所需的特定场景进行全方位的环境视觉的光设计，是有目的地将设计意图以视觉形象的方式再现给观众的艺术创作。

三位舞台灯光先驱的设计理念和方法

认识和理解戏剧设计领域的先驱者们的设计理念和所做的重要工作，能使我们从对现代光与空间之间的关系出发展开思考，感知并延续历史上的光设计创新所带来的面向当下及未来的深远影响。在世界照明历史上，有三位在舞台照明领域的标志性人物，他们是瑞士的阿道夫·阿皮亚（Adolph Apia, 1862—1928），美国的史坦利·麦坎德利斯（Stanley McCandless, 1897—1967），捷克的约瑟夫·斯沃博达（Josef Svoboda，1920—2002），他们在舞台照明的理论与实践上都提出了经典的美学观点和创作手法。

阿道夫·阿皮亚

阿道夫·阿皮亚是瑞士建筑师、舞台设计师、舞台照明和装饰理论家，20 世纪戏剧艺术革新的先驱之一，他把新的写实主义带入 20 世纪的剧场，创立了现代舞台的照明设计原则，包括利用象征性的舞台布景和动态的光线，弱化观演界限，等等。阿皮亚认为，舞台灯光设计要依据空间的三维属性，应该重点设计光的方向性、立体美感和情景氛围（图 2-1）。现将有关阿皮亚舞台灯光部分的剧场美学观念归纳如下：

(1) 灯光塑造舞台空间 舞台灯光应着重表现三维的舞台空间，而不是二维的画布布景，表演者与空间的关联性是剧场美学最基本点，通过对空间形式、灯光、色彩的策划实现空间的转换和改变，达成剧本、表演、空间、音效和气氛的统一，构建出幻想的世界。在阿皮亚的理念里，灯光不再只是被动的照明手段，而是主动参与空间与时间的划分，能够主宰舞台元素的存在与消失。

(2) 通过灯光技术实现布景动态效果 “阿皮亚在1889—1890年与‘舞台灯光之父’——雨果·巴尔（Hugo Bähr）合作后，认识到作为唯一活的布景要素，灯光可以让固定的布景、运动的演员和音乐三者互相调和。舞台灯光技术实现的布景动态效果，弥合了舞台静态画面上的矛盾。”[6]

(3) 舞台灯光具有象征意义 对于如何进入人物的内心世界的问题，阿皮亚认为：灯光是戏剧的灵魂，是创造舞台氛围、表达意念形象最重要的手段，与其用一千棵树在舞台上“造”森林，还不如去捕捉人处于森林中的气氛和感觉。“阿皮亚的舞台上呈现的世界，早已被灯光染上了主观情绪的色彩。惨白的灯光在刺痛主角的同时也在刺痛着观众，甘美的黑暗在包裹主角的同时也在包裹着观众。这不是逼真的‘现实’，而是音乐、光线和空间的魔术，冲击着观众的主观感受。观察者与虚构世界之间那道曾经明确的界限正在逐渐消失，舞台不再仅仅是一个娱乐场所，它可以是鼓动人心的集会，也可以是净化心灵的祭坛。”[6]

(4) 光影的对比 灯光有泛光、聚光两种基本特性，阿皮亚用泛光灯做环境照明，称之为“散布的光”（diffused light），用聚光灯制造焦点光和阴影，称之为“生动的光”（living light）。泛光可以通过调整固定式灯具的亮度和颜色来营造气氛与视觉情境；聚光可以运用移动式或易于控制的灯具调整方向和角度，强化演员或景物，使之成为视觉焦点。

舞台灯光的理念和方法影响着建筑空间布局及灯光设计。“现代主义建筑的先驱建筑师海因里希·泰森诺（Heinrich Tessenow）深受阿皮亚的影响，他设计的剧院表演厅台口被取消，舞台与席座之间没有任何分隔；灯光采用在半透明的吊顶上方安置上千只灯泡，柔和而明亮的泛光平等地洒在演员与观众身上，人们仿佛置身于光的教堂。”[7]

6. 金兆畇．阿道夫·阿皮亚和现代舞台的起源．[2018-11-24]. https://wemp.app/posts/9939fb8c-3e86-4d19-95ae-7cb3228a252c.
7. Light for the World of Shopping: Planning Principles and Design. [2018-09-10].https://www.erco.com/planning-light/mediaassetpool/lighting-technology/lighting-analysis-shops-6556/en/.

图 2-1 阿道夫·阿皮亚的舞台灯光设计

史坦利·麦坎德利斯

如果我们看到剧院里的照明是如何影响气氛的，就会感到在不久的将来我们也许可以在住宅或其他地方营造这种气氛，那儿比剧院更重要。[8]

——史坦利·麦坎德利斯

耶鲁大学戏剧学院舞台灯光设计教授史坦利·麦坎德利斯被学术界公认为“现代照明设计之父”。在耶鲁大学教学期间，他出版了多本关于照明艺术设计方法的专著，其中《舞台照明的方法》（*A Method of Lighting the Stage*，1932）详细介绍了他独特的照明设计方法，至今仍在沿用。他早期的《舞台灯光教学大纲》（*Syllabus of Stage Lighting*，1927）概述了戏剧中光线的功能：改变能见度、显示造型、完成构图、营造气氛，以对光线的功能分析帮助设计师厘清解决照明实际问题的思路，充分发挥照明艺术在情感方面的作用。他在《舞台灯光词汇表》（*A Glossary of Stage Lighting*，1926）中，列举了有关舞台灯光的专业术语。此外，史坦利·麦坎德利斯作为首批对照明设计发展史进行系统性综述的研究者之一，他的书不仅是照明艺术设计的实用指南，而且还为设计师梳理了照明发展中的诸多重要线索[9]。

8. 陈新业，尚慧芳．展示照明设计．北京：中国水利水电出版社，2012.
9. 维基百科．https://en.wikipedia.org/wiki/Stanley_McCandless.

下面对《舞台照明的方法》一书中提出的独特照明设计方法加以重点阐述。史坦利 · 麦坎德利斯认为，舞台照明设计方法分别控制光的四个属性[10]：

（1）亮度——从背景中突出演员并着重演员面部表情。

（2）颜色——采用来自不同方向、冷暖不同的光（或互补色光）塑造演员。

（3）分布——灯光的分布要实现戏剧的可见性，即焦点突出，有光影对比，塑造舞台的立体感。他将舞台分为 9 个表演区，每个区直径 2.4 ～ 3.6 米，光由两只灯从相反方向射来，入射角度为演员上方 45°，分别以冷暖色的光来照射演员。

（4）控制——控制灯光的亮度、颜色、分布，配合剧情控制光的构图。

在对光的属性进行“控制”的层面上，具体方法包括：a. 混色和色调。舞台的光必须均匀布满，利用灯光的颜色描绘整体视觉空间，表现气氛。b. 背景和背幕。强调天幕灯光，利用灯光颜色和影像渲染白色的天幕，以形成视觉情境和幻觉。c. 制造特殊的灯光效果。利用聚光，模拟自然光和投影光，包括：用聚光灯凸显表演者或景物，模拟日光、月光构成画面的主轴，以表现戏剧动机；运用投影效果表现或暗示象征意义。

1942 年，理查德·凯利在耶鲁大学攻读建筑学专业的时候，跟随当时的舞台照明大师史坦利·麦坎德利斯学习照明课程，掌握了舞台照明中很多有价值的技术，包括光在舞台中的强度、色彩、分布以及变化控制对人情绪产生的影响。之后，凯利将这些技术和手法运用到实际的建筑照明项目中。

舞台照明与典型的建筑照明有着不同的意图，二者最大的区别在于方向性。舞台的灯光集中在舞台上，目标是表现演员；建筑照明分布在空间中，光来自四面八方并服务于其中所有的人。舞台照明的突出特点是能够实现场景变化，通过使用多样的技术手法来表达情绪、制造幻境、叙述引人入胜的故事，而建筑照明理论上是能够适应更广义的在“城市剧场”中发生的活动。这需要设计师能够利用舞台灯光技术来创造强有力的照明，改变人们

10. 沈柏宏．从煤气灯时代到电灯时代：剧场灯光设计美学与设计方法演变之分析，台湾大学戏剧学研究所硕士论文，2005.

表 2-1 场景化照明在建筑空间中的应用练习示范[11]

序号	光效果	功能	图示	应用案例
1	顶光	定义一个区域，制造强烈的视觉焦点，营造亲密的气氛 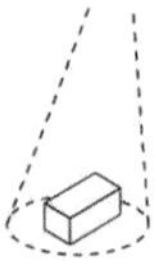  		
2	侧光	形成强烈的空间感和令人舒服、感觉亲密的焦点 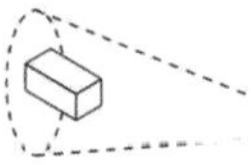  		
3	向上的光	形成抽象的感受，空间深度感加强 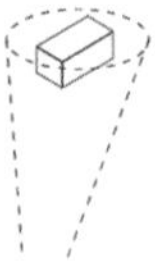  		
4	图案	强调材质肌理、氛围和情绪   		
5	阴影	强调戏剧感、图形效果和亲密感 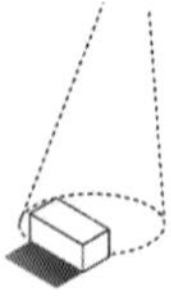 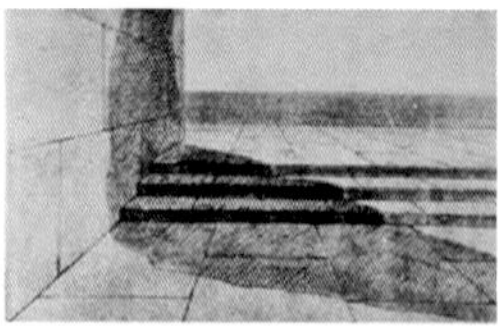 		
6	洗光	通过使用色光，形成平静、沉稳的效果 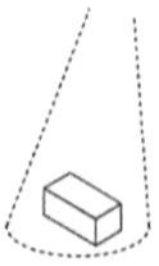  		

看待周围环境的方式，提供人们对空间感受的新体验。

舞台照明如同光的试验场，其中，对建筑照明最具影响力的是舞台照明中的情景照明。要实现场景的变换，从灯光技术角度而言，聚光灯、泛光灯、彩色光，以及带各种透镜、滤镜的点光源和控制系统，均来自舞台照明因剧情而改变的场景设计。

建筑照明要为日常的功能性而设计。建筑空间是相对永久性的，照明因此要更加实用，例如，当提供满足方向性和日常功能的环境照明时，要考虑人在空间移动时的不同视角，要避免刺激人眼的眩光等；当遇到节日活动或事件时，传统的定量照明就显得力不从心，这时舞台照明就成为理想的选择，利用光具备的制造情感的能力，在不对房间进行物理性改变的前提下改变环境气氛。

约瑟夫·斯沃博达

约瑟夫·斯沃博达出生于布拉格，是捷克著名的舞台设计师，他以运用投影、多屏幕以及多媒介综合而著称，其艺术活动几乎遍及欧美各戏剧中心。他创造的“多屏幕”“幻灯”分别获1958年布鲁塞尔世界博览会金质奖章并成为他以后舞台设计中的重要手段。在舞台设计理论上，约瑟夫·斯沃博达提出了“心理造型空间”的概念，他主张舞台设计要创造能随着戏剧动作发展和角色心理变化而不断变化的空间，以达到空间、时间、动作的高度契合。在20世纪60年代投影机还未发明时，他利用电影放映机作为照明投射在舞台上，营造出流动的光和影。将可变的屏幕、活动的建筑性布景和舞台机械相结合，使他的舞台设计营造出“活动与光的戏剧”（图2-2）。

约瑟夫·斯沃博达的“多媒体演出”主要进行了以下四个方面的实践[12]。

(1) 多面屏幕投影：通过幻灯或电影放映的形式，在舞台的不同位置、不同角度的屏幕中同步播放不同的视觉影像。

(2) 复合投影：向舞台上不同的屏幕、布景和区域投影，通过现场表演和播放的影像之间产生的某种关联，丰富戏剧向观众传达的信息和语汇。

11. 表2-1第2—4列“光效果”“功能”和“图示”均引自UNStudio与Zumtobel合作的研究报告。
表2-1第5列“应用案例”来自学生作业（2016级建筑，许雨桐，冯新泉，庄晓玲，陈金勇，谢恩慈），设计要求：训练光从舞台到建筑的合乎逻辑的应用，从舞台艺术中吸取创作营养。由学生分析某个戏剧案例的场景成因，自我构思空间的氛围和人的活动，按照六个舞台光效果句法，自由选择一个或几个组合的光效果，通过改变光的位置、方向、色彩、明暗、图案等做出戏剧化场景。
12. 陈林．舞台灯光在剧场中的发展．建筑技艺，2012(4).

(3) 全面分块投影：将大屏幕分为上百个小块屏幕，利用控制系统，使每块小屏幕都可以按指定的时间和速度自行放映独立影像。这种碎片化的影像有些类似多屏幕投影，然而传递的形式和观众获取的感知是截然不同的。观众在获取视觉信息的过程中，倾向于总结出整体的感受（完形理论），即感知一整面不断变化的屏幕，会给人带来完整的画面印象。

(4) 灯光直接成像：直接将舞台灯光光束作为视觉形象呈

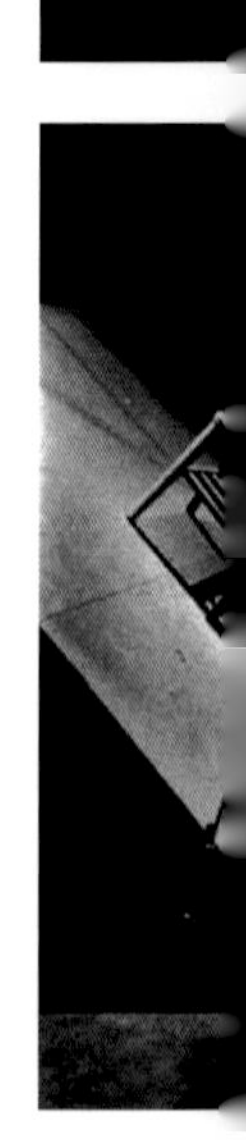

图 2-2 约瑟夫·斯沃博达的投影、多屏幕和多媒介舞台灯光设计

现给观众。

综上所述，戏剧舞台照明设计先驱们总结的相关理论和创新性应用技法，不但深刻影响了舞台照明的发展，而且对建筑照明也产生了强有力的推动作用。光是三维空间的，光有其独特的属性和控制手段。碎片化成像、多媒介的使用等，为照明设计的深入发展提供了新的动力。

舞台灯光理论应用范例

范例：《暗恋桃花源》五幕布景与灯光再设计

(2017 年“艺术照明”选修课，冯哲，毛焌钦，吴伟力 / 图 2-3)

背景描述：《暗恋桃花源》讲述了一个奇特的故事：“暗恋”和“桃花源”是两个不相干的剧组，双方都与剧场签订了当晚彩排的合约，因为时间撞车，双方争执不下，谁也不肯相让，但是演出在即，两个剧组不得不同时在剧场中彩排，遂成就了一出古今悲喜交错的舞台奇观。《暗恋》和《桃花源》被意外地同时安排在同一个舞台上：一个是在病房里回忆过往情事的暗恋，一个是因躲避伤心事而在桃花源度过了一段纯真浪漫的梦幻时光。这两个故事看似天南地北，却可以从中找到其中的共通性。两个剧组在同一个剧场中同时排练，不时干扰、打断对方的演出，却在无意间巧妙地凑成了一出完美交错的新舞台剧。其实，《暗恋桃花源》的剧情灵感源自台湾舞台剧剧场的混乱环境。

设计要求：通过学习史坦利·麦坎德利斯舞台灯光方法，特别针对复杂的两个剧组在同一个舞台上排练的状况，学习亮度控制以使演员面部表情从背景中突出，学习用来自不同方向的不同色光塑造角色形象，学习通过光的分区突出重点，学习根据剧情调节光的明暗、颜色和分布等方法，实现舞台灯光改变能见度、制造气氛、显示造型和完成构图的意图。

作业评析：在学生的作品里，出于对戏剧场景自然混杂和转换的兴趣，在尝试分析和理解人物情绪、情节推进、空间演化等各自特点与规律的基础上，灵活运用单独灯光对人物空间情节进行突出展现和强化，并运用灯光亮度、色彩及照射范围进行动态调度，既展现了两出戏各自的基调与矛盾，又能够顺理成章地完成最后的融合。照明设计有意识地关注了人在空间中的运动和情绪在灯光烘托下的视觉规律与效果。

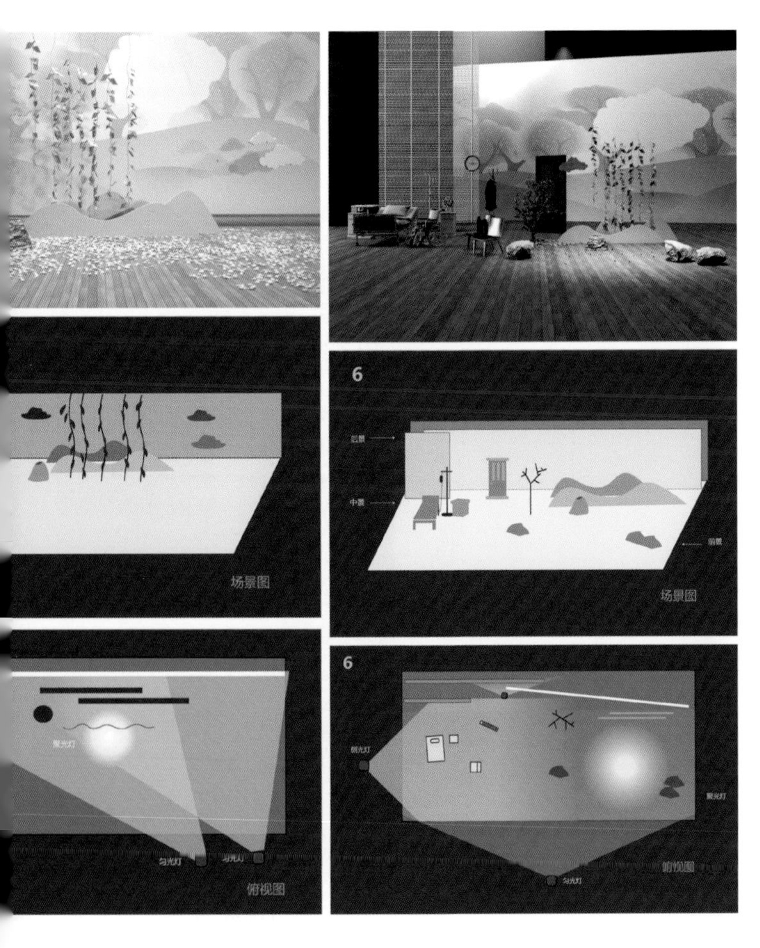

图 2–3

图中每列由上至下分别为：
舞台效果预想，（轴测图，剖面图），
平面图

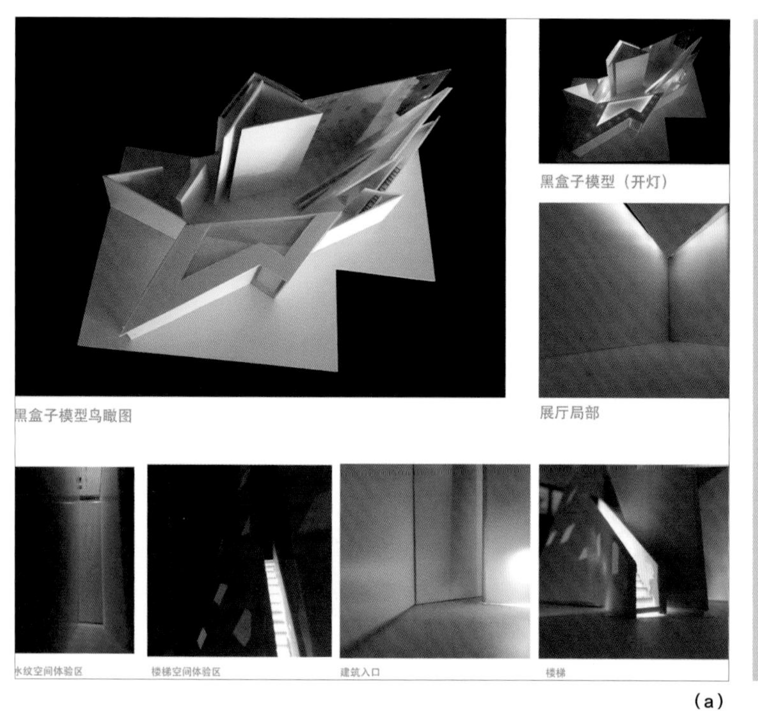
黑盒子模型（开灯）
黑盒子模型鸟瞰图
展厅局部
水纹空间体验区
楼梯空间体验区
建筑入口
楼梯

比例：1:100
1 天窗屋顶
2 天花藏灯处
3 三角形建筑体验空间
4 内发光艺术装置

(a)

黑盒子DIALUX效果图
灰度图
展厅内部效果图一
ABBESSES
《天使爱美丽》戏剧化效果图

(c)

灯光细节透视图1

灯光细节透视图2

(b)

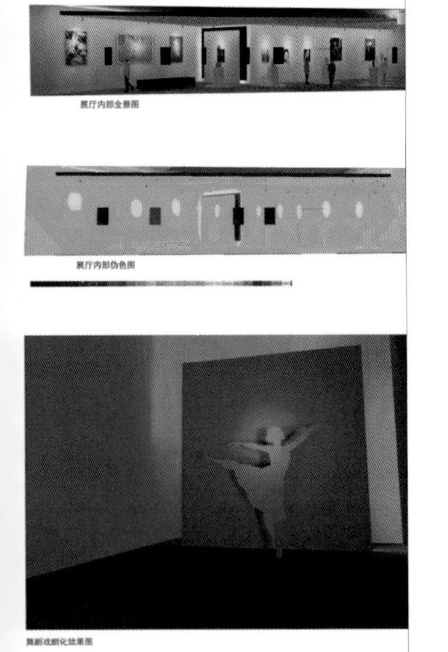

(d)

范例：《胡桃夹子》光之剧场展览空间设计

（2016 级建筑，林天琦 / 图 2-4）

背景描述：《胡桃夹子》是柴可夫斯基根据霍夫曼《胡桃夹子与老鼠王》的故事改编而成的经典芭蕾舞剧。舞剧的音乐清纯而神秘，具有强烈的儿童音乐特色。女孩玛丽在圣诞节夜晚，梦见和胡桃夹子变成的王子一起，率领着一群玩具同老鼠作战，并在果酱山受到糖果仙子的欢迎，整部剧充溢着由玩具、舞蹈和盛宴构成的节日般的欢乐情绪。

设计要求：围绕童话色彩和欢乐情绪主题，利用舞台灯光的方法，通过改变灯光的位置、方向、色彩、明暗等，实现改变人物和背景能见度、制造气氛和变换场景的意图。

作业评析：由芭蕾舞《胡桃夹子》作为设计概念的光之剧场展览空间设计，完好地展现了色光构成的奇妙空间情景。设计者发挥个人对舞蹈与音乐的喜好，观摩了多个版本的《胡桃夹子》舞剧和动画片视频，将对舞蹈和音乐主题、节奏和表现方法的理解完好地结合进照明设计中，准确地选择舞剧中经典的场景片段，围绕主题塑造出生动的戏剧化空间。照明原理理解准确，设计手段运用合理且有个性化的想象和表达。

图 2-4

(a) 空间设计和光模型
(b) 空间轴测图与光
(c) 空间场景效果图
(d) 空间功能设定和戏剧化表现

范例：“矛盾的空间”之光剧场

（2016 级建筑，胡馨月 / 图 2-5）

背景描述：荷兰画家埃舍尔把玄秘的意念与写实风格结合起来的创作风格在世界艺术领域独树一帜，成就非凡。他画作所用手法是极端的“写实主义”，而他所要表达的思想和寓意却是典型“超现实主义”的，甚至是“魔幻主义”的。在埃舍尔的系列画作中，常看到在二维画面上被描绘得生动有趣的三维建筑空间（如阶梯、亭子、瀑布等）和行走其中的人、动物、昆虫等，画中的情景完全无法在三维空间中真实再现——这就是“矛盾空间”的由来。21 世纪 10 年代，这个概念被电子游戏《纪念碑谷》借用和发挥，因带给游戏者既困惑又沉迷的体验而风靡一时。

设计要求：重点理解混色和色调对主题的表现力，理解如何利用特殊的灯光效果制造超现实空间幻觉的方法，通过改变灯光的位置、方向、色彩、光束大小等，帮助实现空间场景的逻辑变换以及制造独特气氛的意图。

作业评析：该学生通过研读埃舍尔的画作及其创作理念，在概念深化的过程中使自己的设计内涵逐渐丰满起来，成功地以光要素化解矛盾空间的整体性，转化为多个合理的局部片段，并借由光色和照明的动态转换，使整个空间形象呈现出玄妙的类矛盾效果。

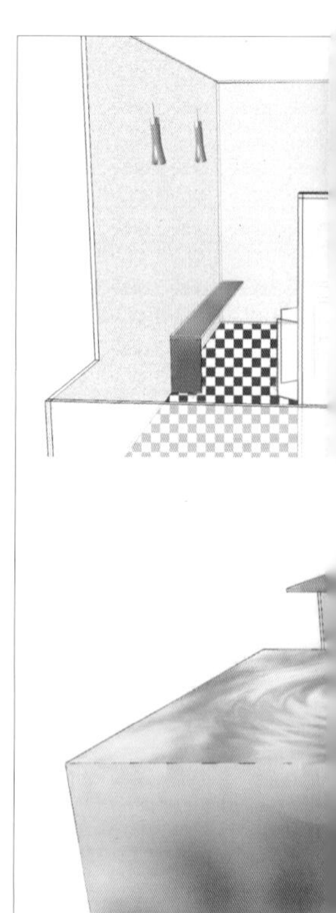

图 2-5

（a）埃舍尔的矛盾空间与光设计

（b）矛盾空间的 1:20 模型

（c）上：一层为白光的纯净空间；二层设置两个房间，一个为紫色探险空间，另一个为配合彩色灯光的绿色休闲空间

下：看似不合逻辑的戏剧化空间和灯光。灯光成为矛盾空间的加强要素，营造出诡异而引人入胜的空间，回扣“矛盾空间”的主题

一层墙角的洗墙灯的效果图，照射休息的桌子
这是竖过来的整体轴侧，紫色和绿色空间如下面两个图
二层路线2：瞭望室外区，有炫彩的壁灯，还可以去一层健康控制中心的顶部休息

(a)

(b)

(c)

第三章

完形理论与照明设计

视觉心理学领域的成果对照明设计有着重要的影响，例如“完形理论”“图底关系”“边缘效应”“视觉恒常性”“错视现象”等知觉现象及其规律，都引起了照明设计师的关注，并尝试将相关的认识和理解应用于照明设计之中。本章重点阐释完形理论在照明设计中的体现和应用。

对于照明设计者来说，理解使用者对给定视觉刺激的感知，以及他们如何从环境中获得视觉意义是很重要的，掌握完形理论有助于设计者更好地引导和掌控使用者的实际感受和体验。

每个照明设计都包括一个灯具布置计划，它们被安置在天花板上、墙壁上、地板上，或悬浮于空间中……灯具的布置绝不是孤立的，而是按照一定的设计规则独立或成群组分布，使得空间环境中的光分布形成一定的秩序，同时灯具本身也能更为有机地融入整个空间形象的系统中去。

为了更直接地显示这一视觉原理在照明设计中的具体应用，下面特别选用了帕森斯设计学院（Parsons School of Design）的阿努·穆图苏夫拉梅丽亚（Anusha Muthusubramanian，音译）撰写的《照明设计中的完形理论》一文作为核心内容，在表述两者关系的同时，也对设计应用的关键点加以强调。

完形理论

完形理论又称“格式塔理论”，是在 20 世纪二三十年代由德国心理学家提出，格式塔是德文“Gestalt”——“完形”的译音，“模式”“形状”“形式”之意，特指“动态的整体”。格式塔核心理论（完形组织法则，下文简称“完形法则”）可以总结为“整体大于部分的总和”，主要用于揭示人在知觉环境所有的错综复杂和冗余时，会按照一定的形式把经验材料组织成有意义的整体，即在其中发现并确立秩序的原理。从视觉方面看，该理论描述了形象化属性如何决定了人们感知的整体图形，也就是把视觉形式整合为更简单、规则的序列。创立和发展完形理论的核心人物包括沃尔夫冈·克勒（Wolfgang Koehler）、麦克斯·韦特海默（Max Wertheimer）和库尔特·考夫卡 (Kurt Koffka)。

完形法则与视觉秩序[13]

在做照明设计时，是如何使用完形法则强化视觉秩序和意义的呢？为了回答这个问题，下面着重针对以下五种完形法则的性质进行分析。

(1）相近性法则：将距离相近的刺激分组在一起，成为整体。

(2）相似性法则：将视觉上类似的刺激分为一组，可分为尺寸相似、形状相似、颜色相似和方向相似。

(3) 闭合性法则：闭合部分对于形状识别很重要，如利用亮度、对比度以及颜色等照明属性可以制造视觉焦点，焦点周围的空间要么巧妙渲染，要么故意留空。

(4）连续性法则：感知趋向于保持平滑的连续性。

(5) 共同命运法则：方向有微小变化但被感知的视觉意义保持不变，主要用于动态照明里，需做明显改变来创造不同的变体。

以上法则体现了感知意识简化并统一的趋势，即在形式的视觉重构过程中减少现象的复杂性，运用这些法则能够让设计师掌控观察者在看一个作品时所看到的图形。

完形理论在照明设计中的应用[14]（灯具布置法）

根据完形理论，照明设计中，在天花、墙或空间中布置灯具时，灯具的排列不会孤立地被人认知，而是按照完形法则以“群”的形式存在，如闭合布置、相邻成对布置、弧形布置、对称布置、等间距布置、连续布置、纯几何形布置、同类型一致性布置等（图 3-1），从而以整体的面貌影响人的空间知觉，建立空间秩序。

灯具布置是个美学问题，对于灯具布置的总体效果可以遵循以下三条规律。

13. Anusha Muthusubramanian. 照明设计中的完形理论．照明设计，2012(2).
14. Rüdiger Ganslandt, Harald Hofmann. Erco Handbook of lighting design/basics. [2018-06-20]. https://www.erco.com/download/content/4-media/2-handbook/erco-handbook-of-lighting-design-en.pdf.

接近律——当一些灯具的位置靠得很近时，人们在感觉上往往把它们当作一个整体来接受。在实践中这种效果常被设计人员采用，即将若干个灯具组合起来形成一个单元，目的是在视觉上使布置简化。在正在用这种做法的地方，灯具的形状应和这个空间中的其他构件，包括顶棚、梁和柱的模数，甚至是家具的布置相协调。

相同律——人们可以立刻认出相同的形状或图案，并且理解成一个组……形状愈是不相似，成组的概念愈是清楚。这种现象还可推到其他方面，即灯具的颜色的相似性，甚至根据光的出射表面的颜色外观的相似性，都可理解为成组的。根据此规律可以知道，为了避免灯具布置的外观含糊不清或者混淆，应将可以辨认的组数尽可能地减少。

连续性——一个不完整的形体在有理智的眼睛看来是连续的或完整的……当这个形体在透视中看到时，这种效果还要加强。在规则的各自形布置的灯具中，透视中产生的某种未预料到的对角线，这种对角线与人们熟悉的现象（即平行的一排排灯具，看起来在远处交汇在一点）相对抗……这意味着在实践中对于狭长的室内，最好是用正方形网格的灯具布置，因为这种布置造成的对角线的干扰较少。[15]

在进行照明设计时，视觉组织的完形理论对建立空间美学秩序非常有用，它能帮助设计师想象并控制观察者的感知体验，控制视觉效果，实现规律性美感（图 3-2）。

15. 杨公侠．视觉与视觉环境（修订版）．上海：同济大学出版社，2002.

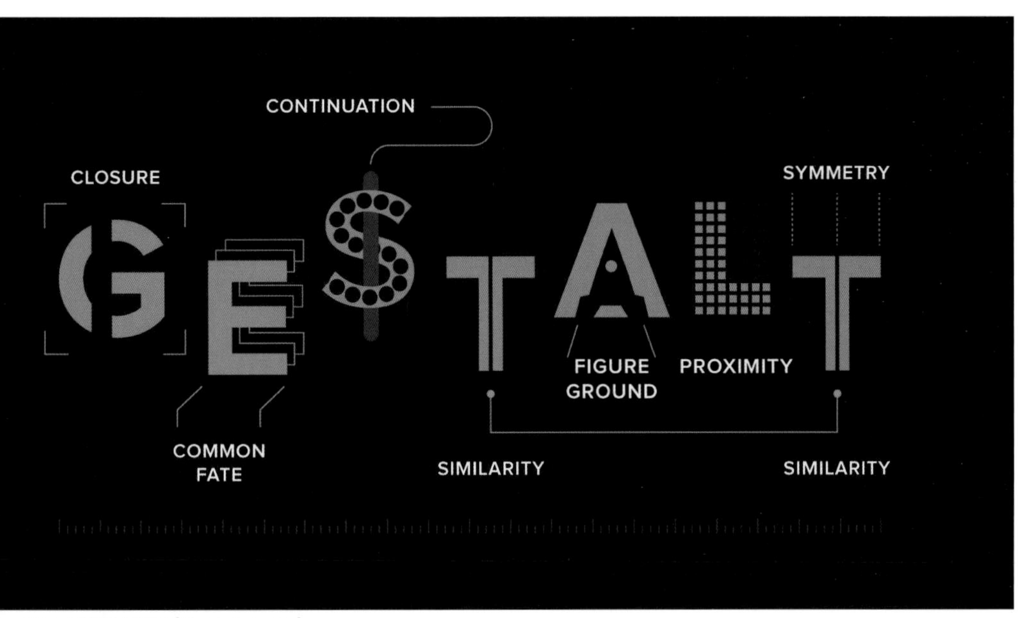

图 3-1 完形法则图示（Gestalt theory）

G－闭合性法则，E－共同命运法则，S－连续性法则，A－主体背景法则，L－相近性法则，T－相似性法则

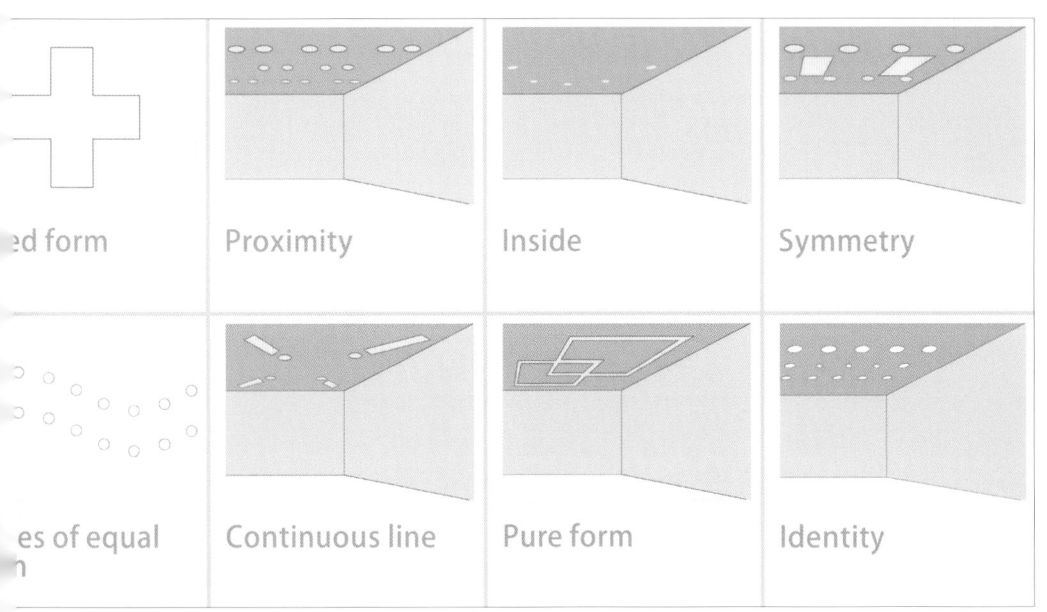

图 3-2 在完形法则指导下的灯具布置示意图

根据《欧科照明设计手册 · 基础》（*Erco Handbook of Lighting Design · Basic*）部分内容改画（绘图：2018 级研究生，阮豪毅，王攀，王昕）

第四章

灯的传奇

图 4-1 保罗 · 汉宁森

恰如其分地点亮一个房间不需要花费很多力气，但确实需要一些文化。[16]

—— 保罗 · 汉宁森

1925 年，一种新型灯具因荣获巴黎世博会金奖而风靡世界。这是一盏三层玻璃灯罩的灯具，三个弯曲的灯罩遮住了光源，基于等角螺线的数学原理，该灯具营造出柔和悦目的光线渗透到周围环境中……该灯具因而享有了“巴黎灯”的美誉，这就是之后 PH 灯具系列的起步。

“巴黎灯”的设计者——保罗 · 汉宁森（Poul Henningsen , 1894—1967, 图 4-1) 是丹麦著名照明设计师与杰出的设计理论家。“PH”源自保罗 · 汉宁森名字的首字母 , PH 灯具系列不仅是北欧设计风格的典型代表，更体现了艺术设计的根本原则——科学技术与艺术的统一。

PH 系统实现的间接照明

保罗 · 汉宁森

保罗 · 汉宁森是世界上第一位强调进行科学化、人性化照明的设计师。早在 20 世纪 20 年代，他就提出以营造舒适氛围为终极照明目的，要为人们提供无眩光的光线，在国际照明界率先提出灯具内嵌的隐藏式设计理念和方式，而 PH 灯具正是他践行空间间接照明原则的“利器”。

保罗 · 汉宁森认为，灯光不只是照明，更重要的是营造气氛，而美好的氛围可以由间接照明形成。在他关于建筑空间照明的理论中，“公共”和“整体意识”的观点贯穿始终，成为他的整个照明设计的理论基础。

从本质上讲，保罗 · 汉宁森是一位痴迷于光氛围的设计师，他对照明界的杰出贡献使其被赞誉为世界上最伟大的照明设计师之一。

16 . Mark Faithfull. Poul Henningsen. lighting-illumination in architecture. 2015(47). [2015-04-25]. http://digital.Lighting.co.uk/lighting/issue_2_april_2015?pg=18#pg18.

设计理念

保罗 · 汉宁森的设计理念是，灯具发出的光线要满足“功能”“舒适”“氛围”三点要求。在灯光层面上，他认为灯具在隐藏光源的前提下，应该提供四种光的分布，包括“任务照明”“在照明区域弥漫开来的光”“稍许溢出的光”和“向上分布的光”；在艺术层面上，他追求的目标是“让家变美”。PH 灯具造型优美典雅，线条流畅，光色柔和，为人们提供宁静、轻松的光线，满足了使用者追求美的渴望。

设计特征

在具体项目应用上，PH 灯具用三种不同尺寸、多种不同材质反光片的系列组合，去适应不同的空间用途。PH 灯具的设计特征是：

（1）所有光线经过一次或多次反射散落在桌面上，从而获得柔和、均匀的照明效果，并避免清晰的阴影。

（2）PH 灯形似重叠的贝壳，灯泡完全被由多层灯罩组合而成的灯体覆盖，从任何角度均看不到实际光源，从而避免眩光刺激眼睛。光线柔和优美。

（3）对白炽灯光谱进行补偿，光谱更偏向红色，以获得适宜的光色。

（4）在灯体内部，光线被分割，从而减弱灯罩边缘的亮度，并允许部分光线溢出，避免室内照明的反差过强。

从 1925 年的“巴黎灯”到 1958 年的“洋蓟灯”（PH Artichoke）和“PH5”吊灯，一系列灯具成为保罗 · 汉宁森的代表作，也是他个性化设计的标志。在与路易斯 · 波尔森（Louis Poulsen）公司密切合作的职业生涯中，保罗 · 汉宁森完成了 100 多种灯具的设计，其中许多灯具至今仍在生产和使用，传承着丹麦工业设计中那种特殊的“没有时间限制的风格”。

洋蓟灯和 PH5 灯具结构

1958 年，保罗 · 汉宁森开发了洋蓟灯（图 4-2）——造型貌

17. 洋蓟灯官网介绍 . https://www.louispoulsen.com/en/catalog/professional/decorative-lighting/pendants/ph-artichoke?v=90145-5741112061-01&t=about.
18. PH5 灯官网介绍 . https://www.louispoulsen.com/en/catalog/professional/decorative-lighting/pendants/ph-5?switchsitemode=1&v=90293-5741099799-01&t=about.

似洋蓟（一种蔬菜类植物），层叠的叶状反光片犹如洋蓟花头周围排列的叶片，这些“叶片”完全包裹并遮挡住灯泡。“灯具提供 100%无眩光。72 个精确定位的叶片形成 12 排，每行有 6 片叶子。灯具可确保光线向内和向外分布，从而发出美丽而舒适的光线。此外，对于节能型 LED，产品的质量和向周围的气氛光线均保持在最高水平。”[17] 晚上，灯具形成迷人的气氛，而在白天，其本身就是雕塑品，是精彩的室内陈设。

同年，作为他著名的巴黎灯“三层灯罩”的后续产品，“保罗 · 汉宁森还开发了 PH5 灯具（图 4-3—图 4-5），该灯具由多层灯罩组成，光线柔和、优美。灯具能够同时发出向下和向侧面的光，并以此形成自发光。在经典 PH5 中，内部的红色圆锥体和一个小的蓝色反射镜营造出更温暖的色调”[18]。多年以来，PH5 吊灯在欧洲的住宅、餐厅和图书馆的大厅中应用广泛，且一直享有盛誉，成为照明设计历史上隽永的经典。

当今，保罗 · 汉宁森的设计理念渗透在丹麦许多新型灯具的设计中，他作为对照明科学理论积极探索与实践的先行者，带动了现代照明设计向技术与艺术高度结合的更高目标前进。

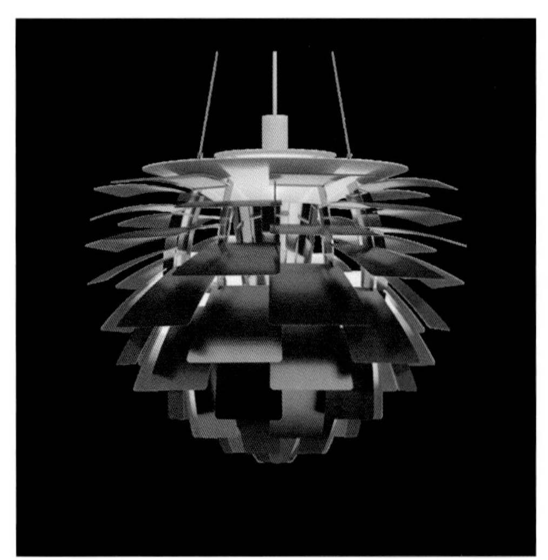

图 4-2 洋蓟灯（PH Artichoke）
72 个精确定位的叶片形成 12 排，每行有 6 片叶子。灯具可确保光线向内和向外分布，发出美丽而舒适的光线

图 4-3 PH5 吊灯
内部的红色圆锥体和一个小的蓝色反射镜营造出更温暖的色调

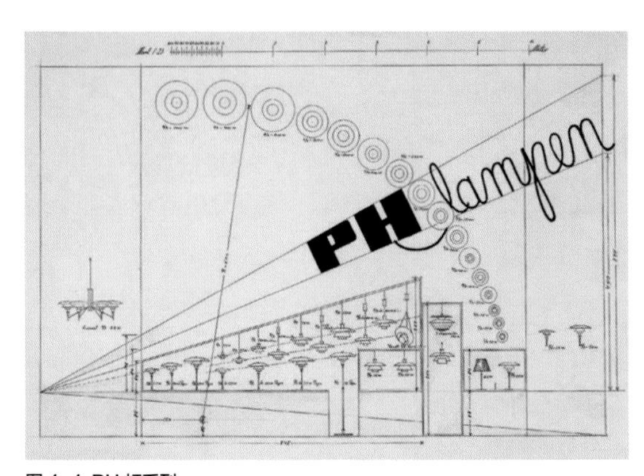

图 4-4 PH 灯系列
包括不同尺寸，台灯、吊灯、落地灯和壁灯

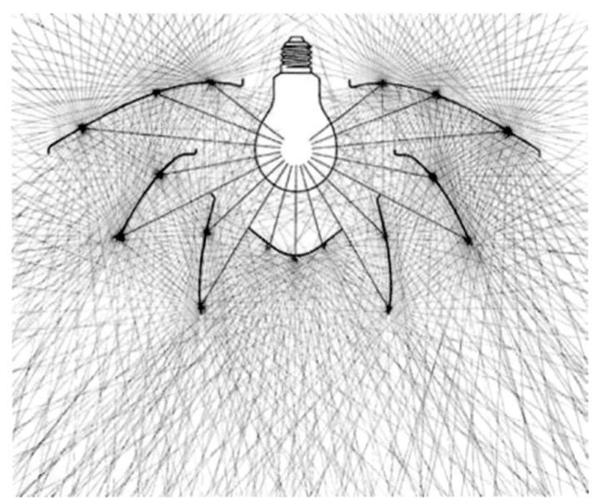

图 4-5
保罗 · 汉宁森系列灯具的所有光线都经过一次或多次反射，分布均匀，无眩光

将灯光融入建筑的 10 项间接照明技术

光经历层层反射，却看不到源头，人活在光中，却没有眼花缭乱，或不堪重负，就像黎明时的太阳，在太阳出来之前，给天空染色的光反射就显现了自己的存在。事物依靠光而存在。[19]

——马里奥 · 南尼

意大利灯具公司 Viabizzuno 的创立人马里奥 · 南尼（Mario Nanni）形象地描述间接光的这段话源自他对变幻莫测的自然光的深刻领悟，并成为他“呈现光效，隐去灯具”[19] 理念的最好注解。马里奥 · 南尼善于将光源隐藏在建筑的各个隐秘处，而通过反射获得的光线仿佛是这些物体本身散发出的光。在该理念指导下，马里奥 · 南尼设计成功的照明案例众多，例如瓦尔斯（Therme Vals）温泉浴场（建筑设计：彼得 · 卒姆托）照明、普拉达艺术基金会 (Prada Foundation，建筑设计：库哈斯) 照明以及芬迪罗马总部开幕灯光秀（ Fendi Headquarters Opening Time Lapse）等。他对各种类型的空间和活动都能娴熟地运用其间接光理念，在视觉舒适性和艺术性上都有完美的表现。

19. 张晓路 . 变幻莫测的自然光：有道可循的人工光 . 创意与设计 . 2014(3).

间接照明属于结构性照明，是为了获得大面积漫射光而构建的反射体系，强调的是光的扩散性。从 PH 灯具到 ViaBizzuno 设计、生产的灯具产品，再到空间里的间接照明，结构性照明的发光原理是一致的，都是先利用隐藏在光槽里的光源均匀地照亮受光面，再通过受光面的反射间接照明整个环境，无论从哪个角度，都不会看到裸露的光源，从而获得柔和、不刺眼的照明环境。

在塑造空间环境氛围方面，相较直接照明，由于间接照明制造的漫射光与天然光比较接近，所采用的光槽系统手段能够摆脱对明装灯具造型和安装方式的束缚，所以间接照明方式的艺术表现力更强，对于空间形态的适应性也更为自由。

决定间接照明效果好坏有三个要素："光源与受光面间的距离""光源的遮光角度"和"受光面材质条件"。光源与受光面之间要保持一个恰当的距离：距离太近，会使光线无法充分扩散出去，形成不了柔和的渐变效果；距离太远，会使光线过于分散，导致受光面上的光效不足。为了强调柔和的漫反射效果，光源在照射路径中既要隐藏于遮挡物中，避开人的视野，又要保证光线能够顺利地、尽可能多地且均匀地投射到受光面上，避免光线因过分遮挡而衰减所造成的生硬的明暗边界。对于受光面来说，为了获得较柔和的光效，其材料表面应是平整、光滑，并且无光泽的，此外，材料本身的质感和色彩也需要纳入设计考虑的范畴[20]。

从概念到建筑照明一体化的整合实施上，英国的 Mindseye 照明公司及制造商将照明设计和产品加工合二为一，使得照明设计和施工的流程更加顺畅。该公司的创始人是照明和产品设计师道格拉斯 · 詹姆斯（Douglas James），他于 1997 年在伦敦成立 Mindseye 照明咨询公司后，在 2001 年又创立了一家名为"Whitegoods"的制造公司，致力于制造"易于指定、安装和维护的，极简的且集成化的照明产品"[21]。该公司将照明集成到建筑中的方法归纳为 10 项间接照明技术，包括间接照明实施的技术术语、图示和应用案例。间接照明的安装部位按区域分为天花和墙体两部分，具体内容包括光槽、光槽射灯、光筏、背板光、天窗、特瑞尔光、重叠光、向下擦墙、洗裙脚墙和地板边缘光。

20. 陈新业，尚慧芳．展示照明设计．北京：中国水利水电出版社，2012.
21. Doug James of Mindseye Lighting Design Talks Us Through the 10 Key Lighting Techniques for Integrating Lighting into Architecture. Lighting Illumination in Architecture, 2015(6). [2015-06-25]. http://digital.lighting.co.uk/lighting/201506?pg=94#pg94.

对于大多数空间照明设计来说，这 10 项技术是最常用到的实现间接光效果的手段。

一名成功的照明设计师懂得将建筑空间理解成一个营造丰富光层次的空腔。间接照明将隐形的部分变得可见，光芒自此流淌而出。同时，间接照明又将可见变为隐形，即将灯具或光源隐蔽不为人所见。在照明设计中，不论间接光还是直接光，最后目标都是关照使用者，关照人们希望获得更美好感受、更独特体验的愿望。

表 4-1 灯光融入建筑的 10 项关键照明技术

表格内示意图根据 Mindseye 照明设计公司的“灯光融入建筑的 10 项关键照明技术”整理绘制，绘图：2016 级研究生 张美梅

编号	位置	间接照明技术术语	图示	应用案例
1	天花	光槽 （slot）	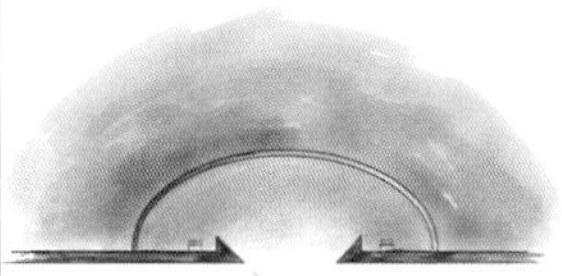	
2	天花	光槽射灯 (spots in slot)		
3	天花	光筏 (raft)		
4	天花	背板光 （backlit panel）		

（续表）

编号	位置	间接照明技术术语	图示	应用案例
5	天花	天窗（skylight）		
6	天花	特瑞尔光（turrel）	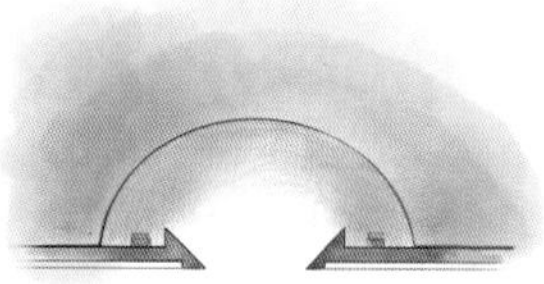	
7	天花	重叠光（overlap）		
8	墙壁	向下擦墙（wall graze）		
9	墙壁	洗裙脚墙（skirting floor wash）		
10	墙壁	地板边缘光（floor edge）		

相近性法则

相似性法则

闭合性法则

连续性法则

共同命运法则

光经历层层反射，却看不到源头，人活在光中，却没有眼花缭乱，或不堪重负，就像黎明时的太阳，在太阳出来之前，给天空染色的光反射就显现了自己的存在。事物依靠光而存在

第五章

向大师致敬——著名照明设计师的设计理念与实践

画光，须知光有芒。

所谓芒，就是光线照射在物体上，又从物体上反射出来的东西，即物体本身的光彩。

只有物体本身的光彩，才是物体本质的反映。

所以画光要画芒。

画芒，则线为浑线，面为浑面，色为浑色，无所不浑。

而且富于质感，是非常重要的。

所谓内光派，大概指此，如画光不画芒，只画明暗，只画黑白，便是死光。

同样的光线，照射在不同质的物体上，各种不同质的物体，做出各种不同的反映；

各种不同的反映，表现出各种不同的质。

所以在绘画上，光是表现质感的主要手段。[22]

读王肇民[23]先生《画语拾零》一书中有关绘画创作理论的札记，深感照明设计师理光的本质也莫过于此。照明设计如同画家画光，“画光要画芒”是指被照射物反射出来的光，是“物体本质的反映”，这恰恰应是照明设计师首先要关注的要素；画芒，点、线、面、色无所不浑，指的是晕开的光，要想不变成“死光”，就是要做到明暗过渡自然，成为浓淡不一的“灰”。光线表现材质，反之，材质对于光线效果的影响正是需要照明设计师关注的第二个要素。

阅读画家的作品和理论，阅读照明设计大师的设计理念和方法，发现不论画光还是在空间中表现光，本质是一致的。熟悉光的特性，了解美的规律，研读经典案例，对比、吸纳建成环境的有益经验，坚持以人为本的思考尺度，找出光设计的对策，是学习照明设计行之有效的方法。

22. 王肇民．画语拾零．广州：花城出版社，2018.

23. 王肇民是中国著名水彩画家、美术教育家，广州美术学院教授。《画语拾零》为其多年绘画创作经验和美术教育理念的总结。

面出薰

面出薰（Kaoru Mende）出生于 1950 年，曾就读东京艺术大学，学习工业和环境设计，并先后获得学士、硕士学位。他是日本著名的照明设计师，日本建筑学会、日本设计委员会、北美照明工程学会（IES）、国际照明设计师协会等会会员，曾获多项国内外照明设计大奖，曾作为武藏野美术大学客席教授，东京大学、东京艺术大学兼任讲师。1990 年，面出薰创立自己的照明设计公司（Lighting Planners Associates，简称 LPA），其设计业务范围包括建筑照明、夜景照明规划等。

面出薰组织创立了专注于研究照明文化的民间组织——“照明侦探团”，并担任执行团长，定期举办国际照明研究项目活动。《光城市——不可思议的世界城市光设计 × 影法则》一书是照明侦探团活动成果的全面呈现，它传达了城市照明设计的新理念，表达了对未来照明需求的思考，敦促照明设计师重新定位自己的专业角色。

面出薰在实践中形成了自己独特的建筑照明设计方法，确定了 LPA 建筑照明设计的 10 个理念：“① 光是一种材料；② 灯具是一种工具；③ 发光的应当是人和建筑；④ 光的性质由空间定义；⑤ 光创造出超越功能的气氛；⑥ 照明将时间可视化；⑦ 连续的场景创造剧情；⑧ 道法自然；⑨ 照明设计必须时刻保证生态；⑩ 设计照明等于设计阴影。”[24]

面出薰著名的照明设计代表作包括东京国际会议中心照明，仙台媒体中心照明，国立长崎追悼原子弹死难者和平祈念馆照明，京都站大厦照明，六本木新城照明，新加坡市中心照明总规划等。

在以文化遗产度假类酒店项目的照明应用中，面出薰提出“5L”（low）设计原则——“低照度”“低色温”“低位置”“低亮度”“低能耗”——本质上即源自与日本传统照明割舍不断的文脉传承与弘扬，如日本传统建筑中作为“采光器”的日式拉门，将光反射进室内的白色鹅卵石和金屏风，发出柔光的 AKARI 纸灯笼等，都是日本传统用光的精髓，面出薰深谙此道。在光的品质控制上，他提出设计遵循的 6 个要点：合适的亮度创造惬意的暗；舒服的阴影制造戏剧化的场景；低色温更有利于烘托惬意中

24. 面出薰 . LPA1990-2015 建筑照明设计潮流 . 程天汇，张晨露，赵姝，译 . 江苏凤凰科学技术出版社，2017.

的奢华; 高显色性是为了营造出最适合空间、建筑和人的健康光;无眩光是为了维护人视觉的舒适；光场景变化是为了让人清晰感受时间的流逝。无疑，正是面出薰独特的照明设计理念创造了其相关度假酒店舒适华丽的体验。

泰国清迈切蒂酒店（Chedi Chiang Mai，建筑设计：凯利（Kelly），2005，图 5-1） 该酒店位于泰国清迈平河边上，一共 4 层，84 间客房，庭院清幽。白天，阳光穿过建筑的竖向木制百叶洒入客房的走道，在白墙上形成美妙的光影；夜晚，从外部看，建筑仿佛一个巨大的灯笼，暖黄的灯光悠悠地透射出来，烘托了酒店的高贵气质。客房走道、楼梯间都在墙上开槽安装脚灯，天花板上没有设置任何筒灯，保证了空间整体性的纯净优美。脚灯光源为 25W 白炽灯，按 3 米间距布置在开口仅为 200mm 的方形凹槽内，提供柔和的引导光线。走廊两端设置个性化的灯笼，以此确保客人不会迷失方向。庭院里的廊子在两根金属柱中间安装了半个圆筒造型的下照脚灯，白色的顶棚面与白色的墙面一起充当着光的反射器，使空间内亮度舒适宜人。由于在人视线高度上没有任何灯具的阻隔，使得庭院和平河的景色尽收眼底。低照度、低色温、低位置、低亮度、低能耗的“5L”照明设计原则在切蒂酒店既扮演了润物细无声的功能光角色，也营造了无与伦比的、引人入胜的实际体验。

图 5-1 泰国清迈切蒂酒店

（a）酒店客房的木制百叶窗
（b）建筑夜晚的灯光效果
（c）（d）庭院廊子中脚灯的灯光效果
（e）（f）（g）客房走道和楼梯间脚灯的灯光效果

(b)

(c)

(d)

六本木之丘夜景规划（Roppongi hills，2003，图 5-2） 六本木是东京港区著名的潮流社区，包含高档的住宅、办公楼、商业设施和文化建筑，需要根据不同区域的功能设计不同的灯光效果，如强调亲切感、安全感的居住区照明，强调明亮清晰氛围的办公区照明，强调欢庆、富有想象力氛围的休闲区照明，以及强调原创和未来感的文化区照明等。在这个项目中，面出薰提出了“六点照明原则”，展现了其对城市照明娴熟的设计手法，实现了城市新区夜景形象和身份的塑造以及对优良光品质的控制。六点照明原则是：①高显色性考虑的是对人的形象友好；②无眩光关照人的眼睛舒适性；③垂直面照明为了制造大面积的环境亮度氛围；④低色温能够带来温馨、放松的感觉，吸引参观者；⑤照明运行设计是为了制造不同的场景；⑥舒适的阴影和暗可以形成光的节奏韵律，带给人戏剧化的感受。以上照明原则的“照明技术围绕着几个关键词展开：柔和的光线，照明美化，时尚的光线，随时间推移的光线，平日与节日的照明。暖黄色无眩光的 3000K 色温贯穿整个项目。将规划的重点放到低位置的照明效果上。”[25]

25. 面出薰 . LPA1990－2015 建筑照明设计潮流 . 程天汇，张晨露，赵姝，译 . 苏州：江苏凤凰科学技术出版社，2017.

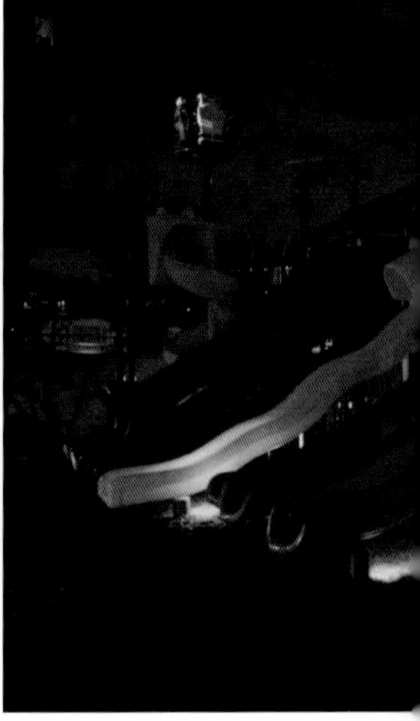

图 5-2 六本木之丘夜景规划
（a）办公楼夜景 （b）公园夜景 （c）六本木榉树板大道商业街夜景

近田玲子

近田玲子 (Reiko Chikada)1946 年生于日本埼玉县，1970 年毕业于东京艺术大学，是日本著名的照明设计师，1970—1986 年，曾在石井幹子（Motoko Ishii）设计办公室从事照明设计工作。1986 年，近田玲子照明设计设计事务所（Reiko Chikada Lighting design Inc.) 成立。

近田玲子照明设计理念的重点在于：注重自然的感觉，关注人的情感[26]。近田玲子认为，在日文中，“景色”一词是从“气色”而来，因而在照明的景致中，一旦少了人的感觉，景致便不成立了。由于照明设计的根本存在于自然界的光之中，所以认识自然光变化带来的不同景致及其给人的印象非常重要。“风光”（shining wind）在俳句中是用来形容春天的季节性词语，表达了从阴霾密布的冬日到阳光灿烂的春天，光的微妙变化，抒发了人们沐浴在明媚阳光下的兴奋心情。光对人们情感的触动正是照明设计的重点所在。

近田玲子非常推崇日本茶道中的用光，认为它是日本光文化中最宝贵的元素。早在 16 世纪，将日本茶道加以完善的千利休（Sen no Rikyu）曾提出两种用光的设想：黎明的“阴”和晚上的“阳”。千利休建议，在黎明的茶道仪式中使用纸灯笼，意

26. 赵晓波．照明设计的力量——近田玲子的设计哲学．照明设计，2011(4).

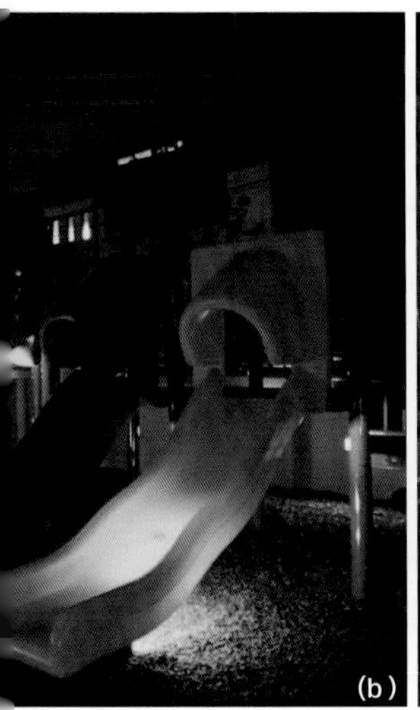
(b)

(c)

为“阴”——代表“阳”的实体灯被遮挡住了；在晚上的茶道仪式中使用油灯，意为“阳”——实体直接可见。用今天的专业术语描述就是，距今500多年前，千利休已经尝试根据一天中的时间变化而使用不同色温和种类的光：当天色渐亮时，使用白色的漫射光；当天色渐暗时，使用橙色的直射光。关于近田玲子的照明设计方法归纳如下：

（1）光与空间。光是感知空间、塑造空间的重要线索，光带给人各种景象和丰富的感官体验。

（2）照明设计的六个鉴赏角度：功能与设计，主张与陈述，个体与和谐，寓教于乐，理智与情感，问题与合理性。

（3）犹如悬疑小说。照明设计如同写悬疑小说，通过光将每个空间个性化，并为下一个空间埋下伏笔，人沿着光的变化在空间中移动，最后找到“真凶”，即建筑中最关键的空间，体验揭秘的满足感。

（4）理解光影。第一个重要元素是“影”：阴影会带给人一些消极感，但同时，阴影也能够给人或者物赋予不同寻常的魅力。阴影微妙的变化会增加空间信息的层次。第二个重要元素是“光”：在日本文化中，“光”除了有“光明”的意思外，还有“有趣和突出的特征”之意。通过光与影的变换，人们可以感知到物体的“形状”“材质”“软”“硬”，并体验和理解“新”“旧”等较为抽象的概念。

（5）爱护地球，即照明要注意节能设计。在日本传统文化中，强调人的心灵活动，崇尚生活简朴，摆脱物欲缠绕，让心灵悠游于平和自由之境。因此，生态与环境保护的观念深入人心，而面对日益严峻的全球环境与生态问题，这种文化资源或许是一种根本性的解决之道。

近田玲子的著名照明设计作品包括东京艺术剧院改造、九州国立博物馆、圣路加国际医院、金泽城公园、早稻田大学纪念礼堂改造、埼玉夜景改造等。

九州国立博物馆（Kyushu National Museum，图 5-3） 这个项目照明设计的理念是“连接历史和未来，呈现光的时空旅行”。长廊设计象征着“时间旅行隧道”，以 LED 图案展现日本的自然美景，设定四套情境表现四季和各种天气状况，每套情境的调光编程各持续 60 秒。

图 5-3 九州国立博物馆

金泽城公园（Kanazawa Castle Park，图 5-4） 鉴于金泽市一向以静谧的日式街道和清丽的冬季雪景闻名于世，因此采用了“静光”的设计理念。项目照明的目标是：明确空间的历史感，让金泽城公园成为金泽市 450 年历史的标志；挖掘空间的个性，使周边石墙顶部生长的森林仍保持在黑暗处，以维持其健康的生态系统；营造视觉化的心理满足，用最少的光线表达城堡废墟的壮美。照明方法为：针对长 100m、高 70m 的木质建筑“菱橹”，分别采用超窄光束的氙气灯和金卤灯照射银色塔顶和窗扇，宽光束的金卤灯照射石墙；三层瞭望塔“菱橹”是金泽城的标志，采用 7000K 氙气灯、3000K 陶瓷金卤灯分别照射正墙和侧墙，形成层次分明，整体连贯的夜间形象。

此外，金泽城公园还设计有季节主题性的照明，名为“光之卷轴”。在被称为“石墙博物馆”的御国温泉花园里，近田玲子为游客设计了享受日本美丽秋天的照明，每年从 9 月 1 日至 11 月底，自然的流转成为照明创作的主题——“秋天，日落与五颜六色的枫叶”和“收获的月亮，满月冲破云层”。近田玲子舞台照明的艺术修养功力在景观花园里的主题灯光秀上表现得游刃有余，使整个项目照明作品充满诗意。

(a)

乌瑞卡·布兰迪

乌瑞卡·布兰迪（Ulrike Brandi）于1957年出生在德国汉堡，大学学习产品设计，涉足照明是从她的论文项目——“芭蕾舞学校和剧院的入口大厅照明设计”开始的。1986年，她成立了自己的照明设计事务所（Ulrike Brandi Licht），之后又建立照明学院兼办教育。1990年，乌瑞卡·布兰迪在杜塞尔多夫应用科技大学（Düsseldorf University of Applied Sciences）担任讲师，1998—1999年，在布蓝兹维艺术学院（Braunschweig School of Art）担任客座教授，2002年，她在德国建筑博物馆（Deutsches Architektur Museum）筹划了“光与影”特展。乌瑞卡·布兰迪的照明设计理念简要概括如下：

（1）城市照明规划：分析城市结构，调研城市特点（如不同的功能区），整理出重点建筑和重要道路，思考如何用光表达出来，并且用视觉描述（sketch visual）等方案说明方式表达出城市夜晚光环境的独特性。

（2）建筑照明：尊重建筑的设计风格，表达建筑本身的性

图5-4 金泽城公园

(a) 静光理念下的庄严空间

(b) 主花园的光之卷轴 - 御国温泉花园秋季灯光秀

格和美感。传统建筑用光表现建筑的材质和细部，现代建筑用光表现建筑的体量和构成。

（3）利用日光：在理解建筑内外空间特点的基础上，利用日光给建筑带来光影，即使在没有日光的建筑内部空间，也要尽量营造出类似日光的效果。

乌瑞卡 · 布兰迪照明设计事务所的设计作品包括：汉堡城市照明总体规划，不来梅市内城照明总体规划，汉堡市政厅立面照明，法国自然历史博物馆照明，伦敦大英博物馆照明，斯图加特新梅赛德斯 - 奔驰博物馆照明，阿姆斯特丹车站照明，德国慕尼黑机场照明，上海浦东机场二期照明等。

不来梅市内城照明总体规划（Lighting Master Plan Bremen，图 5-5）“该规划目标是强调不来梅市中心的建筑品质，确定焦点，明晰城市结构以及营造氛围。城市的面貌在一天 24 小时的过程中发生变化：例如在白天，秋天温暖、玫瑰色的阳光使外墙闪闪发光，和潮湿多雾季节的灰暗相比，晴朗的冬季令建筑物的外观更具特色。在晚上，这就是不同的光的叙事表现。窗户向外部发光，公共区域扩展到建筑内，照明广告相互竞争，街道和人行道的照明显示出城市的结构和方向。Ulrike Brandi Licht 的照明总体规划，强调了不来梅市中心围绕市政厅 (town hall)，大教堂（the cathedral）和圣母教堂（the Church of Our Lady）的光环境品质，定义了重点空间，显示了结构并营造了氛围。不来梅市经过多年与建筑、环境、交通各部门之间的合作，逐步完成了总体规划，甚至带来了城市自身的照明文化的发展。

在照明总体规划平面图中，亮点表示灯具的位置，朝向街道或广场的建筑立面被照亮，特别重要的立面以红色线表示，通过这种可视化图示能够让总体规划原则一目了然。此外，道路关系和市中心令人印象深刻的历史建筑外立面也非常清晰地显示出来。”[27]

27. Lighting Master Plan Bremen. licht.wissen. 2010(16). [2010-10-20]. http://en.licht.de/en/service/publications-and-downloads/lichtwissen-series-of-publications/.

图 5-5

(a) 规划平面图，夜晚照明措施概览。亮点表示灯具的位置，红色线代表被照亮的特别重要的建筑立面

(b) 不来梅的音乐家雕塑在市政厅附近，它们作为吸引游客的城市雕塑，地位重要，因此需要有特殊的照明演绎。一个窄光束聚光灯安装在市政厅建筑立面上，从一个特定方向照亮了雕塑。人在雕塑后面观看时，显现的是剪影轮廓。雕塑的影子投射在鹅卵石上，令人印象深刻

汉堡市政厅（Town Hall Hamburg，图 5-6）**立面照明** 该项目的设计构思是用光影表现建筑。通过对汉堡市政厅建筑各部分明暗关系的仔细分析，设计者利用照明设计，让明暗之间的对比不那么强烈。灯光照明总体上分为两个策略：“照亮整体”和“突出细节”，建筑顶部的雕像采用剪影式的照明方式。

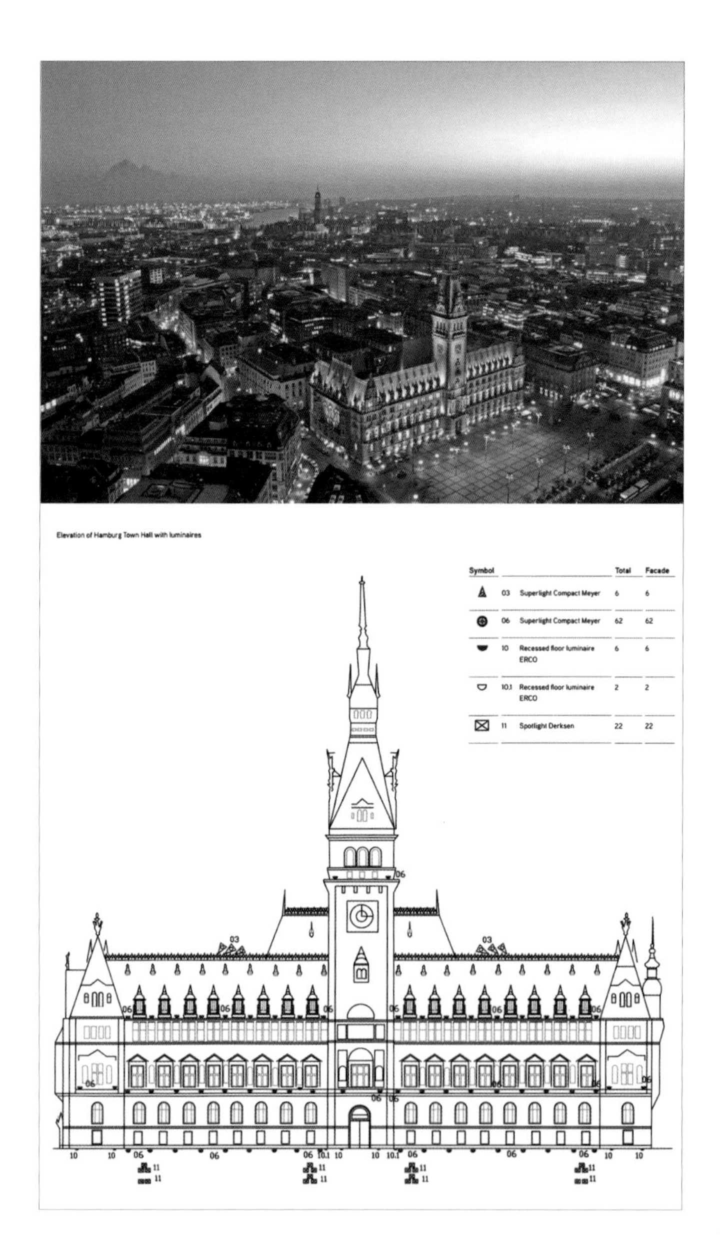

图 5-6 汉堡市政厅立面照明

阿姆斯特丹车站（Station seiland，图 5-7）**照明** 该项目的设计构思是将舞台灯光用于日常空间——“等候巴士和鸟”。在阿姆斯特丹车站（Station Seiland）250m 长的屋顶上，乌瑞卡·布兰迪借鉴舞台照明的手法，照明的概念是车和人的运动；设计灵感来自天空和日光；视频装置映射出飞鸟、天使、云朵的形象，伴随着音乐缓慢柔和地变幻着，图像只有短短的一瞬间会呈现出清晰的轮廓，整个呈现显得梦幻又富有诗意。

(a)

(b)

图 5-7

(a) 阿姆斯特丹车站的白天

(b) 阿姆斯特丹车站的夜晚

第六章

制图榜样

作为最直接高效的设计表达手段，图示是最为基本和必需的。照明设计的图示表达方法多样，除相关偏重技术的制图规范外，大多散见于各种书籍、各设计公司的图纸文档以及各类网站内，缺乏系统性、层次性的有选择的梳理和介绍。

对于初学者而言，非常需要以绘图范本为榜样，包括照明总平面图、草图、平面图、立面图、剖面图、效果图、演算图（照明软件图）、细节图等。在本章，我们特意挑选了不同表现风格、内容各有侧重，但极具代表性的设计师或者公司的图示方法，作为学习照明设计绘图的索引，其中特别挑选了水彩画、蓝图、分析草图等图示作为对电子数字绘图工作的补充和提升，希望学习者能够在此基础上逐步建立个人化的绘图风格和职业化的设计信息表达。

照明设计包含科学理性的量化表达，如借助专业软件DIALux evo、AGi32等，以建立明确严谨的数量和效果对应关系。此外，照明设计更重视和提倡基于使用者和创作者内心想象的创造性表达，诸如绘画、分析草图、研究模型，混合媒介等，与常规图示相结合，汇聚为对应主题、形象生动又富于美感的成果提案。

照明设计师的任务就是在不断寻找理性与感性表达的平衡点，这是照明设计工作自身属性所决定的，也是快速发展的行业在探索、实践和竞争过程中的现实需求，它是每一名从业者和学习者必须坚持努力的方向，而各种图示的表达则是这种追求生动、全面的反映。

照明设计步骤

设计描述

(1) 阐释设计概念。设计概念是一种指导性纲领，并不是设计方案，它是为了营造视觉或心理上的效果而提出的设计目标。

(2) 分析建筑，梳理可利用条件和限制条件。照明设计需要深刻地理解建筑，既要表达建筑理念，也要展现建筑的空间结构，用光塑造空间，做到照明和建筑相统一。

(3) 分析光的质量。光的质量可以归纳为四个设计元素：“光的强度”，即亮度，通过灯具的数量和亮度来实现，并通过计算进行验证。“光的颜色”，包括采用白光还是彩色光，白光的冷暖如何，感知物体颜色的程度如何等。“光的分布”，是指光在空间布置的方式，空间中亮度比的高低，是均匀的还是明暗对比强烈的。“光的运动”，是指光的控制，依据功能或者时间，空间的亮度、光的颜色、光的区域分布等是否可以调控。

照明层次

遵循理查德·凯利照明三部曲理论，运用多种光的手法（直接光、间接光）对空间进行光环境塑造，满足空间照明的三个层次——环境光、焦点光和装饰光。环境光和焦点光的亮度比决定了空间的明暗，装饰光增加了空间的亮点，令人感到愉悦。三个层次的组合使用能够让我们获得期望的情感反应。在此，我们再次聚焦照明的三个层次进一步阐释。

环境光：提供一般照明，确保空间、人和物体可见。环境光是没有阴影的照明，空间的体量感会被弱化。

焦点光：有助于传达信息和引导运动。焦点光带有导向性，将环境中最重要的元素从周围凸显出来，焦点光还有助于创造空间感，让空间不至于过于平淡。

装饰光：涵盖了多种多样的灯光效果，用于调节气氛或者装饰。装饰光能够让视神经兴奋，影响人的心理感受，比如餐桌上的烛光、壁炉中的火焰，以及其他动态的光、彩色光或者光艺术作品等。

照明设计师可以采用多种照明技法相叠加的方法增加光的层次感和变化，让空间更有吸引力。

灯具选择

照明设计师需要选择灯具和光源，并确定灯具的数量及其在空间中的位置。灯具参数的确定，光线表示清单和光效果指示性分类的引导，可以帮助照明设计师明确哪些是光的可控因素，完成构思、发展和实现一个照明设计。

（1）灯具参数

灯具参数包括发光强度的空间分布、灯具效率、亮度分布或灯具遮光角，这些参数是决定光视觉效果的重要元素。

（2）光线的表示清单（方法）

与光源相关的用词：光通量（流明，lm），表示光源发出的光的数量；光效（流明 / 瓦，lm/W），表示每消耗功率所发出的光通量；色温（开尔文，K），是光的颜色指标；显色指数 Ra，指光源的性质，即灯光照射在物体上时所看到的颜色。

与灯具相关的用词：光强（坎德拉，cd），表示一定方向上的光线强度；亮度（坎德拉 / 平方米，cd/m^2），表示从灯具发光面进入人眼的光通量，用来表示灯具的亮度；灯具效率（%），表示灯具本身发出的光通量占整体光通量的比例；配光曲线表示光线强度和方向。

与空间相关的用词：照度（勒克斯，lx），指光源照射在单位面积上的光通量；亮度（坎德拉 / 平方米，cd/m^2），表示从被照面（如墙、天花）进入人眼的光通量，用来表示空间的亮度。

光效果指示性分类

依据光效果的指示性分类选择灯具，有助于对设计的视觉效果进行判断。光效果的指示性分类包括：①灯具安装高度（低、高）；②光束角的宽窄（宽光束、窄光束）；③光的几何特征（线、面、点）；④灯具的出光方向（下照、上照、侧光、背光）；⑤光照射在物体表面的形状（边缘、扇形、光池）；⑥表面相关（洗墙、灯槽、渐变光）等。

照度计算

照明设计的验证方法是指照明设计师通过计算来检验自己的设计是否能够提供最佳的照明效果，目前通过计算机软件辅助计算进行验证是采用较多的方法。在中国较为常用的是德国软件 DIALux evo，可以计算平均照度、最大照度、最小照度，以及室内表面亮度、功率密度等数据，计算结果可以表达为数据表格，也可以输出为等照度曲线或者灰度图。软件渲染程序可以根据照度计算数据做出灰度渲染图，如果加入表面反射率，还可以输出接近现实的渲染效果图。该方法是广州美术学院“光与空间形象”课程里一直采用的。

另外，可以利用一些简单的计算方法通过计算公式进行照度计算。有一些设计师采用等比样板、等比模型的方法来获得真实的数据，在一定程度上验证设计的可行性。然而，要反映真实照明效果，则必须搭建一个实际尺寸的样板间，里面所有的光源、灯具和装饰材料、处理手法等都需要按设计方案操作，这会导致设计成本高涨。

成果文件

设计成果文件指由设计人员绘制的所有书面设计文件与图纸的合集，内容包括照明设计概念图、平面图、立面图、剖面图、大样图、演算图、效果图、灯具选型、安装方式、照明控制逻辑、照明设备表等。

向榜样学习

概念图

光是视觉的感受，单纯用语言很难有效地捕捉我们对光的体验，因此，需要借助图示化的视觉语言帮助设计师记录和向他人解释灯光及其效果。目前，业界已有许多创建视觉图像的技术：一类是借助复杂的电脑技术生成逼真的效果图，其缺点是可能需要花费大量时间，并可能会引入一些不重要的细节。另外一类是采用快速的照明概念分析草图（简称“概念图”，也有称“视觉草图”，Diagram /the Conceptual Idea）。照明设计概念图并非旨在准确表示建筑，而是为了表达空间总的光效果感受，表达照明环境的本质。因此，照明设计需要选择合适的方法和媒介，以最简单的方式传达设计计划。

对于有着艺术设计背景的照明设计初学者来说，形象思维引导的概念图对于设计行之有效，其表现力和灵活性不容低估，其优势包括：表达照明概念最快、最形象，所需要的纸、笔等材料最简单，可以过滤掉不重要信息，而专注于场景的主要特征，可以作为一种分析工具，有助于理解和记录空间结构和光的关系。此外，概念图还具有令人难以置信的捕捉设计者感觉与情感的能力。

照明设计师的概念图（图 6-1） 照明设计的第一步是充分理解建筑的特征，构思“完全自由的光的概念”[28]。通过绘图的方式将光的抽象概念转变成设计概念图，画出预想的空间和光的场景特征，传递对空间氛围的感受，同时综合考虑光色、亮度、亮度分布，物体表面的颜色等因素。

照明设计概念——Puilaurens Cathar 城堡建于公元 1000 年左右，位于一座岩石山峰上。照明设计不是将城堡遗址置于聚光灯下，而是让它从黑暗中微妙地“浮现”出来，用淡淡的光呵护并烘托废墟。这项照明设计凸显了岩峰的轮廓，强调了城堡的建筑，同时尊重了自然的特色，保护了夜晚的神秘之美。

照明措施——在整体色温和光色上：保持黑暗的氛围。山峰采用冷白光（5500 ～ 6000K）和蓝光（460 ～ 490nm）混合而成，用淡淡的蓝色调“点亮”悬崖峭壁的轮廓。城堡外侧采用模拟月光的冷白光（5500 ～ 6000K），城堡内侧采用中性白光（4000 ～ 4500K），光掠射墙面强调肌理。

案例照度等级远远低过城市区域，淡蓝色山峰平均照度为 20lx，城堡墙身照度从 30lx 到 70lx。

在灯具选用上，该项目完全由 LED 投影仪实现。出于维护，能耗、光学性能以及多种色调选择的考虑，项目一共选用 96 台投影仪，总功率 7.5 kW，投影机的瓦数为 36W、96W、200W 三种。

28. 中岛龙兴．照明设计入门．马俊，译．北京：中国建筑工业出版社．2005.

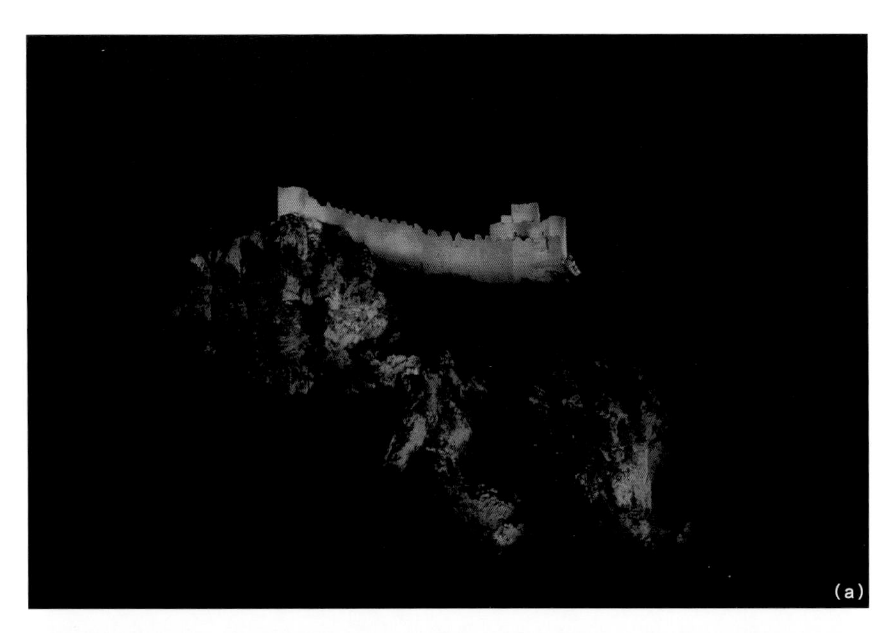

图 6-1

(a) Puilaurens Cathar 城堡照明概念图，城堡和山体采用不同色温、颜色以及不同亮度等级的策略，呈现出的夜景效果。照明设计师：Anne Bureau - Wonderfulight

(b) 实景照片，地点：Lapradelle-Puilaurens, France

建筑师的概念图（图 6-2） 自然光一直是建筑与建筑照明设计的灵感之源。光为空间提供个性和意义。建筑师处理建筑采光时，需要考虑建筑的朝向、空间围合方式、结构形式，以及建筑材料和色彩的选择等问题。为了获得光线的预期效果，建筑师还会考虑与光有关的空间视觉印象，包括亮度、空间中的亮度分布、阴影、反射、眩光、光色、物体表面的颜色等，而这些都可以通过推敲光与空间的概念分析图获得。

通过概念设计草图对光与空间信息进行视觉化处理，设想空间的光效果和氛围，以及人在其中的体验和感受，在这方面，照明设计师和建筑师的工作是相通的。下面选择了几位建筑师中的作品作为学习的榜样（图 6-2）。

勒·柯布西耶（Le Corbusier）用光之“大炮”让人去感受“神圣”。拉图雷特修道院（Convent of La Tourette）教堂是由混凝土构成的方形空间，建筑师通过精心布置的“大炮”状的采光筒将自然光和色彩引入神圣的空间。采光筒外形各异、朝向不同，内壁分别为蓝色、红色和混凝土原色，这些内壁颜色恰如其分地调节了光的照度。照度从蓝色到红色，再到混凝土原色，由低到高。人们一进入教堂，立刻感受到光之大炮的“扫射”，对神圣力量的感悟从心底油然而生。

斯蒂文·霍尔（Steven Holl）用“瓶子”带来室内空间中色彩和气氛的变换。斯蒂文·霍尔设计的圣·伊格内修斯教堂（St. Ignatius Chapel），相当于用七个“光瓶子”在一个“石头盒子”上承接了自然光。光从不同的角度、不同的方位射入，有的经过片墙、弧形顶棚等建筑构件的遮挡，以直射、反射、折射等方式将不同颜色、气氛的光线导引到室内不同的空间中。光营造出的不同气氛配合不同的宗教仪式戏剧性地在空间里展演。教堂内部矩形的空间被不同照度的光划分为数个没有实体边界限定的空间。建筑师使用水彩素描，旨在推进设计概念的呈现，从而有效确定结构形态、光线解决方案，以及要使用的材料和颜色。

彼得·卒姆托（Peter Zumthor）用“裂隙”呈现了各种形状的光。彼得·卒姆托擅长使用不同比例的平面和剖面，以着重表达印象或光线原理。在瓦尔斯温泉浴场（Therme Vals）中，土耳其浴室由一间淋浴室加三间套叠的蒸汽房组成。淋浴室内光线充足、明亮，在其厚重的深色门帘后是第一间蒸汽房，光从天花洒下方形的模糊暖光，像聚光灯照射水雾而成为明显的光锥状。相较第一间，第二间蒸汽房水汽更重，使得同样的光锥扭动起来。建筑师通过处理光与天花开口形状、光与水雾介质的关系，使得光或者呈带状顺墙滑落，或者呈光锥状舞动，或者透过蓝色方形玻璃天窗矩阵染上幽蓝的光，为浴场带来神秘的气氛和独特的体验。[29]

29. 范久江．山谷的鼾声：夜游瓦尔斯温泉浴场．旅行现场．[2018-11-12]. https://www.archiposition.com/items/20181112110522.

图 6–2

(a) 勒·柯布西耶，拉图雷特修道院的概念图
(b) 斯蒂文·霍尔，圣·伊格纳休教堂的概念图
(c) 彼得·卒姆托，瓦尔斯温泉浴场的概念图

(a)

(b)

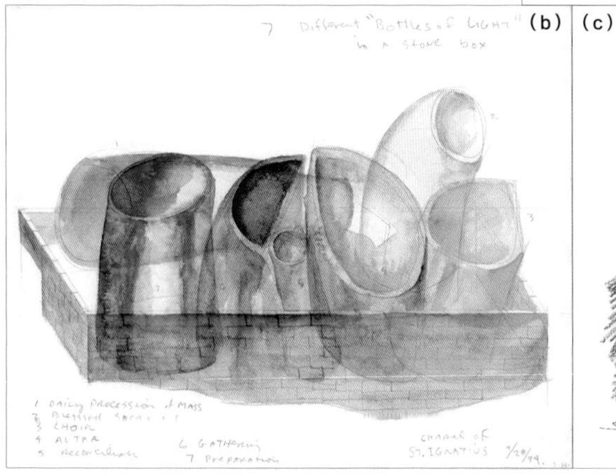

(c)

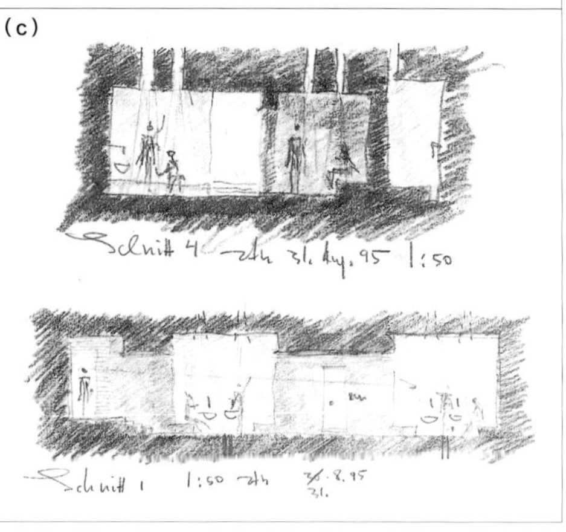

用概念图推动设计 概念图是呈现照明设计构思及推演的逻辑图示。美国帕森斯设计学院PARSONS照明设计硕士论文《建筑照明设计中的明暗对比法》（*Chiaroscuro for Architectural Lighting Design*）通过分析亮度对比和明暗等级，对空间的明暗构成进行解析，并针对设计画廊、绘图课室等不同的空间进行亮度分布设计。

在通过亮度对比达到设计所需效果方面，有以下经验性数据可以参照：1:1——没有明显的亮度差别，没有阴影，容易让人陷入不安。1:2 ～ 1:3——可以明确感知亮度的差别，通常用于焦点光和环境光的对比。1:5 ～ 1:6——这是欣赏绘画和雕塑时照射对象与背景之间的比例。1:10——可以明确感知亮度的差别，也可以用于焦点光和环境光的对比。1:100以上——看上去类似自发光。[30]

"建筑照明设计中的明暗对比法"研究即是依据上述亮度对比带来的知觉效果原理，将亮度差与空间功能、视觉效果等进行图示化说明，为实现预期的亮度分布总体效果提供依据（图6-3）。

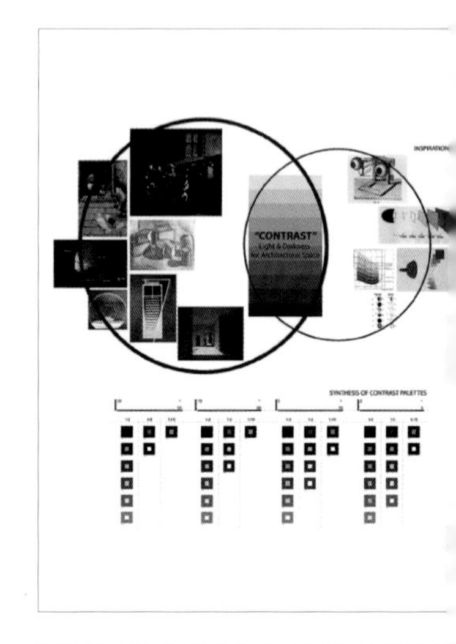

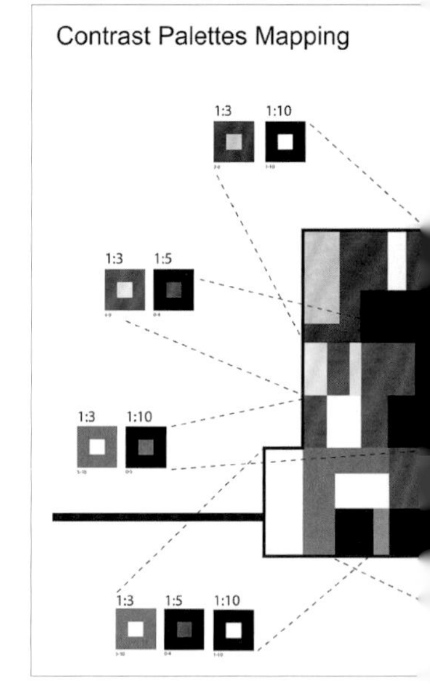

30. 福多佳子. 国际环境设计精品教程——照明设计. 朱波，金旭东，刘涛，赵婧，译. 北京：中国青年出版社，2014.

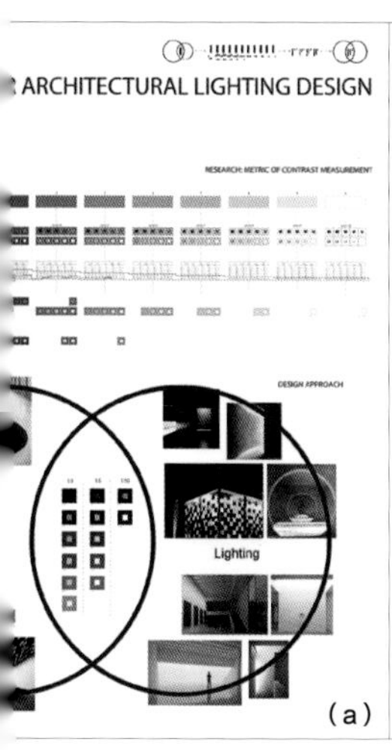

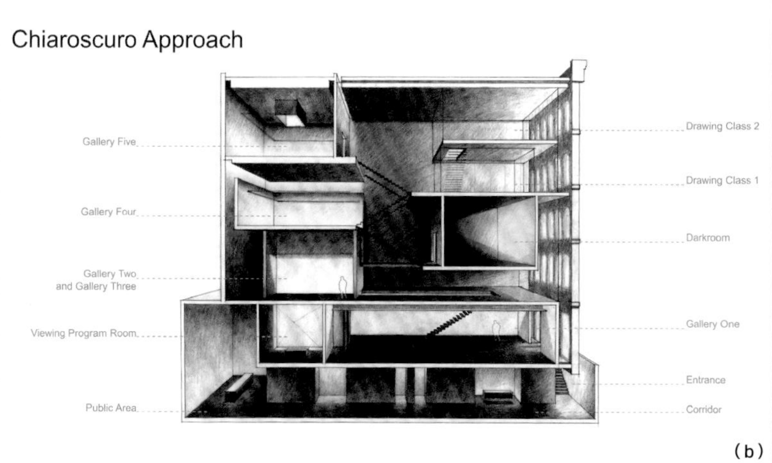

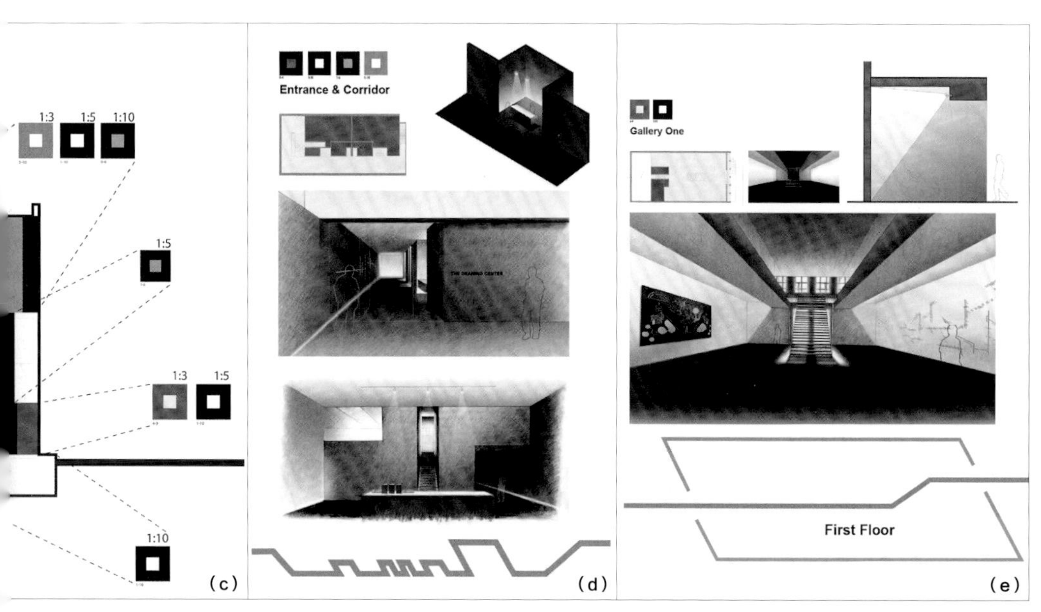

图 6-3 图示基于亮度对比法的研究和设计应用

（a）“建筑照明设计中的明暗对比法”研究逻辑图示，图中包含建筑空间中的明暗对比、亮度比综合比较、对比度测量指标和设计方法等

（b）明暗对比法图示，在建筑的剖透图上显示了入口、走廊、公共区域，画廊，绘画课室的明暗效果示意

（c）空间亮度对比说明图示，剖面图显示了对应不同功能空间的亮度比数值，从 1:3、1:5 到 1:10

（d）（e）亮度比的设计应用——入口和走廊效果图。尽管效果图采用黑白灰色调，但是光空间场景的主要特征和氛围感受都得到了清晰的表现

属于视觉设计的照明设计，借助概念图进行设计传达远比人们想象中的重要得多，特别是暂时没有精确尺寸的图纸时，设计师通过把设想的光效果直接画在透视草图上（纸质或电脑绘图），配合说明性文字阐释照明策略，就可以快速呈现一个易于理解的设计构思（图 6-4）。

英国达勒姆市街道照明研究采用“光与暗”策略（Durham Light and Darkness Strategy, Durham, UK），这是一种开创性的方法。达勒姆市杰出的夜间环境既取决于其黑暗的自然景观，又取决于其标志性场所的照明。

该照明策略为这座城市制定了一个创新的技术框架。策略中建议升级所有路灯，并根据主要和次要道路进行色温划分；照亮城市的桥梁，并创建符合事件光照场景的基础设施。随着时间的推移将以可持续的方式重新照明，同时可以提高城市形象，提供安全保障和促进夜间经济。因此将大大减少光污染，夜空变得清晰可见，并避免对当地生物多样性的潜在不利影响。[31]

有些照明灯具生产厂家产品目录中的设计概念图非常实用、易于理解[32]。这类图通常是在三维的透视线稿草图上呈现光空间场景，并配备具体的灯具型号参数。在其图示中，用黄色表达照射对象、照射路径、灯具安装位置等。此外，这类产品目录一般还提供更加具体的技术信息，包括光色、色温、显色指数、配光数据、耗电量、寿命、形状、重量材料、设置条件、有无调光等，以及配光数据的 IES 文件，有的甚至还提供计算照明的 CG 软件。虽然厂家的目的是为宣传、推广其灯具产品，但产品目录从一个侧面为设计师从概念到实施提供了完整、连贯的支持，能够使设计过程更加便捷、顺畅（图 6-5）。

31. Speir and Major 设计公司网站：http://www.speirsandmajor.com/work/strategy/durham_lighting_strategy/.
32. Linea Light Group 灯具制造公司产品目录 Professional Architectural Lighting（Maestro 1.0）。下载网址：https://www.linealight.com/en-gb/catalogues.

图 6-4　英国达勒姆市“光与暗”街道照明策略视觉草图

照明设计：Speirs，Major Associates

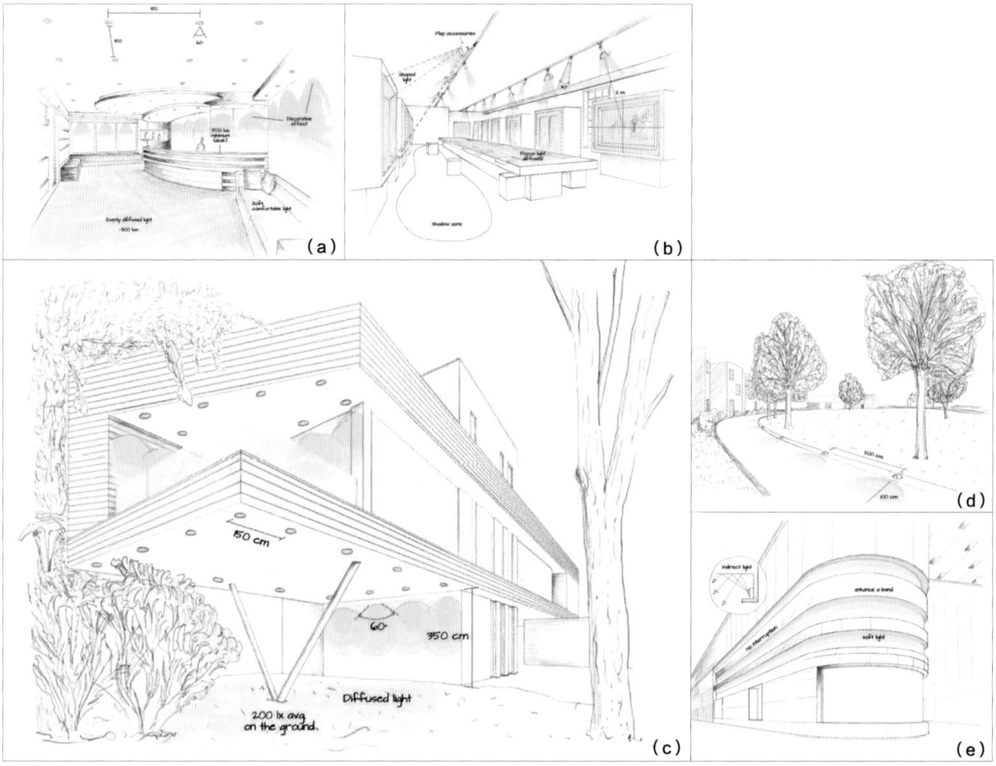

图 6-5

(a) 聚光灯有规律地矩形排列以确保所有的表面亮度均匀。照度等级符合标准，柜台上设计照度不低于 500lx。聚光灯安装在靠近墙壁的位置，营造出令人愉悦的美感。灯具型号和参数：Warp，光束角 60°，色温 2700 K，光效 71 lm/W

(b) 轨道射灯在满足功能的前提下强调“焦点”，光影对比舒适，通过遮光翼控制光的形状。灯具型号参数：Angular，显色指数 CRI95 ，光效 7.50 W/m² @ 平均 500 lx

(c) 30°圆锥形光斑下照，照亮地面和墙面，光连续和谐。灯具型号和参数：Guardian，13W LED，光束角 30°，光效 108 lm/W @ 色温 3000 K

(d) “窗口”效果可以用来区分两种地面，灯具间距取决于所要覆盖的距离（汽车，自行车或步行）。灯具型号参数：Astropek，2W @630mA，LED

(e) 光带能够制造柔和的间接光，光线分布均匀，可适应建筑的特点灵活地安装。灯具型号参数 Silicone_C，Hi-Flux 15 W/m，4000 K - 1110 lm/m，IP65

照明平面图

室内照明平面图蕴藏的空间设计信息最多，分为照明平面图、天花布灯图、复合照明平面图。图示和内容具体为：①照明平面图：表达光的区域分布，即将光的照度和色温分布表达出来，只画光的配置，不画灯具的配置。②天花布灯图：在天花平面上画出灯具的精确位置和尺寸定位，注明灯具的类型，标注灯具的安装方式。如果灯具不是安装在天花上，则需要标注灯具安装标高，图例和标注也要标注在天花布灯图上。③复合照明平面图：将照明平面与天花布灯重合绘制，形成复合平面图，这样可以同时显示门窗位置、家具配置和灯具布置（图 6-6—图 6-8）。

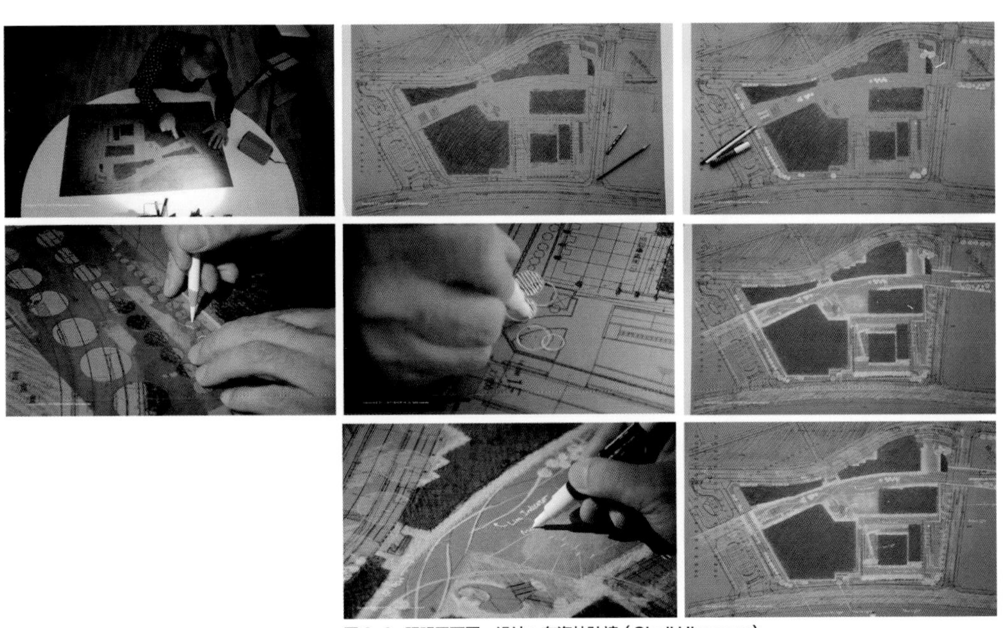

图 6-6　照明平面图，设计：东海林弘靖（Shoji Hiroyasu）

日本照明设计师东海林弘靖在传统的蓝图上，用白色表达光的位置，用深浅力度表达亮度关系，照明规划的全局观清晰，图纸带有强烈的个人绘画风格，使科学的图示文件上增添了画作般的艺术美感。

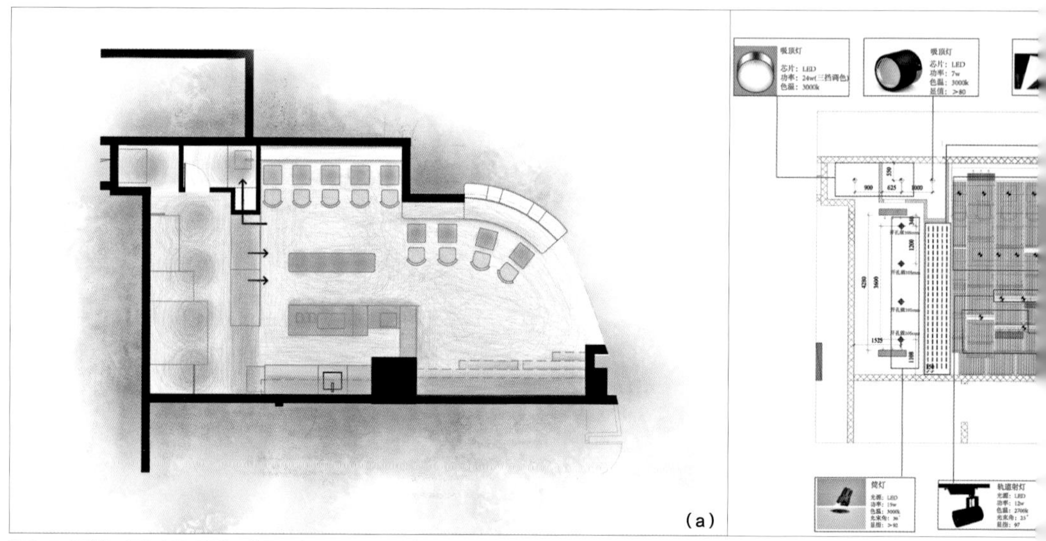

图 6-7 广州藤王面包店照明设计，绘图：（2016 级研究生）张美梅，万艺姝

（a）照明平面图 （b）天花布灯图 （c）地面布灯图

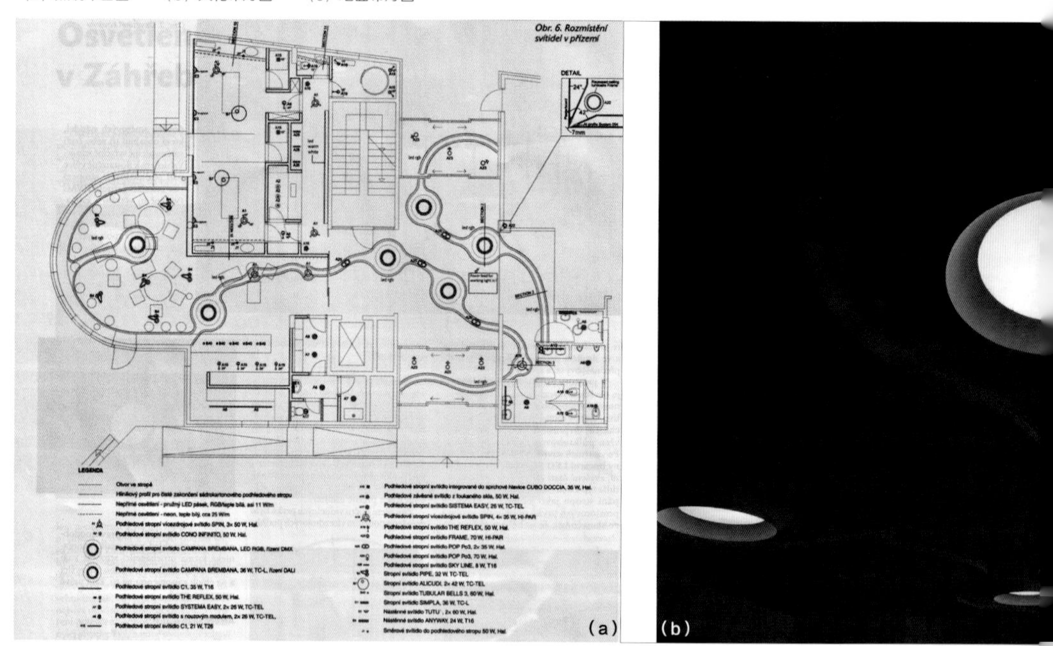

图 6-8 克罗地亚萨格勒布的 Novamed 联合诊所（Novamed Polyclinic in Zagreb, Croatia），照明设计：Skira Ltd.

（a）天花布灯平面图 （b）天花光效果照片 （c）天花光线的变化照片

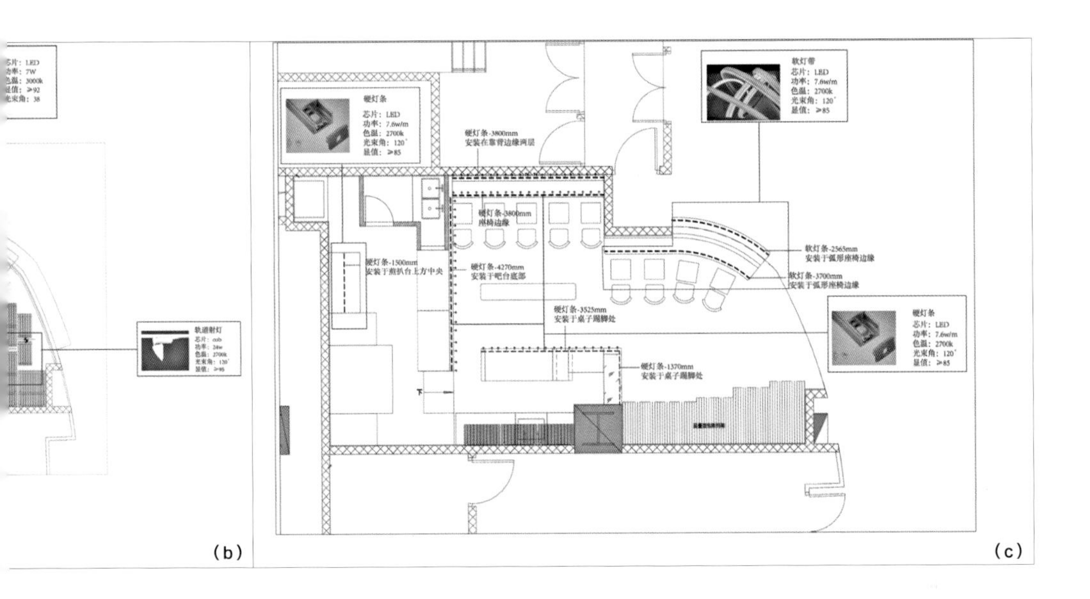

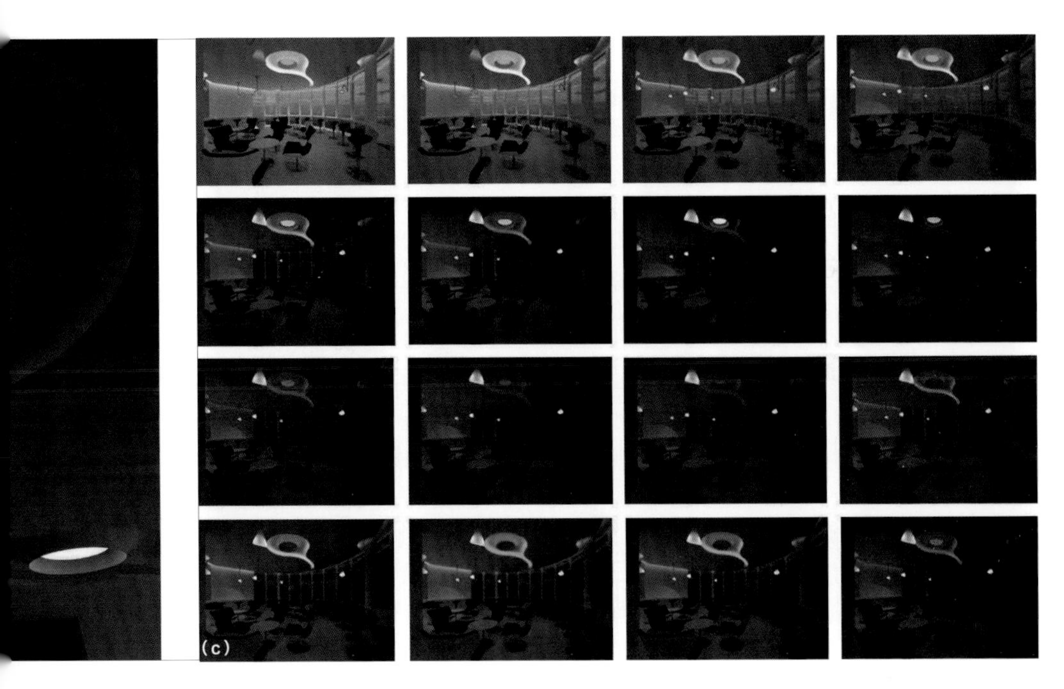

该案例通过照明设计为医院创造出有趣、欢快、亲切，且色彩丰富的空间情景，以减轻病患的压力。建筑一共三层，首层天花布灯造型受人体神经元形式的启发，这样的布置能够为人提供良好的方向感知。天花的曲线部分暗藏可变色的 RGB 线性 LED 灯带，间接出光。圆形穹顶内置荧光灯和 LED, 可以调节明暗、颜色和色温，光线柔和。

照明剖面图

平面图对于表达水平面上的照明布局很有用，但是，很难显示出空间垂直位置上的信息，而这是剖面图的强项。例如亮度在垂直方向上的分布、光源高度、照射方向、安装方式等都需要用剖面图来表达（或立面图，表达建筑外立面照明时），而且在剖面图中，可以把人和建筑照明关联起来，特别是在表达天花板高度不同的建筑照明时，剖面图尤其有效。

有一种说明性剖面图，或者叫“剖面示意图”，它是比真实剖面更具有示意性的图解，目的是显示所有照明灯具，包括被结构隐藏的灯具。

照明剖面图中解释光线最有效的符号之一是箭头：单个箭头可以表示光源的位置和光的照射对象；箭头粗细可以理解为光的数量；箭头的颜色可以用作区别不同的色温。有些剖面也可不使用箭头表示，依靠光束方向即可以清晰显示路径。对于那些不太明显的光路径，因为它的照射方向也会对空间的照明效果产生一定影响，因此也要注意梳理并尽可能标注清楚（图6-9—图6-13）。

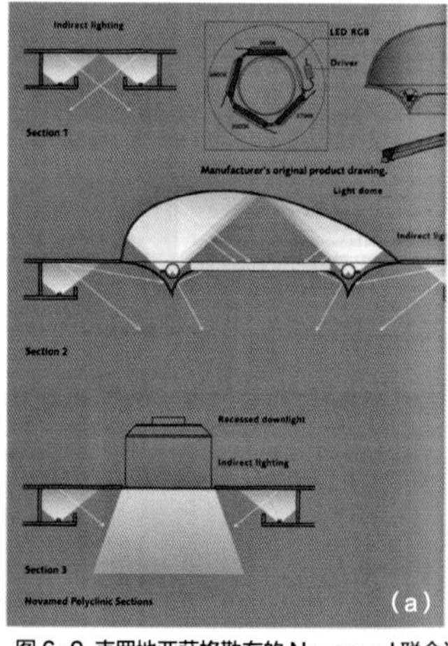

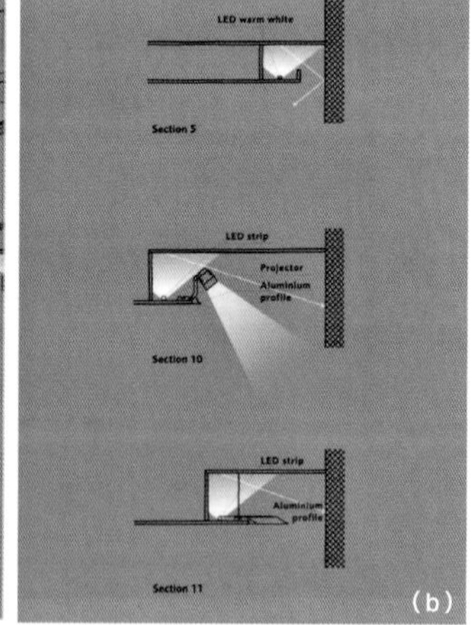

图 6-9 克罗地亚萨格勒布的 Novamed 联合诊所，照明设计：Skira Ltd.
（a）线性 LED 间接光节点
（b）光穹顶的荧光灯和 LED 组合安装细节

Lighting planning concept. Draw

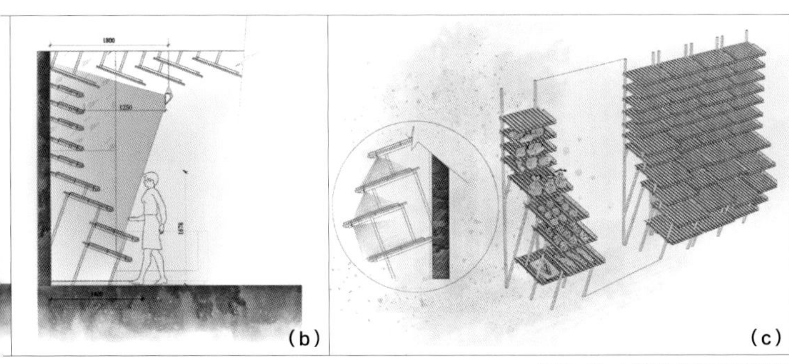

图 6-10 广州藤王面包店照明设计，绘图：（2016 级研究生）张美梅，万艺姝

（a）用剖面图说明面包店层叠式天花顶棚

（b）（c）展示柜台灯具布置位置、照射方向、照射对象

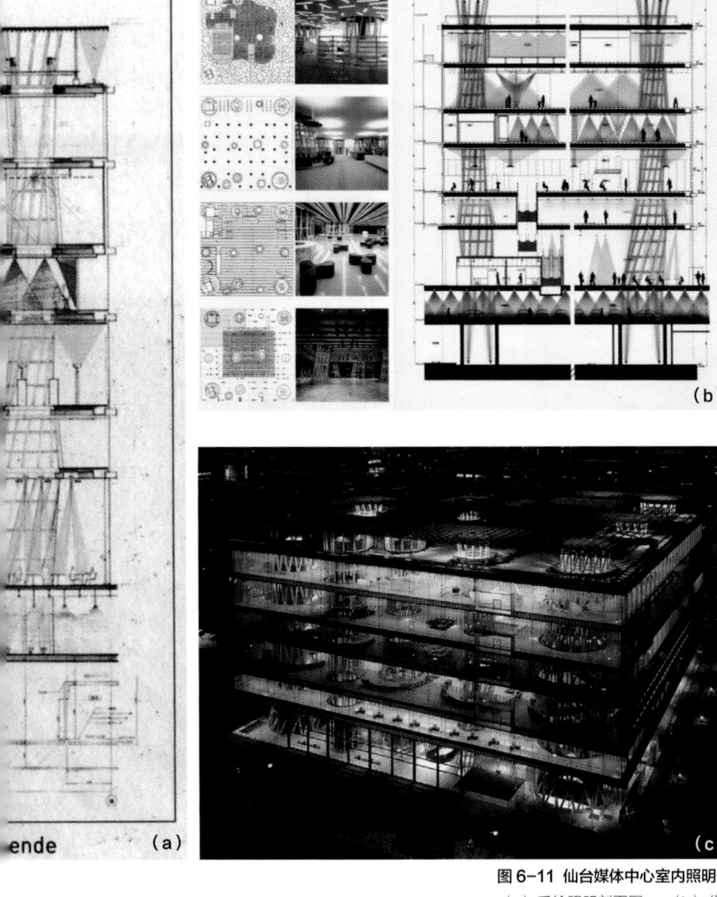

图 6-11 仙台媒体中心室内照明剖面图，照明设计：LPA

（a）手绘照明剖面图　（b）分层天花布灯平面图，CAD 照明剖面图

（c）实景照片

仙台媒体中心（Sendai Media Center）共 7 层，拥有图书馆、展厅、影院、活动中心等公共活动空间供市民使用。照明设计中为每个楼层选择了不同的天花照明方式，利用中间的管状束柱来同时传导人工光和自然光，采用多种照明场景模式以适应空间变化的灵活性需求，整体色温 3000K，用以营造“温暖的”环境感受[33]。

通过照明剖面图，设计公司清晰表达出预期的照明设计效果和实现该效果的方法。一层开放空间中有咖啡馆、商店和中间大厅，照明采用嵌入式筒灯提供一般照明和局部照明。二层为前台，照明采用线性排列的带反射器无缝荧光灯光。三至四层是图书馆，采用悬吊灯具向天花照射，经顶棚反射后得到均匀的照明，照度可以达到 400lx。七层为工作室，采用荧光灯随机布置。以上图形清晰呈现出仙台媒体中心各层的照明方案，说明了灯具位置、方向等信息。

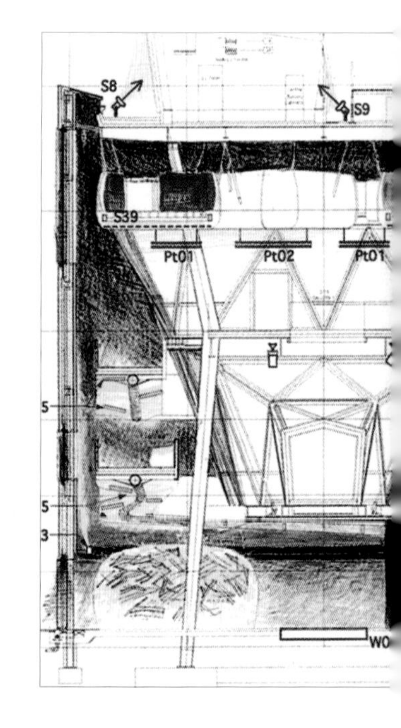

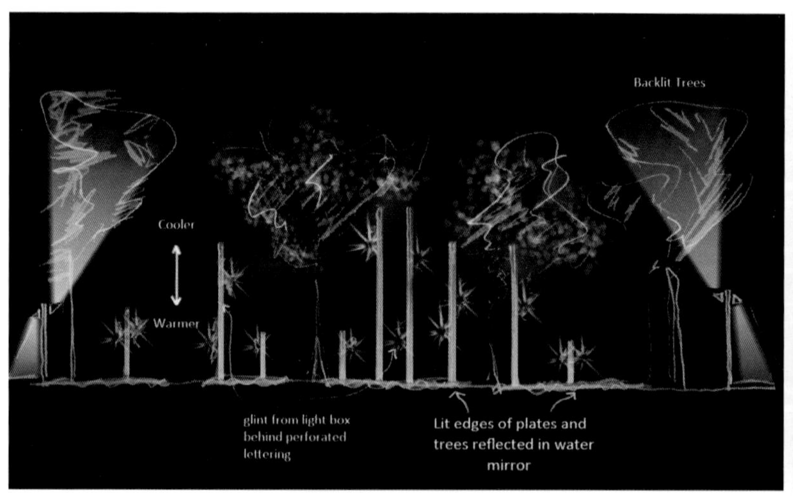

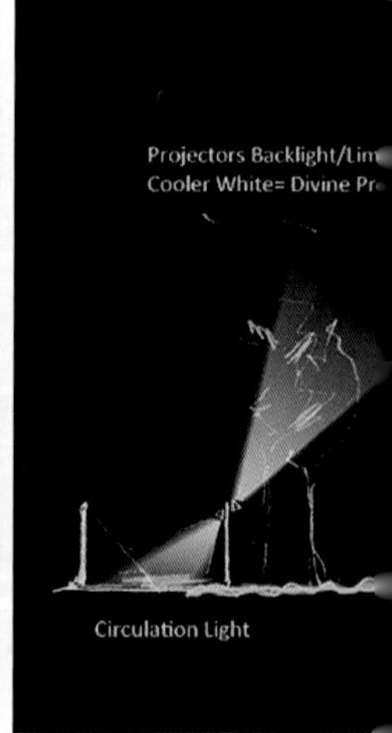

图 6-13 墨西哥暴力受害者纪念园的景观照明剖面图，设计：Lighteam

33. 面出薰．LPA1990－2015 建筑照明设计潮流．程天汇，张晨露，赵姝，译．苏州：江苏凤凰科学技术出版社，2017.

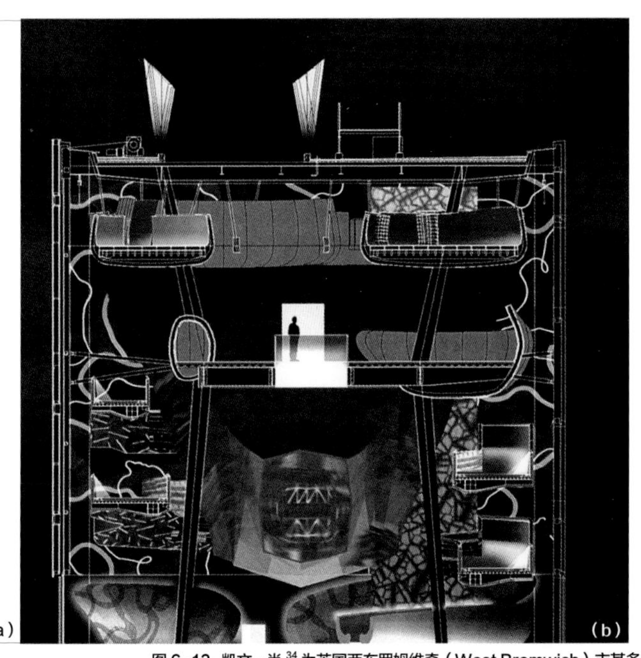

图 6–12 凯文·肖[34]为英国西布罗姆维奇（West Bromwich）市某多功能艺术场馆的流动空间所作的照明剖面图

（a）在这张 CAD 照明剖面图上，以红色表示灯具的位置，并在内部空间添加了手绘效果的鲜艳颜色。这种图像使便于设计团队成员了解光的位置及其产生的照明效果

（b）CAD 照明剖面图在 Photoshop 中进行渲染后，生成更加优美的剖面光效果。在这种图中，灯具实际位置的重要性已经让位于照明效果，通常用于演示文稿向客户介绍方案

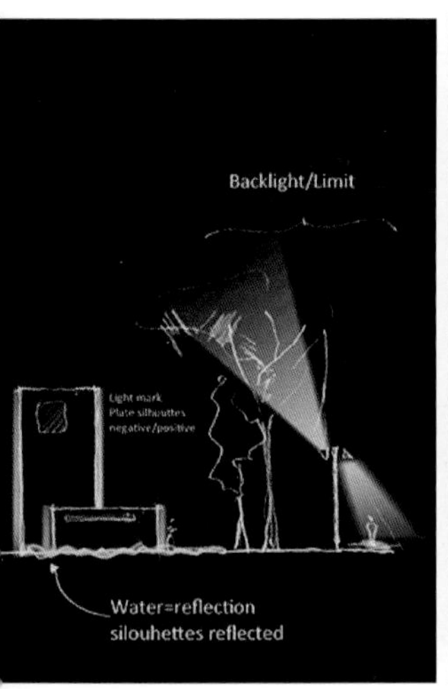

34. 凯文·肖（Kevan Shaw），英国 KSLD 照明设计创始人及设计总监，致力于 LED 照明技术的实际应用及研发探索。

通过以上景观照明剖面图清晰呈现了设计师对墨西哥暴力受害者纪念园（Memorial to the Victims of Violence, Mexico City）的景观照明设计策略：这个纪念园扮演着纪念馆和公共场所的双重角色，位于城市最重要的森林空间中，照明采用微妙的白光色温来区分人造景观和自然元素。

色温由暖到冷，低处采用暖光 2500K，人眼高度采用 3000K，树冠采用冷光 4500K 和 5000K，通过光线冷暖的变化，将人们的视线从地平面引向天空。嵌入式线性 LED 灯具以交错的方式沿着硬景观人行道放置，创建由光构成的视觉引导。3000K 埋地灯向上照亮金属墙的边缘，灯杆上的灯向上照亮树冠，向下照亮路面。金属墙灯箱通过文字漏空的孔洞发出闪烁的光。照明使得该场地中的纪念性在夜晚也有很好的表现。

照明立面图

照明立面图可以完成大部分建筑外立面照明设计的工作。通常的绘图技法是在深蓝色（或其他深色）纸上画出建筑立面，用白色、淡青色、浅黄色画出光的部位。如果需要表达节日、事件等场景模式时，可以用其他自选颜色表现彩色光（图 6-14）。

(a)

(b)

(f)

图 6-14 曼彻斯特市政厅（Manchester town hall）建筑立面照明设计

（a）立面照明亮度梯级设计，建筑部位由低到高，亮度越来越亮，其顺序为：护城河—屋顶—横向檐口—窗户—主入口—雕塑—钟面

（b）安装更明亮的掠射光和焦点光，醒目的建筑灯光影像为城市夜晚增添了一道亮丽的风景。同时，屋顶灯具的安装也考虑到了安全、易于维护和清洁等要求

（c）（d）（e）电脑模拟从不同视点所看到的立面照明效果

（f）线稿立面上的照明设计草图

（g）在立面图上叠加绘制的节日模式下彩色光照明效果示意草图

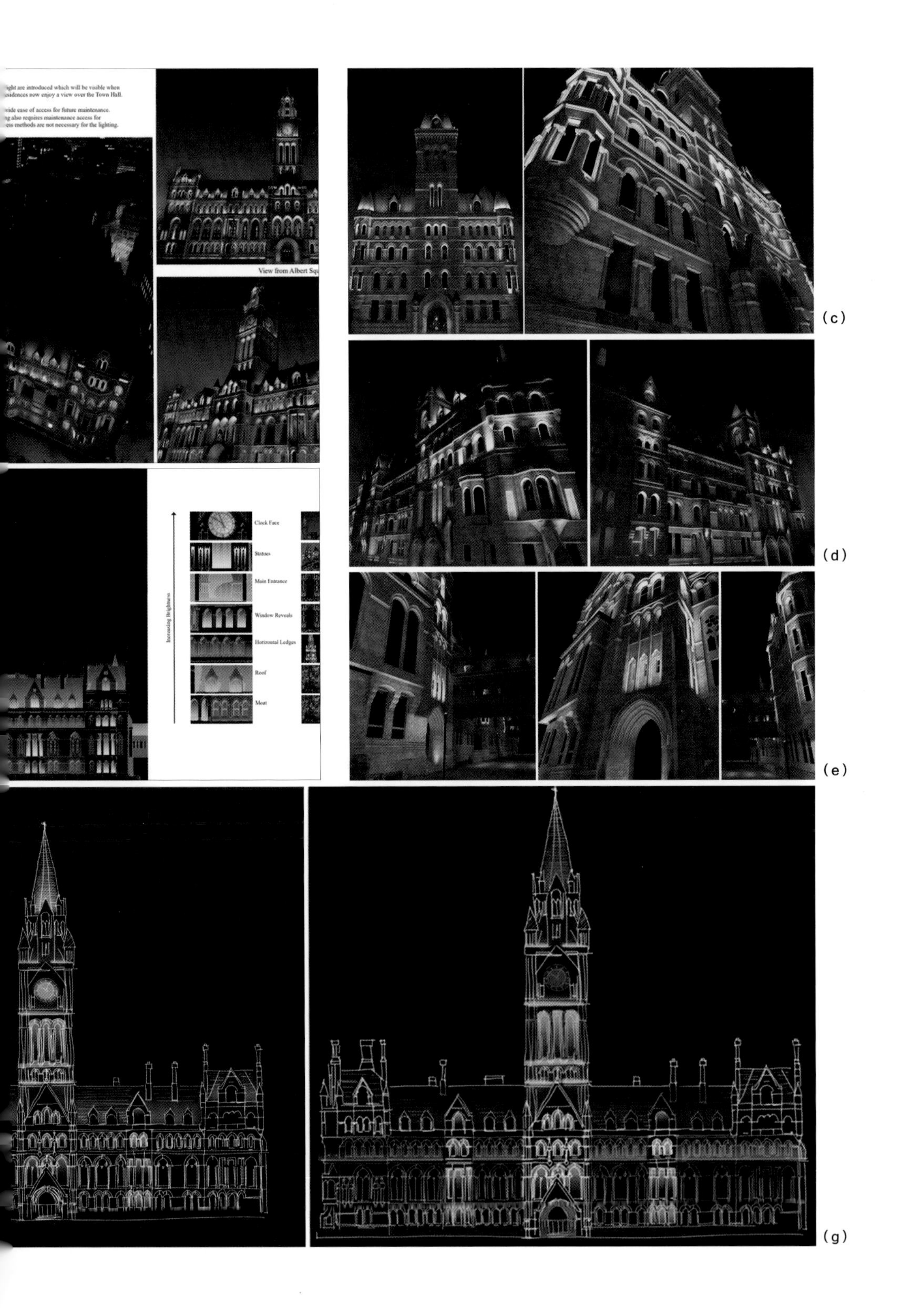
ght are introduced which will be visible when
esidences now enjoy a view over the Town Hall.
vide ease of access for future maintenance.
g also requires maintenance access for
ess methods are not necessary for the lighting.
View from Albert
Increasing Brightness
Clock Face
Statues
Main Entrance
Window Reveals
Horizontal Ledges
Roof
Moat

(c)

(d)

(e)

(g)

演算图与光效果图

演算图是指通过专业的照明计算软件（例如 DIALux evo，或者 AGi32，后者是专业照明设计公司常用的软件）进行照明计算，并生成效果图，它能够获得比 3ds Max 渲染软件生成图像更加真实的照明效果。另外，演算图在描述照明技术方面非常有用。演算而来的“伪色图”和“灰度图”能够按照照度或亮度等级、以不同的颜色或不同的灰色调表示空间光照数量等级和效果，便于理解抽象的照度 (lx) 或者亮度 (cd/m^2) 数值所对应的视觉效果。其中，伪色图的主要作用是能够大致将眼睛感知的亮度变成可视化的说明性图示，可以用来分析各类室内外场景，还可以用来比较不同环境或者同一环境在一天中不同时间的变化。

照明效果图是电脑渲染图、手绘效果图，或者电脑与手绘相结合制作出的预想效果画面。电脑效果图常用 Photoshop、AutoCAD、SketchUp 等程序用模型生成，可以根据构思设想，灵活地修改光的分布、亮度、颜色等，进而拼贴到真实空间图底上以显示照明的现实性，增添照明的价值和魅力。相较下，手绘效果图更容易显示出设计师的个人风格，常见绘制手法有彩色铅笔和水彩。在艺术类院校，手绘效果图更容易发挥学生的专业特长。无论采用哪种表达方法绘制光效果图，目的都是为了帮助人们更好地理解设计意图，生动地传达照明设计的信息。

图 6-15 通过照片和伪色图显示各类环境的视觉印象和具体的亮度数值，为设计提供依据。具体的研究方法是：挑选优美的环境拍摄照片，测量和绘制场景中的光的数量，得到对应的伪色图，在伪色图中可以轻松读出每种颜色代表的亮度数值。

图 6-16 中的两个图像显示了会议室的两个照明场景：一个是天花嵌入式荧光灯（顶部）形成明亮的环境，一个是窄光束聚光灯照亮桌椅。采用灰度渲染的场景，可以将人的注意力集中在照明效果上，而不是模型的纹理贴图上。

图 6-15 根据现场摄影照片推算的伪色图

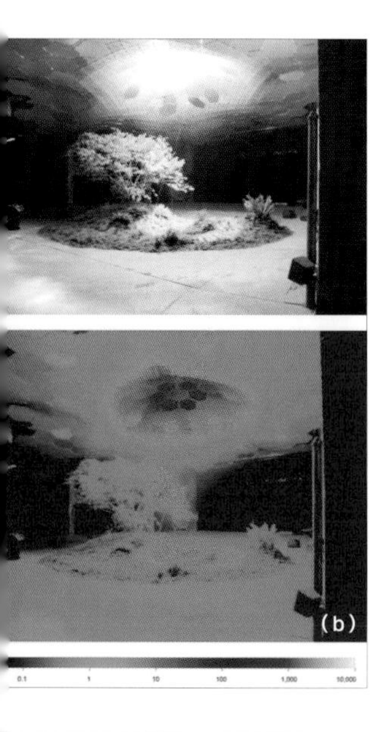

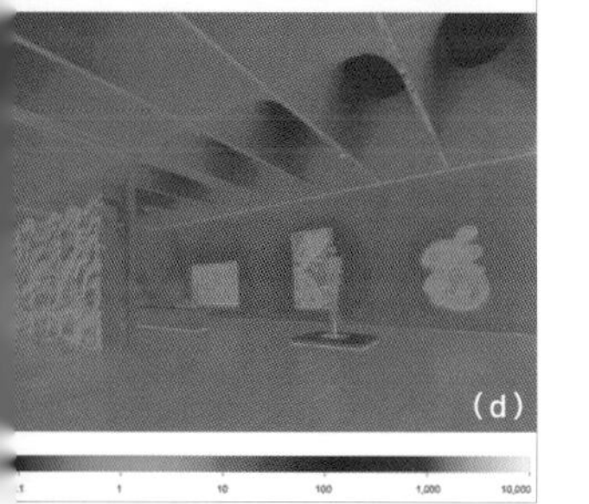

图 6-16 由 DIALux evo 构建模型并渲染得出的同一空间不同照明模式下的效果图像

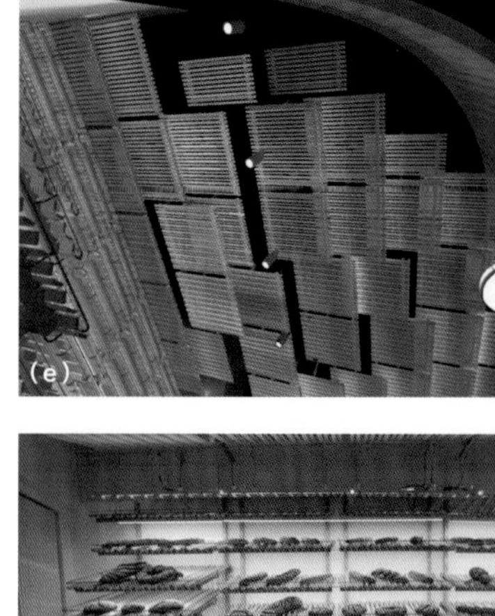

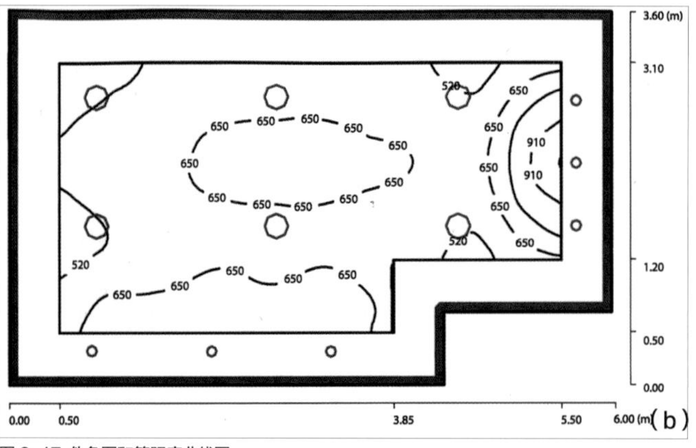

图 6-17 伪色图和等照度曲线图

(a) 显示大教堂全貌的伪色图，安装在侧廊的顶灯照亮了中殿的木材拱腹。每个灯具均以黄色线框标记，代表灯具产生的光的图形和方向

(b) 等照度曲线图显示照度相等的区域，通常用于显示桌子高度的照度数值

6-18 广州藤王面包店照明设计

（a）—（h）由照明软件 DIALux evo 生成的伪色图（绘图：2013 级研究生 陈幸如）图中不同的颜色代表不同的照度数值，演算图和效果图给出非常接近真实的空间光效果

（i）—（k）实景照片，摄影：万艺姝，张美梅

在广州藤王面包店照明设计中，设计师尝试使用层叠连续的柔光强化室内独特造型，展现现代日式的清新风格。面包店的空间设计原型是传统日式屋顶的形态，层叠的屋檐如连绵不绝的城市景观，在这里被转化为无缝连接的天花和展示柜台。灯具暗藏于松木板后，柔和地照亮天花和柜台，强调连续完整的空间特征，色温 2700K。厨房为开放式，灵感为剧院的镜框式舞台，该区域为工作区，色温采用 3000K。面包师的操作区采用明亮的发光天棚，可以向顾客展示其所有工作细节，而且操作时不会有阴影干扰，此处灯光回应舞台的空间构思。用餐区，尊重日本文化传统采用灯笼式吊灯，既有扩散的柔光，也有照射到桌面的焦点光，2700K 暖色让人放松。

第七章

教学笔记

鉴于独特的素质、知识、技术和经验构成了行业的基础；鉴于对光和照明的理解以及照明工具和照明控制变得异常复杂和多面；鉴于光对于人类的影响已经超越了视觉范畴；鉴于为人类环境规划和设计照明已经变得责任重大；PLDC（Professional Lighting Design Convention）全体会议通过并颁布了《建筑照明设计行业正式成立声明》：

条款 1 照明设计是照亮人类生存环境的科学和艺术。照明设计师应当是有能力将科技和艺术应用于具体项目并获得成功的专家。

条款 2 照明设计是区别于建筑设计、景观设计、城市规划设计以及电气工程等其他领域的独立的行业和学科。

条款 3 照明设计师是建筑项目设计中的一部分。在同一个项目中，他们与其他相关领域合作以保证整体项目的全面成功。

条款 4 照明设计师担负着人类生存环境的一部分责任。具体来说，要为设计作品的效果及其影响负责；要为人们在空间中活动的舒适性、心理感受，捕捉视觉焦点的高效性，以及他们的生理安全负责；对所有受照明设计影响的空间范围内的用户、被照物体以及观赏者负责。

条款 5 照明设计师要为设计的可持续性负责。

条款 6 照明设计师不是项目供应链的一部分，但与之有着密切的联系。照明设计师要恪守其职业道德规范，与这一链条上的不同成员，制造商、承包商、代理商、法人代表以及施工人员合作，以便为最终的用户服务，要将整个项目视为一个整体。

条款 7 照明设计行业特殊且独一无二的属性使得它最终获得正式认可：它有着理论层面的教学，有着大量的从业专家，且有着自身的职业规范和专业实践。[1]

依据国际照明领域的共同认识和理念，广州美术学院照明设计教学从“学科梯度”“适用性”两个维度构建课程框架和组织教学内容，除在本科教学中设置照明设计理论和照明设计创作的必修课外，还开设了跨专业选修课，并在硕士生培养架构中设置相关研究方向和课程训练。建筑学院本科照明设计必修课包括：“光与空间形象”“照明原理”“城市夜景规划与照明设计”，针对的是建筑学、环境设计、风景园林三个专业的学生。“艺术照明”是向全院其他艺术设计类和造型艺术类本科生开放的选修课，“光艺术与照明设计”则作为三年制建筑艺术设计学院硕士生的课题研究方向之一。

---

1. 盛况空前：第一届全球照明设计行业大会．照明设计，2008(1).

课程教案

教学目的和任务：通过教学使学生了解光的特性，认识光与视觉、光与空间、光与艺术表现之间的关系，掌握光对空间情境的表达，确立光环境的评价方法，自如地运用光来塑造空间，并具备通过设计手段解决照明艺术问题的能力。

教学原则和要求：设计教学强调艺术创新能力的培养，突出"艺术性""试验性""创造性"的教学原则。教学重点为照明设计理念的完整呈现，是"功能""技术""美学"三位一体的设计。针对建筑与环境艺术设计专业学生的背景特点，根据专业的培养方向和目标，本课程尤其强调照明设计与建筑设计及室内设计的紧密联系，强调在科学技术基础上的艺术创造和实践应用。

表 7-1 专业通用照明设计任务书

作业	【照明调研】[2]
内容	目标：训练照明量化和定性评价的方法。 任务：广州市商业街，每组 30m 长度区域，拍摄照片，测量数据，完成分析。 分组：4 人一组，共享测量数据和照片，个人完成分析图。 时间：2 周（第 2 周星期四完成并汇报）
要求	（1）完成一本调研图册。内容包括：夜景摄影（2 张 A3）、照明数据测量、光照关系分析草图、图片与数据信息的叠合、文字记录，总结得出调研结论。 （2）收集实际环境中的空间属性（形式元素、功能构成、秩序组织、材料细节）。 （3）分析与图示光的属性（光源、照度、亮度、色温、高度、照射方向）。 （4）分析与图示人的属性（行为类型、移动路线、动作、情绪）。 （5）调研结论。明确找出"英雄和罪犯"——感动人心的"英雄式光线"和引起愤慨的"犯罪型光线"，按五级评价指标进行分类，指标范围：+5 ～ -5。 （6）制作 pdf+jpg 报告，不超过 20 页（A3 打印及电子文件）。
备注	此为建筑艺术设计学院三个专业的通用照明作业，具体使用者：建筑学专业二年级本科生，环境艺术专业二年级本科生，风景园林专业三年级本科生。

2. 该作业设置与教学环节一"记录"相对应，课程设计表达详见图 7-1—图 7-20。

建筑照明设计

建筑照明设计包括人工光和自然光的设计。设计目标首先是满足人的生理感受和实际需求，其次在于达成人在建筑空间中的美好体验。

建筑照明侧重于三个基本方面的设计：①人体工程学——提供适合视觉任务的光；②建筑的美学吸引力——在空间里创造视觉兴趣；③符合建筑法规和能使用规则的要求，以确保不会因过度照明而浪费。

表 7-2 建筑照明设计任务书

课程	【光与空间形象】
学年	2012 年
作业一	【照明调研】（专业通用）（第 1、2 周）
要求	【照明调研】（专业通用）
作业二	【1 ～ 4 个盒子的商业空间设计及照明设计】[3]（第 3—6 周） 目标：在认知建筑照明的基础上，针对小型商业建筑进行“光与空间形象”的设计。 任务： 给定一个长 3m、高 4m、深 6m 的建筑空间单元，每组（3 或 4 名同学一组），完成 4 个商店建筑立面方案（分别是 1 个单元、2 个单元、3 个单元和 4 个单元的组合，并分别赋予其不同类型的功能，如甜品店、唱片店、艺术品店、书店、花店等），最终全班各组学生以随机方式排列，以各自方案共同完成一条混杂街道的丰富立面照明。 步骤： （1）研究 2 或 3 个显示天然光和人工光的建筑作品案例（整体或局部），体会光与空间界面、整体组织的关系。 （2）使用 1 ～ 4 个空间单元进行组合（切割、并置、穿插、套叠……允许适当增加材料，参与形式改造），构成反映多个案例空间趣味的整体模型。 （3）运用多种光的手法（直接光、间接光）对空间模型进行光环境塑造，满足空间照明的三个层次：环境光、焦点光、装饰光，并能将最后的照明效果与某个已有的人工环境或自然环境的光效果联系起来。

3. 该作业设置与教学环节四“模型引导的照明设计”相对应，课程设计表达详见图 7-85—图 7-92。

（续表）

要求	（1）照明模型。完成 1:20 建筑空间设计及照明设计模型。 （2）图纸表达。布置灯位，绘制照明轴测图，效果图，将图纸编排打印成 A3，并上交 jpg 格式电子文件。 （3）300 字以内的文字说明。
学年	2016 年
作业一	【光与空间小练习】[4]（第 1、2 周） 分析一张人物照片中的光源，设计一个重现这种感觉的空间，列出所用灯具和材料。
要求	（1）对比图。将原图与模拟图进行对比，左右同尺寸排列。 （2）图示分析。分析灯光在空间中的位置、高度、角度、色温、距离、强弱和到达部位等。
作业二	【主题商店照明设计】[5]（第 3、4 周，3 人一组） 步骤： （1）对现成案例空间进行照明设计。自选一个小型商业空间（小于 400m²）案例，重新进行空间的照明设计。要求对原有建筑、室内不做改动，仅进行照明设计。设计中着重研究空间界面（材料、结构）、光和造型、光和人情绪之间的各种关系。 （2）绘出光、空间和人的故事板[6]（6 ～ 8 格）。 （3）材质对比练习（光和材料的试验）。针对上述空间，制作 1:20 模型，要求选用两种材料表现同一界面，重点在不同照明情况下的视觉效果表现。
要求	（1）图纸表达。布置灯位，绘制天花平面、平面图、剖面图、灯光轴测图、DIALux evo 演算图和照明效果图，将图纸编排打印成 A3，并上交 jpg 格式电子文件。 （2）完成 1:20 照明模型。 （3）300 字以内的文字说明。

4. 该作业设置与教学环节二“体验与想象”中的练习 4.“摄影艺术里的光”相对应，课程设计表达详见图 7-45。
5. 该作业设置与教学环节三“设计与表达”相对应，课程设计表达详见图 7-47、图 7-48。
6. 该作业设置与教学环节一中的“叙事”相对应，课程设计表达详见图 7-22、图 7-23。

（续表）

作业三	【空间界面设计制作】（第 5、6 周，原分组） 目的：理解真实灯具和真实材料所形成的空间界面光效果。在作业二的基础上，选择一个空间界面（天花或者墙面、地面），制作一个 1:1 的光界面，该界面应注重构造、材料和光的关系，理解材料反射、透射、折射等原理以及与空间光效果的联系。
要求	（1）制作 1:1 照明模型。尺寸不小于 1200mm×1200mm。 （2）材料可以选择亚克力、阳光板、竹、木、砖、混凝土、纸、布、铝箔、反射膜、纤维等。
学年	2017 年
作业一	【照明调研】（专业通用）（第 1、2 周）
要求	【照明调研】（专业通用）
作业二	【综合实验教学空间照明设计】[7]（第 3—6 周） 目标：学习空间形态、功能和光的相互关系。 任务： 以光实验室的室内外环境作为设计目标，完成一个艺术性的照明设计。包括实验室建筑立面照明、室内照明、景观照明、展览橱窗照明等。在考虑功能的基础上，注意呈现“光、色、影之美”。 步骤： （1）研究两三个显示天然光和人工光的建筑作品案例（整体或局部），体会光与空间界面和整体组织的关系。 （2）运用多种光的手法（直接光、间接光）对实验室空间进行光环境塑造，满足空间照明的三个层次：环境光、焦点光、装饰光，并能满足功能需求，体现该场地的场所精神。 （3）按照建筑、室内、景观照明设计要点进行设计。强调材质、肌理与光的表现的建筑外立面照明，强调功能性照明，研究光与空间组合的室内照明，强调精神性照明，注重光、造型与形象的关联，以及对功能性照明产生影响的室外照明。 （4）绘制照明设计图，并辅以 300 字以内的文字说明。

7. 该作业设置与教学环节三“设计与表达”相对应，课程设计表达详见图 7-49、图 7-50。

（续表）

要求	（1）照明设计平面图、立面图、剖面图，轴测图（要求表现出照明方式）、节点大样图和效果图，采用蓝色纸绘制，A3 尺寸，不少于 10 张，并上交 jpg 格式电子文件。 （2）DIALux evo 生成的照明效果图。 （3）建筑、室内、景观照明设计。 a. 建筑外立面照明。成果要求 A3 图纸表达。 b. 室内照明。成果要求 A3 图纸 +1/20 模型。为了方便看到室内设计，将某个墙面敞开（或者做成部分界面可开合的活动模型）。 c. 室外照明。成果要求以 A3+1:1 模型呈现（实物）。 （4）设计说明，300 字左右。 （5）小组作业；5 人一组。
学年	2018 年
作业一	【照明调研】（专业通用）（第 1、2 周）
要求	【照明调研】（专业通用）
作业二	【黑盒子】[8]（第 3—4.5 周，个人作业） 目标： 认识、学习空间形态与光的相互关系。 步骤： （1）找出两三个显示天然光和人工光的建筑作品案例（整体或局部），体会光与空间界面和整体组织的关系； （2）使用统一尺寸的 2 只纸盒进行组合（切割、并置、穿插、套叠……允许适当增加材料参与形式改造），构成反映多个案例空间趣味的整体模型。 （3）运用多种光的手法（直接光、间接光）对空间模型进行光环境塑造，满足空间照明的三个层次：环境光、焦点光、装饰光，并能将最后的照明效果与某个已有的人工环境或自然环境的光效果联系起来（以照片类比呈现）。 （4）绘制空间环境及照明方式的轴测图，并辅以 500 字以内的文字说明。

8. 该作业设置与教学环节三“设计与表达”相对应，课程设计表达详见图 7-51—图 7-55。

（续表）

要求	（1）作业需要进行编排，版式为 A1 幅面，841mmx594mm，横向，版面构图及文字大小严格套用所提供的 AI 模板文件进行编辑。输出格式为 jpg 文件，分辨率 150dpi。图源文件另行收集整理至文件夹，一并上交。 （2）轴测图版需要 1 张反映整体的大图（占版面 1/2 左右），2 张代表性空间的放大局部图，均需表现光源位置，光的照射方式等照明信息，可以有辅助文字说明。 （3）模型图版需要 1 张反映整体的大照片（占版面 1/3 左右），3 或 4 张代表性空间的放大局部照片，注意显示光源及模拟的照明效果，必要时可用 PS 对照片加以润色。照片要清晰干净，尽量去除杂景，突出主体强化效果。 （4）文字说明按照示例和提纲要求编写，要能反映出整体设计构思、局部细节处理，以及效果达成的自我评价等。言简意赅，条理清晰。
作业三	【光之剧场】[9]（第 4.5—6 周，个人作业） 在作业二的基础上完成“光之剧场”设计。 目标：理解场景化照明在现实空间中的应用。 步骤： （1）选取黑盒子空间中的一个空间，在 DIALux evo 建模，放入家具、物品、人物等，生成空间光照伪色图和灰度图各一张，效果图一张。目的在于理解并掌握照度（亮度）与空间的关系。 （2）继续利用该空间模型，构思空间的氛围，或者借用戏剧和电影的场景，利用软件通过改变光的位置、方向、色彩、明暗等做出 2 个戏剧化场景变化的效果图。目的在于体会场景主题、照明手段、氛围效果之间的关系。 （3）200 ～ 300 字设计说明。
要求	版式同作业二，一张 A1 版。
备注	以上为建筑学专业二年级本科学生必修课程，课程持续 6 周，共 96 学时。

9. 该作业设置与教学环节三“设计与表达”相对应，课程设计表达详见图 7-51—图 7-55。

室外照明设计

相较于“室内照明”，“室外照明”设计的通常含义更侧重于照明的功能性要求，目的在于为室外环境提供安全且适合相应视觉任务的视觉效果，强调针对室外环境中的标识物、路径和重要的空间节点等的照明对策。室外照明设计的另一层含义为“景观照明”（Landscape Lighting）设计，指运用照明手段对环境景观进行艺术化的再创作，侧重文化、心理等因素以及审美情趣上的表现，其中的“夜景规划”即对大尺度的环境对象在照明功能性、艺术性和经济性上做总体的平衡处理。

表 7-3 室外照明设计任务书

课程	夜景规划与照明设计
学年	2017 年
作业一	【照明调研】（专业通用）（第 1、2 周，4 人一组）
要求	【照明调研】（专业通用）
作业二	【滨水景观照明设计——上海东岸开放空间灯塔设计全球方案征集竞赛】[10] （第 3—6 周，2 人一组） 任务（摘）： （1）基地范围：基地位于黄浦江东岸，主要包括从杨浦大桥至徐浦大桥间的滨江地带。 （2）竞赛主题：对黄浦江东岸滨水公共空间内即将建设的 24 座灯塔提出创新性的照明理念、策略及设计。 步骤： （1）研究灯塔设计案例，体会光与空间界面、整体组织的关系。 （2）运用多种光的手法（直接光、间接光）对对灯塔内外空间进行光环境塑造，满足空间照明的三个层次：环境光、焦点光、装饰光，并能满足功能需求，体现该场地的场所精神。 （3）绘制照明设计图，并辅以 300 字以内的文字说明。
要求	（1）灯塔概念、造型的空间设计。 （2）灯塔照明设计概念，平立剖面图，大样图、模型等。

10. 该作业设置与教学环节三“设计与表达”相对应，课程设计表达详见图 7-56—图 7-58。

（续表）

学年	2018 年
作业一	【照明调研】（专业通用）（第 1、2 周，3 人一组）
要求	【照明调研】（专业通用）
作业二	【广州番禺渔人码头景观照明设计】[11]（第 3—7 周，3 人一组） 目标： 以广州番禺渔人码头作为设计基地，完成一个满足功能性的照明设计，包括建筑立面照明、景观照明（室内照明）等。 步骤： （1）研究两三个相关建筑作品案例，体会光与空间界面、整体组织的关系。 （2）运用多种光的手法（直接光、间接光）对实验室空间进行光环境塑造，满足空间照明的三个层次：环境光、焦点光、装饰光，并能满足功能需求，体现该场地的场所精神。 （3）按照建筑、室内、景观照明设计要点进行设计。强调材质、肌理与光的表现的建筑外立面照明，强调功能性照明，研究光与空间的组合的室内照明，强调精神性照明，注重光、造型与形象的关联，以及对功能性照明产生影响的室外照明。 （4）绘制照明设计图，并辅以 300 字以内的文字说明。
要求	（1）照明设计概念草图，平面图、立面图、剖面图，大样图（手绘，手绘 + 电脑 ps 反相，A3 图纸尺寸，张数最少 10 张）。 （2）DIALux evo 生成的光效果图（电脑图 6 张）。 （3）建筑、景观（或室内）照明设计。 a. 建筑外立面照明，成果要求 A3 图纸表达。 b. 室外照明，成果要求 A3 图纸表达。 c. 室内照明，强调功能性照明，成果要求 A3 图纸表达。 （4）设计说明，300 字左右。 （5）小组作业，3 人一组。 附：图纸表达内容为照明平面图、剖面图、轴测图（+ 光）、DIALux evo 演算图和效果图。将图纸编排打印成 A3，并上交 jpg 格式电子文件。

11. 该作业设置与教学环节三“设计与表达”相对应，课程设计表达详见图 7-59、图 7-60。

（续表）

学年	2018 年
作业一	【照明调研】（专业通用）（第 1、2 周，3 人一组）
要求	【照明调研】（专业通用）
作业二	【珠海横琴长隆缆车站照明设计】[12]（第 3—7 周，独立作业） 目标： 以珠海横琴长隆缆车站作为设计基地，完成一个功能性（适当艺术性）的照明设计，包括建筑立面照明、景观照明（室内照明）等。 步骤： （1）研究两三个相关建筑作品案例，体会光与空间界面和整体组织的关系。 （2）运用多种光的手法（直接光、间接光）对缆车站空间进行光环境塑造，满足空间照明的三个层次：环境光、焦点光、装饰光，并能满足功能需求，体现该场地的场所精神。 （3）按照建筑、室内、景观照明设计要点进行设计。强调材质、肌理与光的表现的建筑外立面照明；强调功能性照明，研究光与空间的组合的室内照明；强调精神性照明，注重光、造型与形象的关联，以及对功能性照明阐述影响的室外照明。 （4）绘制照明设计图，并辅以 300 字以内的文字说明。
要求	（1）照明设计概念草图，平面图、立面图、剖面图，大样图。 （2）DIALux evo 生成的照明效果图。 （3）建筑、景观、室内照明设计。 a．建筑外立面照明。 b．室外景观照明。 c．室内照明，强调功能性照明。 （4）设计说明，300 字左右。
备注	以上为风景园林专业本科三年级学生必修课程，课程持续 6 周，共 96 学时

12. 该作业设置与教学环节三“设计与表达”相对应，课程设计表达详见图 7-61—图 7-63。

室内照明设计

照明是室内设计的关键部分，是强调功能性要求的设计，包括安全、舒适、美学吸引力、空间的氛围等。设计时应考虑以下几点：为人们活动提供照明的类型，所需光的数量，空间内的光照分布，光的颜色对特定对象的影响，以及整个环境给人的感受等。

表 7-4 室内照明设计任务书

课程	**（1）材料与营造（照明设计）（2）效率与规范 （3）环境工学** （根据不同学院的教学安排，将室内照明设计内容融入以上课程）
学年	2014 年
作业一	【照明调研】（专业通用）（第 1、2 周，3 人一组）
要求	【照明调研】（专业通用）
作业二	【消费空间照明设计 -A】[12]（第 3—4.5 周，独立作业） 目标： 学习空间、光和购物行为之间的关系。 步骤： （1）选定一个案例，研究空间界面（材料、结构）、光和造型的关系。 （2）在选择的案例中提取一个房间，一个空间片段制作剖面模型，利用 500mm×500mm×500mm 的方盒子作为该剖面模型基础框架，将原案例的界面造型元素置入其中，重新布置灯位，将灯位、灯间距、照射方向直接画在立体的三维面上，来表达光在此模型中的运用或其产生的效果，重点是表现光与空间的关系，而不是模型的形态本身。
要求	（1）制作 1:20 室内照明模型。 （2）在剖面模型基础上，对照绘制反应照明情况的天花平面图、剖面图、轴测图，将图纸编排打印成 A3，并上交 jpg 格式电子文件。

13. 该作业设置与教学环节三“设计与表达”相对应，课程设计表达详见图 7-64，图 7-65。

（续表）

作业三	【等比例照明模型】[14]（第 4.5—6 周，3 人一组） 在作业二的基础上，选择一个空间界面（天花，或墙面，或地面），制作一个等比例照明模型。
要求	局部等比例照明模型，尺寸不小于 2400mm×2400mm，材料可以是亚克力、阳光板、铜片、木材、铝箔、反射膜、纤维等，该界面应注重在建构、材料、光影等方面的塑造。
备注	以上为室内设计专业本科二年级学生必修课程，课程持续 6 周，共 96 学时。
学年	2018 年
作业	【消费空间照明设计 -B】[15]（第 1、2 周，3 或 4 人一组） 目标： 学习空间、光和新零售体验之间的关系。 步骤： （1）研究两三个显示照明的室内作品案例（整体或局部），体会光与空间的关系。 （2）运用多种光的手法（直接光、间接光）对空间进行光环境塑造，满足空间照明的三要素：环境光、重点光、装饰光。 （3）绘制照明平面图、剖面图、效果图、节点大样图、灯具选型表，DIALux evo 演算图。
要求	（1）作业需要进行编排，版式为 A1 幅面，841mmx594mm，横向，版面构图及文字大小严格按照所提供的 AI 模板套用编辑。输出格式为 jpg 文件，分辨率 150dpi。 （2）平面图、立面图、剖面图、效果图。需要 1 张反映整体内部效果的大图（占版面 1/2 左右），1 张平面灯位图，2 张剖面图，可以辅助文字说明。 （3）DIALux evo 演算图。需要 1 张反映整体全部的大图（占版面 1/3 左右），3 或 4 张代表性空间的放大局部效果图和伪色图。 （4）文字说明按照示例和提纲要求编写，要能反映出整体构思、局部细节处理和效果达成的自我评价等。言简意赅，条理清晰。
备注	以上为室内设计专业本科二年级学生必修课程，课程持续 2 周，共 32 学时

14. 该作业设置与教学环节四“模型引导的照明”中的“等比例照明模型”相对应，课程设计表达详见图 7-99—图 7-104。
15. 该作业设置与教学环节三“设计与表达”相对应，课程设计表达详见图 7-66，图 7-67。

（续表）

学年	2015 年
作业一	【照明调研】（专业通用）（第 1、2 周，3 或 4 人一组）
要求	【照明调研】（专业通用）
作业二	【工作室照明设计】[16]（第 3—6 周，3 或 4 人一组） 目标： 学习空间、光和工作效率之间的关系。 步骤： （1）对广州美术学院专业工作室空间进行照明设计（3 或 4 人一组）。自选一个工作室（泥塑、木雕、陶瓷、服装、丝网印工作室等），重新进行空间的光设计。设计中强调研究光和工作效率、光和人情绪之间的关系。 （2）选定相关案例进行研究。研究空间界面材料、人的工作特点和光照之间的关系。 （3）运用多种光的手法（直接光、间接光）对空间进行光环境塑造，满足空间照明的三个层次：环境光、焦点光、装饰光。 （4）图纸表达。布置灯位，绘制天花平面图、平面图、剖面图、轴测图、DIALux evo 演算图和照明效果图，将图纸编排打印成册。
要求	（1）作业需要进行编排，版式为 A1 延长幅面，竖向，版面构图及文字大小严格按照所提供的 AI 模板套用编辑。输出格式为 jpg 文件，分辨率 150dpi。 （2）平面图、立面图、剖面图、效果图。需要 1 张反映整体内部效果的大图，1 张平面灯位图，2 张剖面图，需注意以辅助文字进行标注。 （3）DIALux evo 软件演算图。需要 1 张反映整体的大图，3 或 4 张代表性空间的放大局部效果图和伪色图。 （4）文字说明按照示例和提纲要求编写，要能反映出整体设计构思、局部细节处理和效果达成的自我评价等。言简意赅，条理清晰。
备注	以上为室内设计专业本科三年级学生必修课程，课程持续 6 周，共 96 学时

16. 该作业设置与教学环节三“设计与表达”相对应，课程设计表达详见图 7-68，图 7-69。

教学环节探究

环节一：记录与叙事

这个环节的训练目的是要求学生把所见所闻通过一定的手段记录下来，并以各种可能的形式进行结合，按一定次序叙述一个或一系列真实或虚构的事件。例如在照明设计概念构思阶段，借助空间和光的说明性图示（概念草图）按空间、时间顺序表达预想的场景效果，其所对应的课程作业是“照明调研”与“故事板”的编绘。

组织学生照明调研的训练安排大致分为：第一周（16 学时），课堂理论讲授，借助艺术与光环境设计实验室，组织学生开展对光源灯具的认识、光与空间关系的体验和测量、建筑模型光影效果的观察与研究；第二周（8 学时），指导学生进行定性与定量的实地照明调研。

调研是设计的开始。面出薰曾总结出 5 条照明调研的准则：“① 随时对周围的光害表达愤慨之意；② 深刻且敏锐地观察所在位置的光线；③ 深深地对艺术性光影表达感动之意；④ 冷静地推理让人感动的光影内容；⑤ 持续累积有关光影的体验。”[17] 这就是我们照明调研指导策略的理论基础。

深刻理解照明设计理论中原理、规则、手法等内容，理解光源、路径和被照物的关系，结合自身感受，理解亮度、颜色、方向、控制等术语所代表的意义，理解照明三部曲原理在实际中的应用，从人的心理和生理感受给出评价。

记录

利用文字、图表、图示等方式记录、分析、强化观察到的光线环境，借助演示课件，梳理整个过程的逻辑，以达到综合地呈现抽象数据和场景主观感受之间对照性关系的工作目标。通过调研过程，使学生们理解人、光、空间三者间生动的基本关系，为下一个阶段的设计构思提供必备条件。

根据城市生活，夜景调研可以参考以下以纽约为代表的“夜晚的八个时段”（eight shades of night)[18] 划分法。各个地方的文化模式与照明使用习惯，城市的季节性与天气变化特点等都将影响夜晚时段的划分。

17. 面出薰 . 光城市——不可思议的世界城市光设计 . 李衣晴 , 译 . 台湾 : 尖端出版社 , 2012.
18. 英国 ARUP（奥雅纳）建筑公司（Arup Group Limited）的研究报告 : Cities Alive—Rethinking Shades of Night. 2015. 该研究报告下载网址 : https://www.arup.com/perspectives/publications/research/section/cities-alive-rethinking-the-shades-of-night.

表 7-5

序号	时间段	活动
时段 1	黄昏（dusk）	下班
时段 2	休闲时间（happy hour）	社交、解压
时段 3	外出就餐（dining out）	约会、商业会面、特殊活动、逛商店、休闲散步，会友
时段 4	文化活动（cultural events）	观看电影、戏剧、芭蕾、音乐会或歌剧等
时段 5	夜班（night shift）	工人夜班，环境清洁，24 小时服务（如交通、紧急维修）
时段 6	下班后（after hours）	夜总会
时段 7	早班（early risers）	早班，户外早市场营业、送报纸
时段 8	黎明（dawn）	通勤开始，学校开始上课

照明实地调研的记录内容主要包括以下三部分，分别配以相应的学生作业范例加以说明。

（1）日夜摄影 + 夜景绘图 摄影是照明设计师必备的基本技能之一，而绘画加照明现状分析则是为了加深学生的现场体验、概括体验和记忆某种空间光影感受，为之后的照明设计构思提供素材和热身。过程中，要求学生关注人的活动和空间尺度之间的关系（图 7-1—图 7-7）。

（2）亮度测绘 通过采集亮度数据，建立数据与视觉效果的对应关系，既可以为照明质量评价提供量化分析支撑，也能够为后续设计提供亮度规划的数据依据。

亮度测绘方法为：选定一个工作地点作为测量位置，在这个位置测量对象的各个表面亮度，将得到的数据直接标注在从同一位置、同一角度拍摄的照片上（利用 iPad 记录较为方便），并记录测量时间和场地。测量时，亮度计的放置高度以观察者眼睛高度为准：通常站立时，为 1.5m；坐下时，为 1.2m。布点数量通常采用网格法，网格不是越多越好，但是需要保证测量到最大值和最小值，需要保证亮度平均值有合理的精度（图 7-8）。

图 7-1 夜景的拍摄，从黄昏到夜晚（2007 级环艺 陈鹏）

图 7-2 广州市长堤大马路建筑立面（2011 级建筑 邓沛玲，李子，陈慧琼 ）

（a）日景 （b）夜景

图 7-3 广州市北京路商业街描绘（2011 级建筑 朱文深，陈彦，刘志军）

（a）日景 （b）夜景

图 7-4 广州市清平药材市场商业街从日景到夜景的描绘（2011 级建筑 王毅恒，车显往，梁少丰）

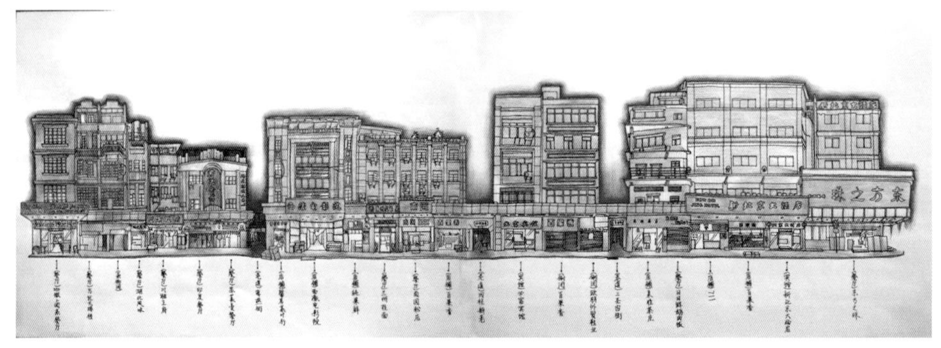

图 7-5 广州西濠二马路建筑日景、夜景分析式描绘（2016 级建筑 梁璇，严静敏，陈彦潼，柳笑云）

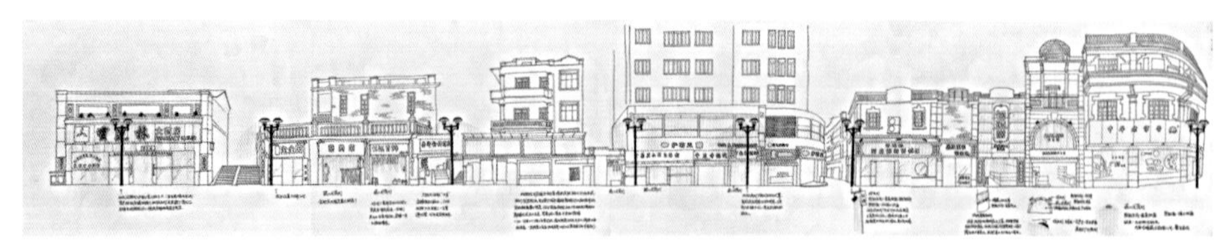

图 7-6 广州龟岗大马路建筑照明分析式描绘（2016 级建筑 谢恩慈，陈东阳，高溢华）

图 7-7 夜景呈现方式（2011 级建筑 邓宵亮，胡秀姻，许振潮，黄倩桦）

（a）店铺夜景照片 + 店铺立面白描　（b）立面白描绘画（静态）+ 投影（动态）

图 7-8 罗马万神庙建筑及周围照明亮度，设计师：齐洪海，吴淑岚，郑铮，房赫

时间：2013-12-01，18:16，万神庙外，亮度 cd/m²，图片中的亮度数据“<”，表示该区域亮度低于亮度计可测量的最低亮度值 0.25cd/m²

（3）照明的定量分析与定性分析 通过对夜晚空间环境照明现状做全面的技术分析，希望引导学生将主观的认识、体验与客观的观测、衡量合二为一。这样，既可以将照明的量化分析与人的感受的直接对应，也可以建立起照明中诸多抽象概念与现实空间中的光品质之间的逻辑关系。

对于照明调研中的定量与定性分析，主要从以下两个方面展开：城市照明和室内照明。首先，城市照明的定量分析，即采集和整理城市某片区域的大量照明数据，包括采集亮度、照度数据，制作亮度地图（mapping），分析照明参数，使得数据与视觉效果直观对应，再结合定性评价综合分析得出照明质量结论。城市照明的定性分析，即通过分析显性的照明元素，例如分析照明参数、照明规范、照明方向、被照面材质和照明层次等，同时也分析照明的隐性因素，如灯光带给人的感受、体验等，围绕照明和城市形象、照明和商业经济、照明和文化旅游、照明和人等方面进行综合性评价。

其次，室内照明同样分成定性和定量两种互为补充的分析方法。室内照明的定量分析以测量照度数据为主，需要采集工作面的照度（如办公室书桌、美术馆墙面绘画等）。测量数据可以采用表格记录，将测点位置标注在平面图上，并在测点位直接记录数据，同时将空间尺寸、测点照度、色温、材质等标记在室内照片上，然后，依据《建筑照明设计规范》相对应的空间照度标准进行分析、评价。室内照明的定性分析是结合照明三部曲理论分析环境光、焦点光和装饰光，在室内照片上（或者在线稿透视图上）分析灯具位置、照射路径和被照面三个要素，围绕视觉印象、视觉效能、视觉舒适等进行照明质量综合评价。下面以城市照明调研作业（图 7-9—图 7-15）与室内照明调研作业（图 7-16—图 7-20）为范例。

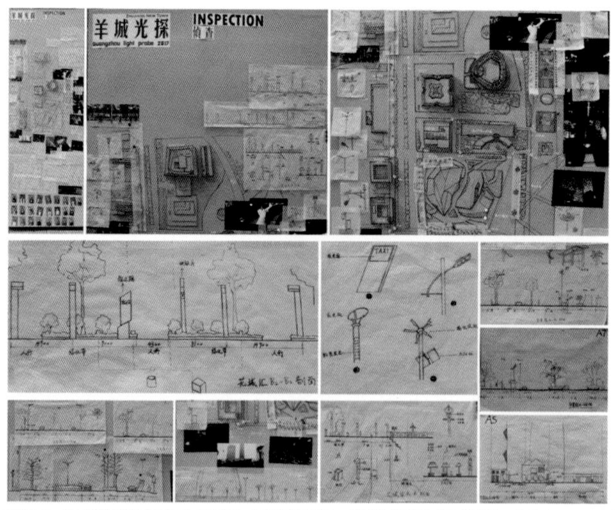

图 7-9 广州珠江新城 CBD 华夏路、歌剧院广场、花城汇照明调研（路线、照明平面图、立面图、剖面图，2015 级建筑班）

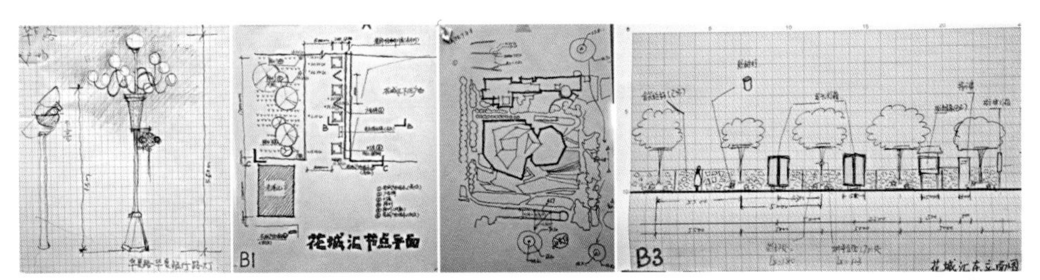

图 7-10 广州珠江新城 CBD 华夏路、歌剧院广场、花城汇照明调研（灯具细节、广场照明、街道照明量化记录，2014 级景观班）

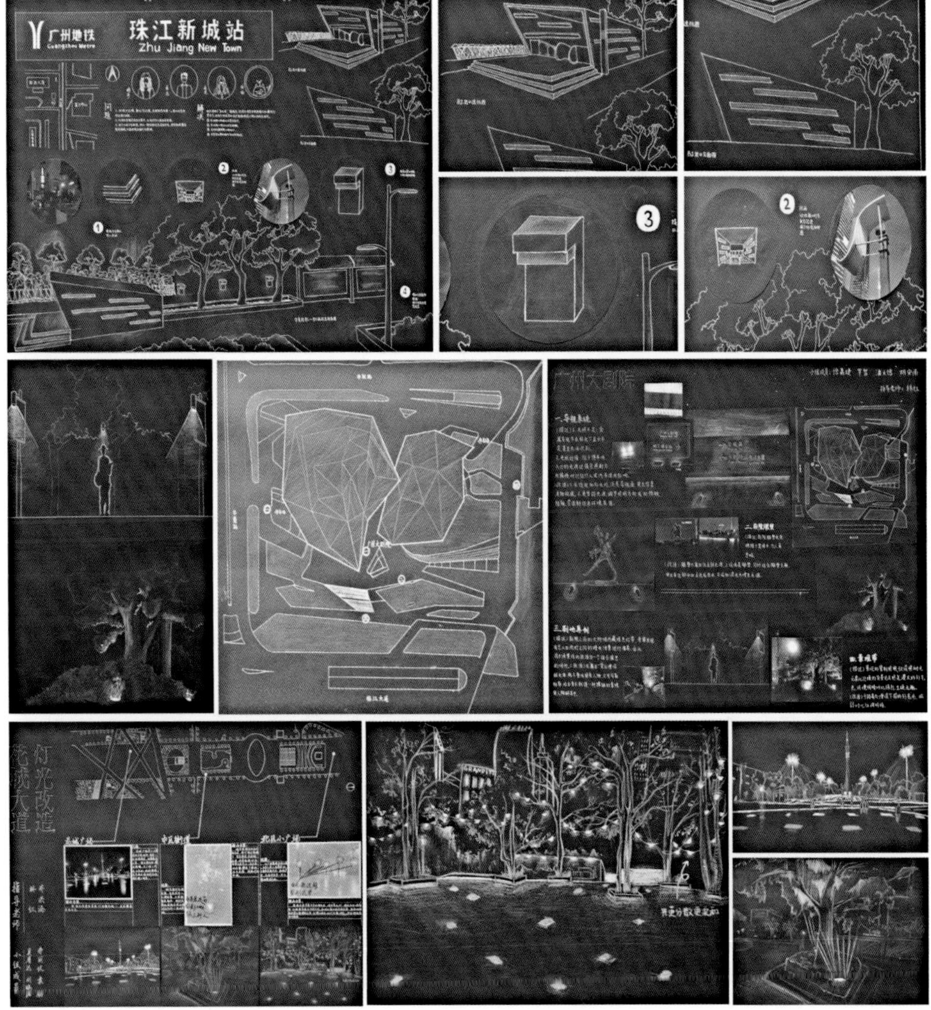

图 7-11 广州珠江新城 CBD 地铁站出入口、歌剧院广场、花城大道照明调研（照明改善方案，2015 级建筑班）

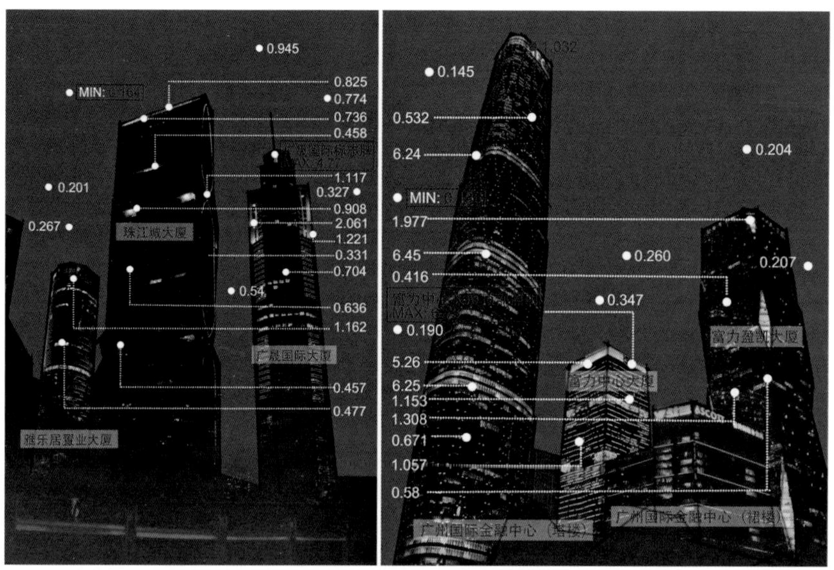

图 7-12 广州珠江新城核心区地标性建筑亮度量化研究（2013 级研究生 周丽娴）

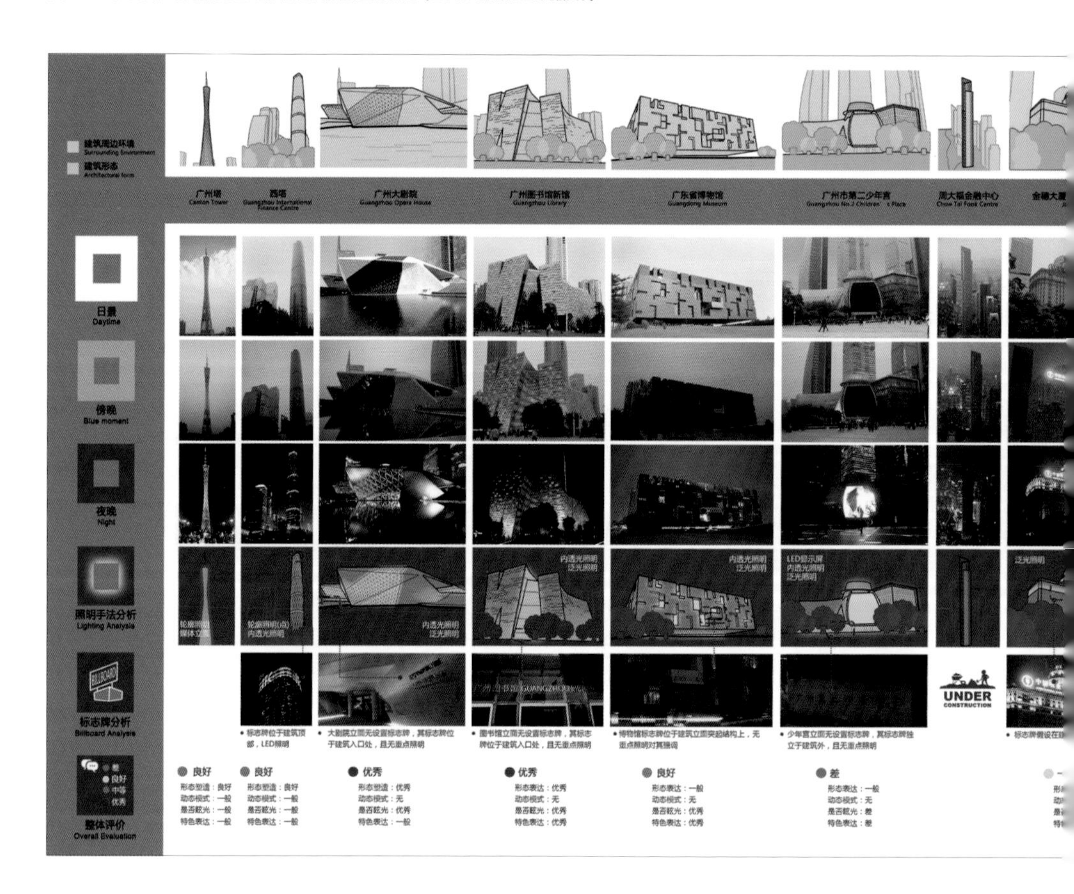

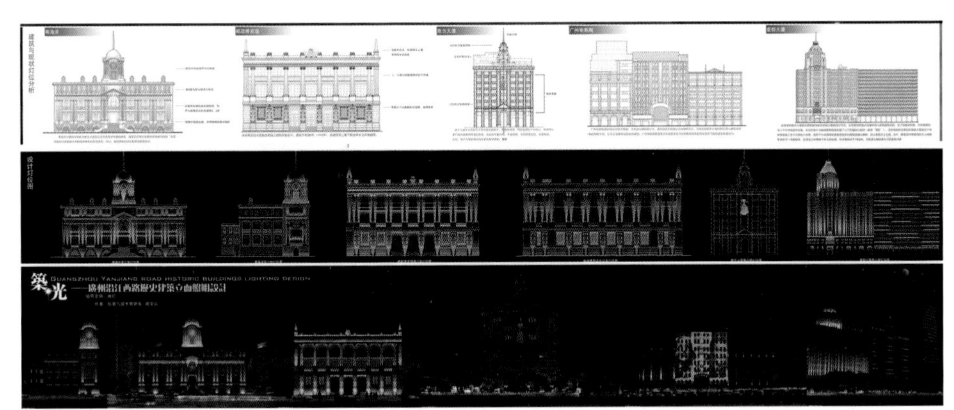

图 7-14 广州老海关、邮政博物馆 、南方大厦、广州电影院、爱群大厦立面照明设计（2009 级环艺 周宝仪）

图纸内容除立面照明设计外，还包括建筑测绘、原有灯位调研分析及照明再设计

图 7-13 广州珠江新城核心区地标性建筑的日夜图底关系及建筑照明亮度量化研究（2013 级研究生 周丽娴）

图纸内容为广州珠江新城中轴线建筑日夜形象、数据采集、照明手法和整体评价。采集和整理广州珠江新城 CBD 区域的大量数据，建立城市照明亮度 mapping 地图，数据与视觉效果直观对应，为照明质量评价提供量化分析支撑

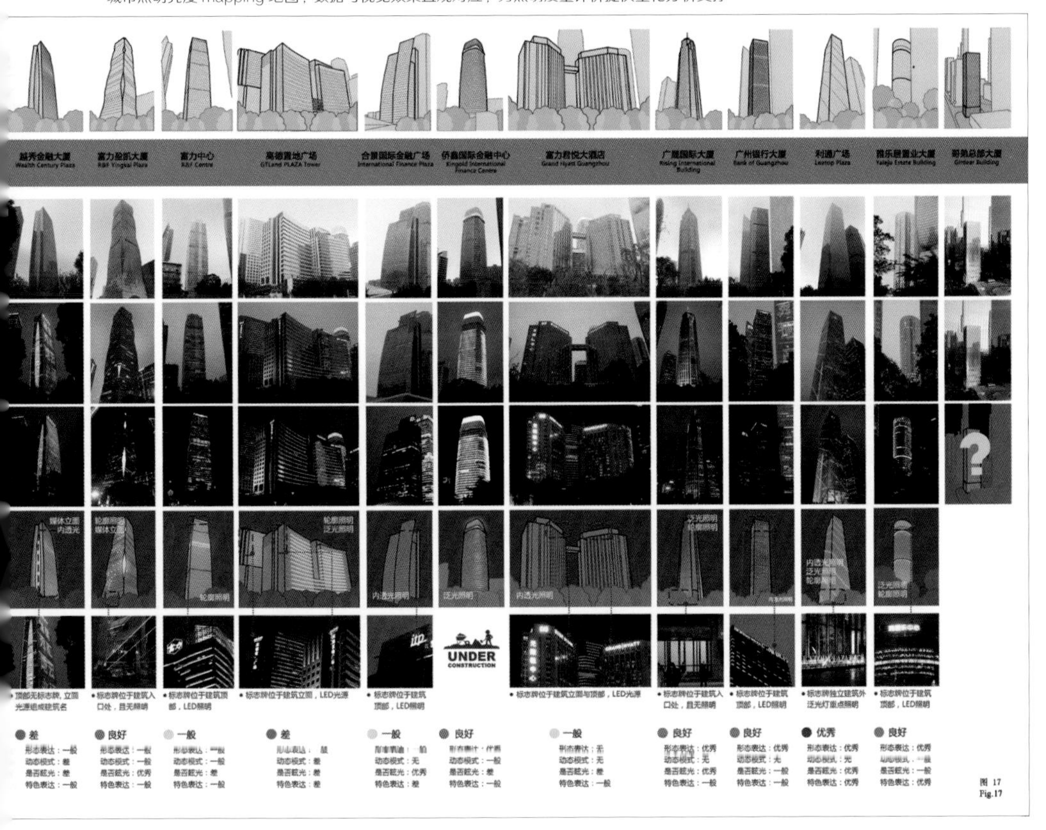

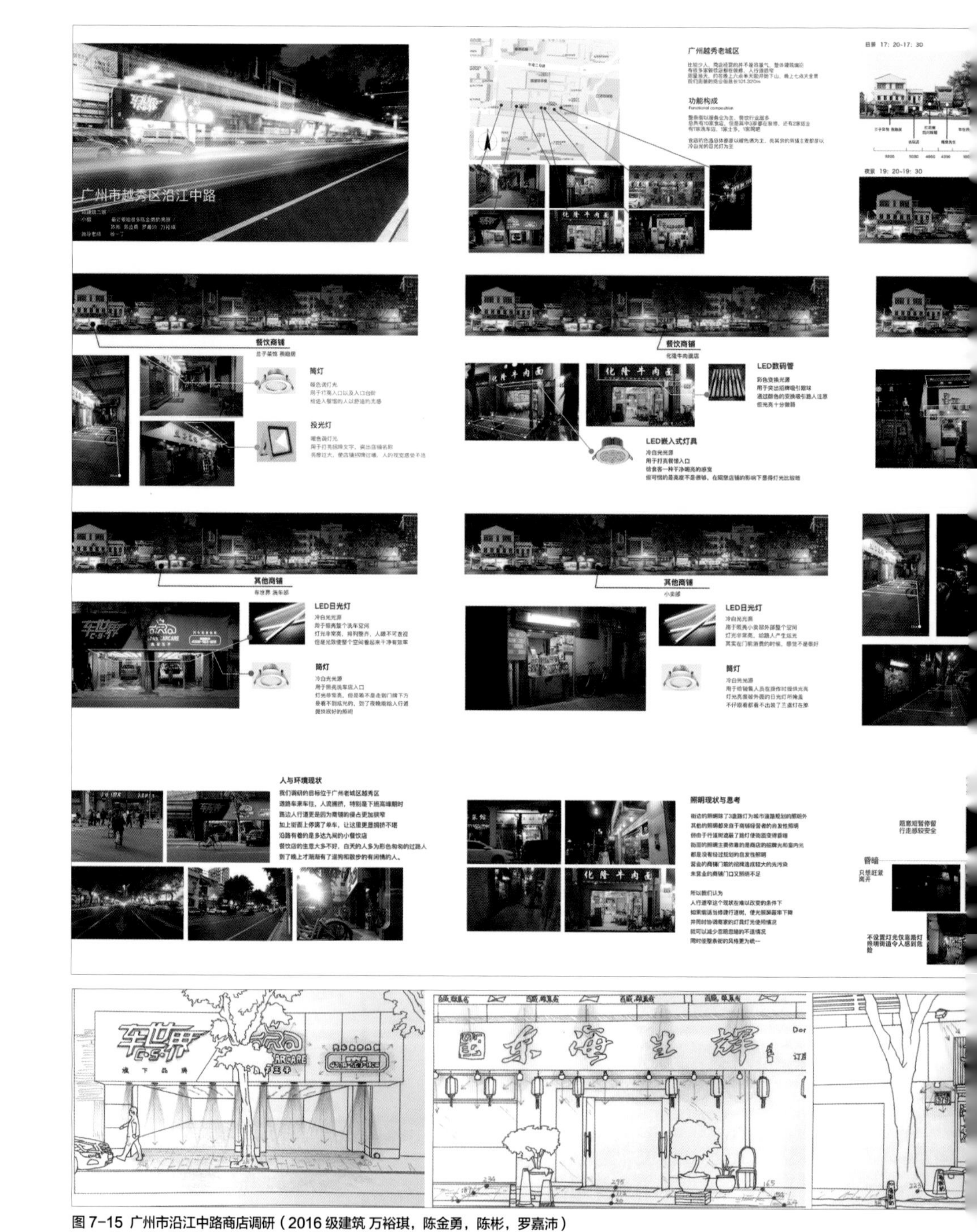

图 7-15 广州市沿江中路商店调研（2016 级建筑 万裕琪，陈金勇，陈彬，罗嘉沛）

此为一份完整照明调研作业。内容包括：（a）调研报告页面缩略图，（b）立面光照分析，（c）平面照度测量

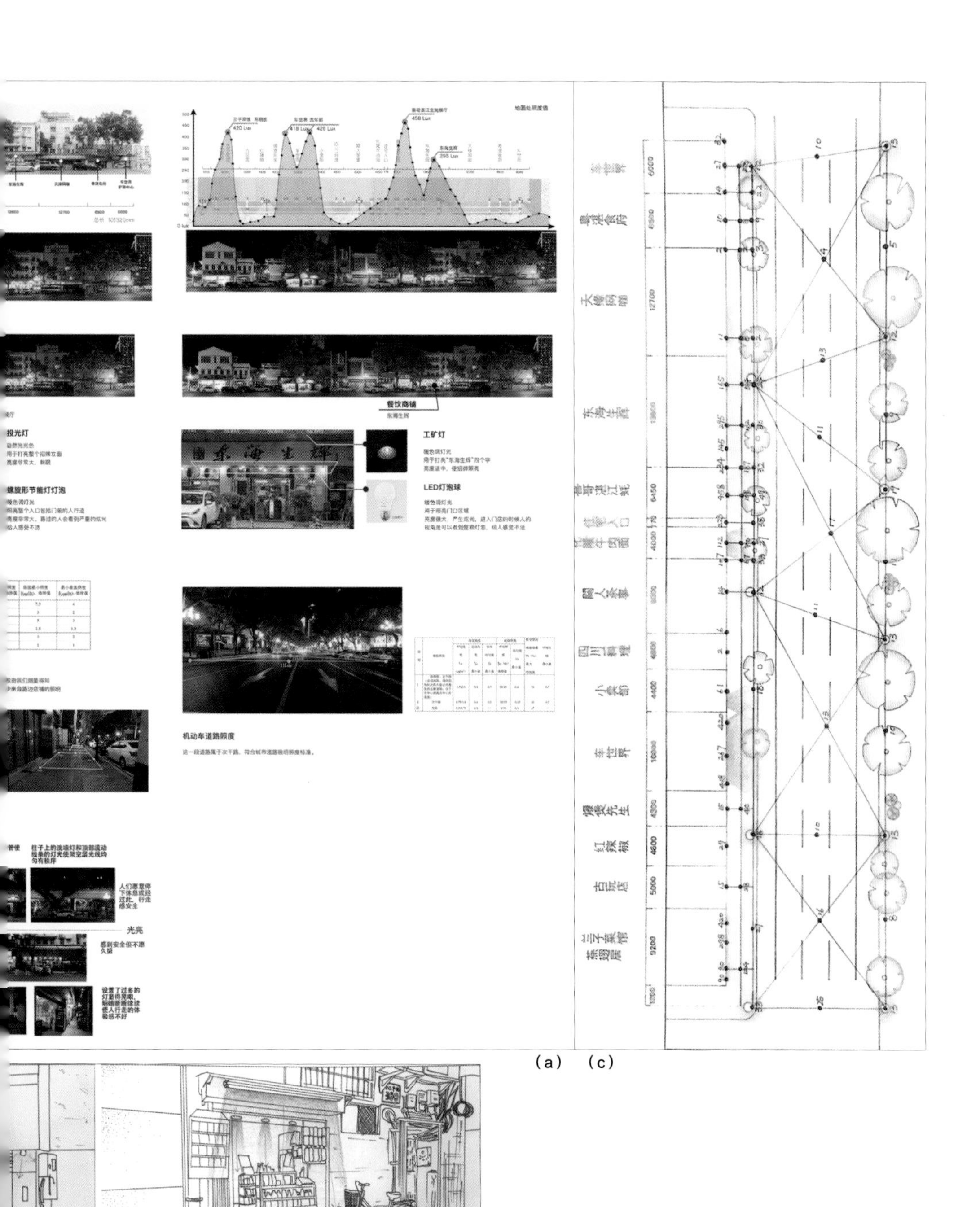

(a)　(c)

(b)

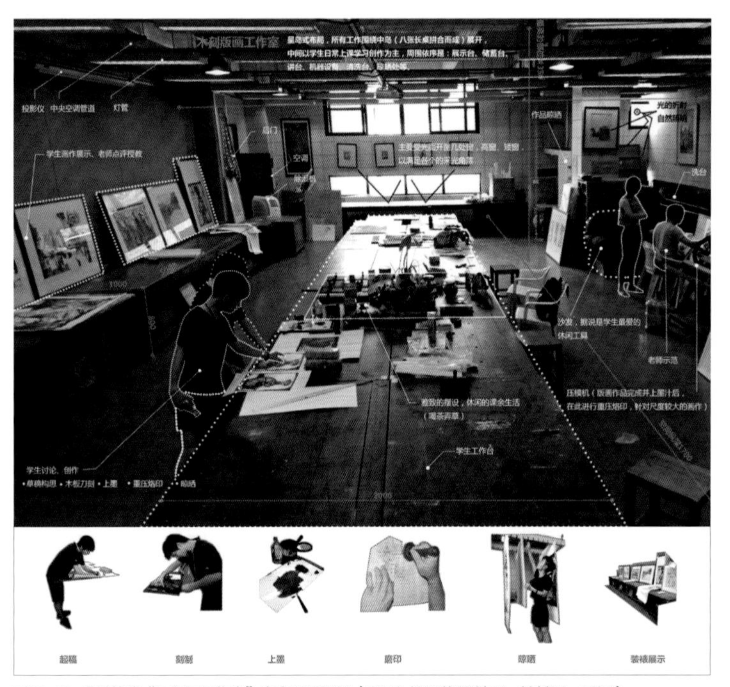

图 7-16 广州美院“石版画工作室”室内照明调研（2013 级环艺 谭皓天，钟其昌，乔迁）

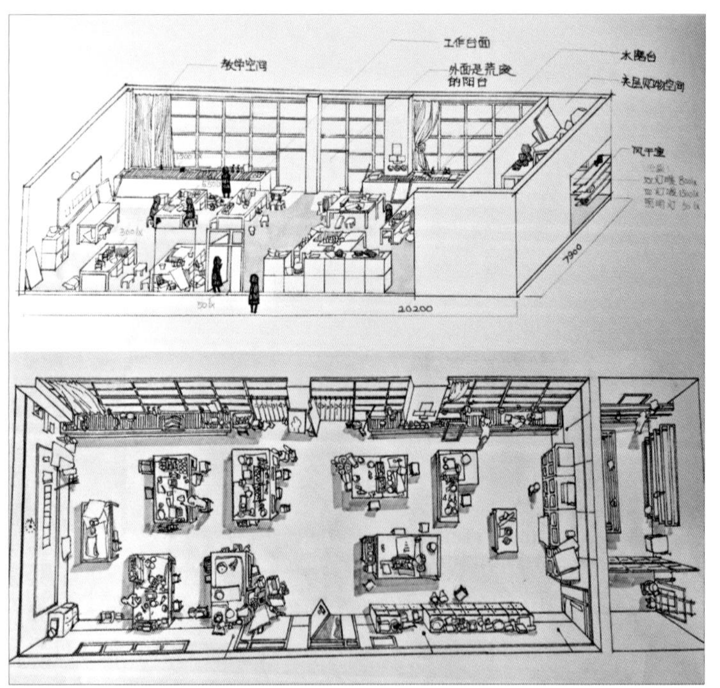

图 7-17 广州美院“漆画工作室”室内照明调研 - 照度采集和空间分布（2013 级环艺 蒋青延，叶春，麦活容）

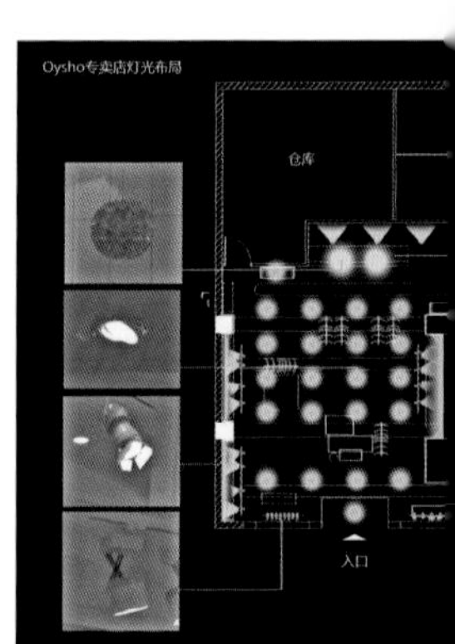

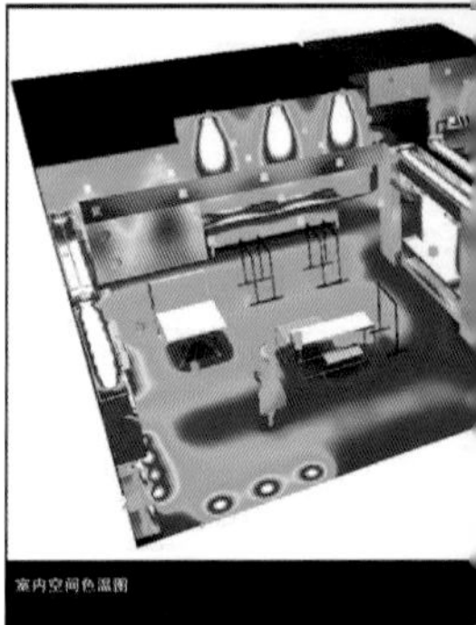

图 7-19 广州 W 酒店大堂照明调研（2013 级研究生 周丽娴，盛迪）

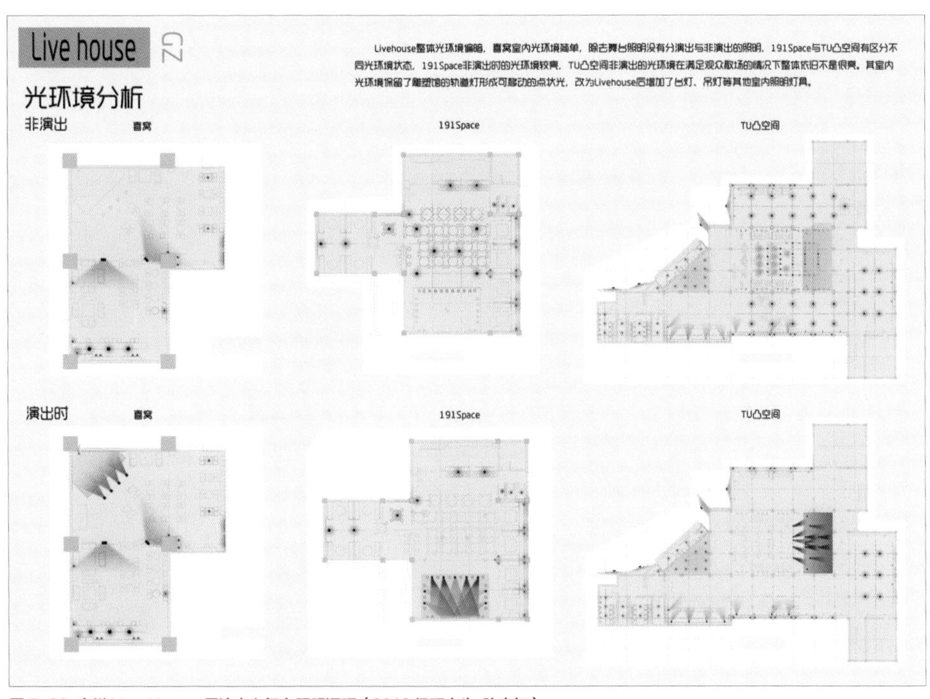

图 7-20 广州 Live House 展演中心舞台照明调研（2012 级研究生 陈幸如）

图 7-18 DIALux evo 还原表达内衣店室内空间与光（2010 级建筑 杨明朗）

叙事

为了让场景画面能够辅助设计的各个环节，我们仿效电影创作采用“情节提要”（即“故事板”）搭建图形组织框架的方法，转换为“场景提要”的图示设计组织框架，充当时空中对光效果预想的创意脚本。为此，我们设置了新的记录训练计划——利用故事板的方式记录和设计空间、光和人的场景，目的在于将故事板作为场景照明设计的工具，从时间、空间两个维度审视建筑中光的动态过程。

此训练要求学生以口头和简短文字的方式，围绕光，对考察过程中连续性的观察发现和感受进行描述。要求有细节呈现和整体分析，并能反映对照明设计知识原理等知识的掌握。

图 7-21 *ERCO Light Guide* 一书中的故事板，描绘了由外部到内部的 8 个场景

（上排从左—右）：建筑外观—入口—门厅—接待处的照明场景

（下排从左—右）：房间 1—房间 2—房间 3—餐厅舞台近景的照明场景

作业要求学生用 4 - 8 格草图故事板作为创意脚本，描述空间细节和灯光效果的时间发展

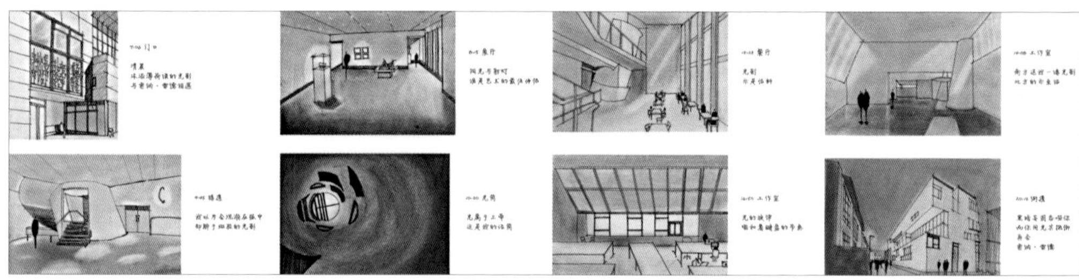

图 7-22 经典建筑案例中对光的解析 -1（2014 级建筑，关灏正，郭培华）

作业要求学生利用故事板记录走进斯蒂文 · 霍尔（Steven Holl）设计的格拉斯哥大学（University of Glasgow）教学楼的场景，以空间序列——入口大厅、楼道、展厅、光筒、工作室、街道为线索，在加入时间、空间维度后，显示出各部分光影的戏剧性变化

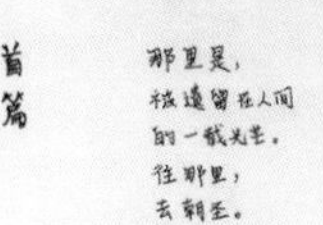

图 7-23 经典建筑案例中对光的解析 -2（2015 建筑，陈爱华，肖佳艺，李婷婷，黄士维，常开开）

作业要求学生利用故事板表达圣皮埃尔教堂（Église Saint-Pierre）内外随太阳位置移动而发生改变的动态光线：①墙面采光洞形成的星云；②屋顶采光筒泻下的光；③自然光下的建筑外观；④墙面采光洞在对面墙上制造的光浪效果

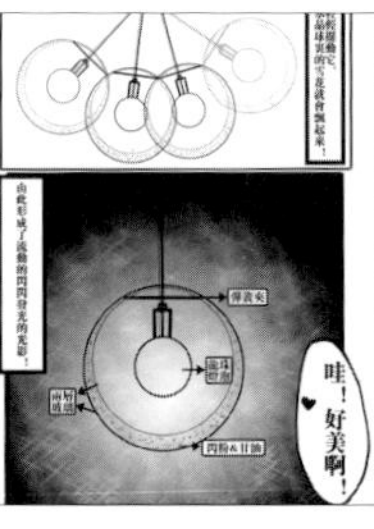

图 7-24 由个人经历引发的设计（2015 年“艺术照明”选修课，赵绮莉）

故事板采用插画的风格讲述了破碎的水晶球的故事。由水晶球引发灯具制作以及对灯具在空间中营造出的浪漫温馨意境的表达

环节二：体验与想象

这个环节的训练主要是针对学生的设计构思。“体验与想象”环节的课程训练要求学生把亲身经历中感受和积累的经验、信息整合成记忆储备，可供随时调用与回溯，并能在对其加工改造后形成新的专业信息。

环节二所对应的课程作业是构思设计和方案优选，将环节一的认知感受转化为照明设计初步方案。成果要求以 1:20 比例的照明模型（草模）呈现所设计的空间照明关系，以概念草图表达设计构思，强调以模型引导的空间与形态照明设计的教学思路。环节二用时 1 周半（24 学时）。由于这一环节是脱离设计任务书之外的随堂训练，属于讨论方案构思的过程，有极强的机动性和随机性，下文选取一组同学的构思过程来说明。

我们设置了以下 5 个小练习，根据学生的设计构思进度和学习状态在课堂上随时展开。借此全面强化学生对各种类型光环境的关注与体验，以及由此引发的设计概念的成形。

练习 1. 自然光的体验与启示

该练习要求学生针对各种气候、地理、时间等元素对光进行广泛的体验。自然光与自然元素（介质）变幻莫测，人工光与照明设计有道可循。风带来动态的光，月亮带来沉静的光，火带来温暖的光，树和影交织成斑驳的光，水的反射、透射带来绚丽的光，雾气带来如透过宣纸般的柔和的光……从自然光中理解光的本质，是光设计概念的重要来源。在空间光的设计中，人工光结合各种介质能够模拟自然界中的感觉：扩散的光、聚焦的光、有形状的光、有软硬度的光、有冷暖的光、有色彩的光……千变万化。照明设计之道在于观察、体会、记忆光的各种属性及其对人情绪、感觉的影响，然后找出与之匹配的人工光的营造方法。

人工光的营造需要科学、理性的分析与实际设计经验的积累（图 7-25）。例如，营造有软硬度的光：第一步，分析软光的特征，包括边缘柔和、没有阴影、低对比度、扩散性、不能强调介质质感和细节、难以控制等；第二步，我们要找出营造软光的适宜方法——间接照射的太阳光、阴云密布的天空、灯具前加丝绸形成的扩散光 、磨砂灯箱、灯笼、反射的光、无直射阳光的窗口光等。同理，硬光的特征是光束集中、阴影明显、高对比度、可以强调介质表面质感和细节、容易控制等，硬光可以由直射阳光（光边缘有明显阴影）、菲涅尔透镜灯、PAR 灯（抛物线型镀铝反射器灯具）、锐利光束的椭圆形射灯等形成。

人工光的营造可以促发人对自然光光色的联想（图 7-25）。光色通常用于营造光环境的情绪氛围，以建立时间和位置的关联。依照自然光向建筑照明转化，光谱颜色能够让人对自然景物产生想象，例如品红是日落时的光气氛，琥珀色是日出时的光气氛，蓝色是晴朗夜空的光气氛等。

搜集大量与光有关的图片、草图、材料、颜色和描述情感的术语，按照亮度、色温、照射方向等因素进行归类、分析，并给出评价。例如，当一个房间需要存在不同的情绪时，可以用文字配合图示的方法标示出不同的主题场景，如明暗对比、色温、色彩之类，使设计可以有针对性地一一解决。

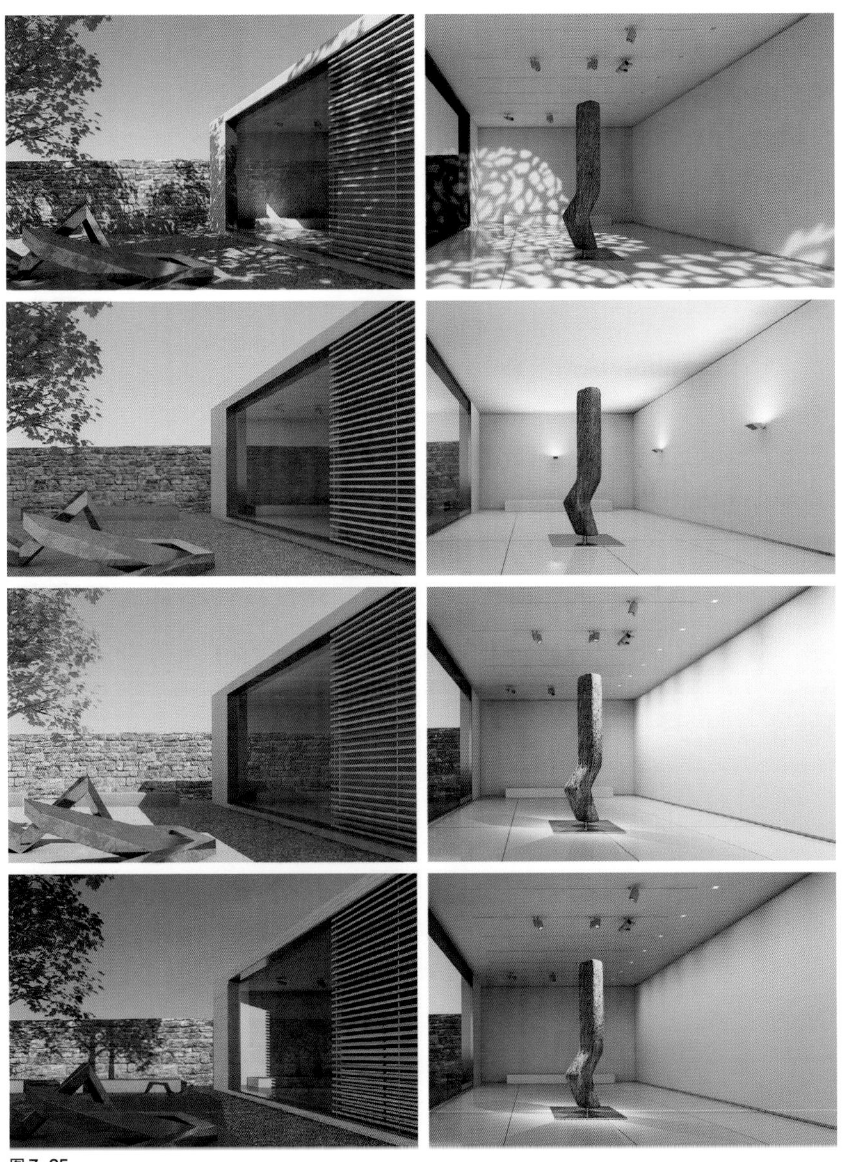

图7-25
左列：自然光　右列：人工光模拟

图 7-26 作业的设计概念来自对自然光流转的印象。设计者完成了四个不同时段的场景。该照明设计以时间为轴，灯光配合情境道具，结合人物活动和氛围设定，完成了四幕沉浸式生活剧场的设计，这里是舞台，也是现实生活。设计的巧妙之处是借助格列佛"小人国"的概念在限定的空间尺度内（18m×9m×8m）实现了合乎逻辑的表达。

设计中，表现清晨的廊道，采用冷白光；表现中午的集市，采用白光；表现黄昏的广场，采用低色温的橙色光；表现夜晚的城市，采用紫色光和聚光灯。

为了说明环节二"体验与想象"所对应的方案构思阶段的作业，我们仍然以上述"格列佛的梦中小城"为例，展现该建筑方案与照明方案同步进行的发展过程，包括前期通过文字、故事板、草图、模型等手段进行方案构思，后期通过电脑建模、灯光渲染等手段演绎方案推进的过程（图 7-27）。

图 7-26 格列佛的梦中小城（2017 建筑 阮文啸，刘思慧）

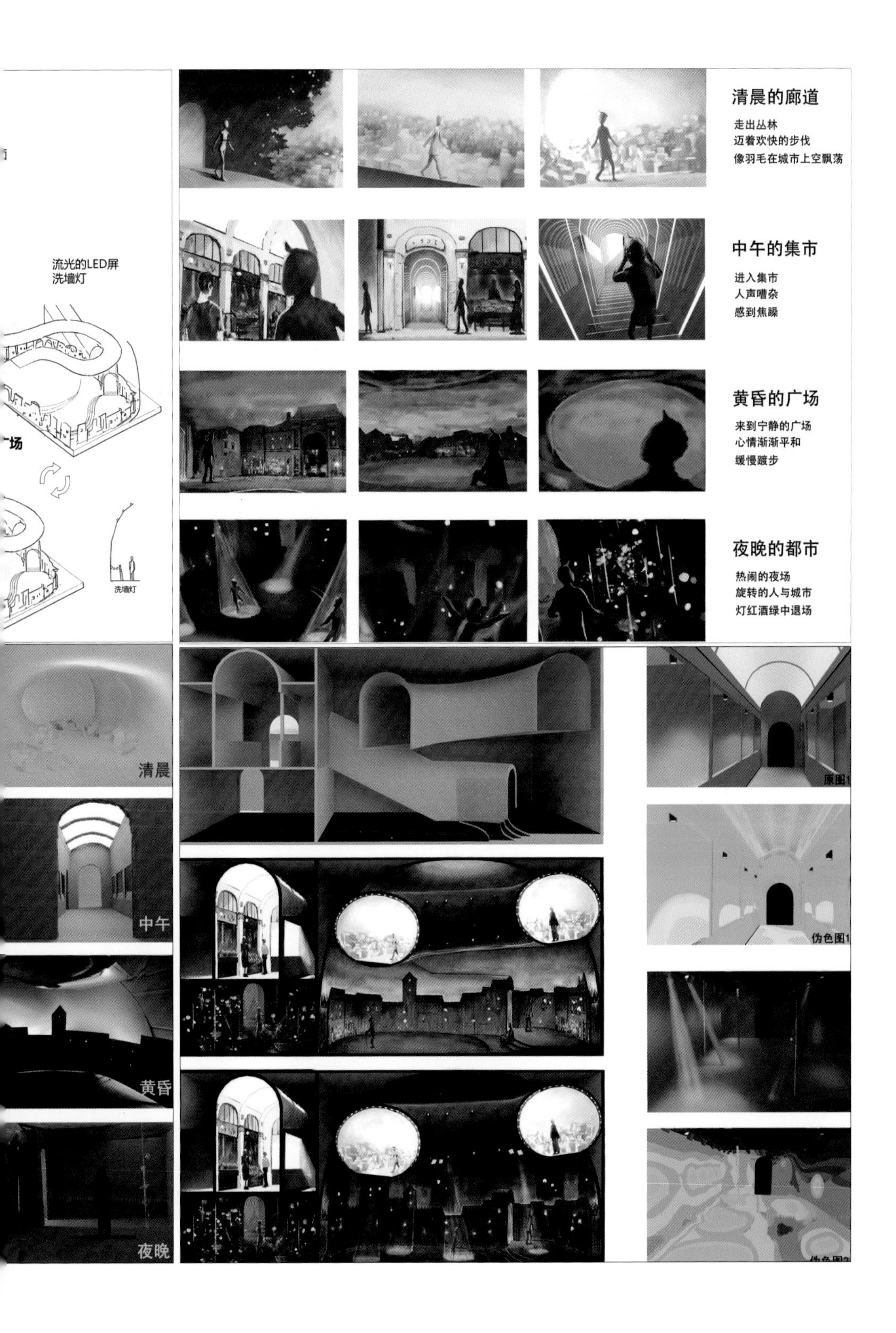
流光的LED屏
洗墙灯
场
洗墙灯
清晨的廊道
走出丛林
迈着欢快的步伐
像羽毛在城市上空飘荡
中午的集市
进入集市
人声嘈杂
感到焦躁
黄昏的广场
来到宁静的广场
心情渐渐平和
缓慢踱步
夜晚的都市
热闹的夜场
旋转的人与城市
灯红酒绿中退场
清晨
中午
黄昏
夜晚
原图1
伪色图1

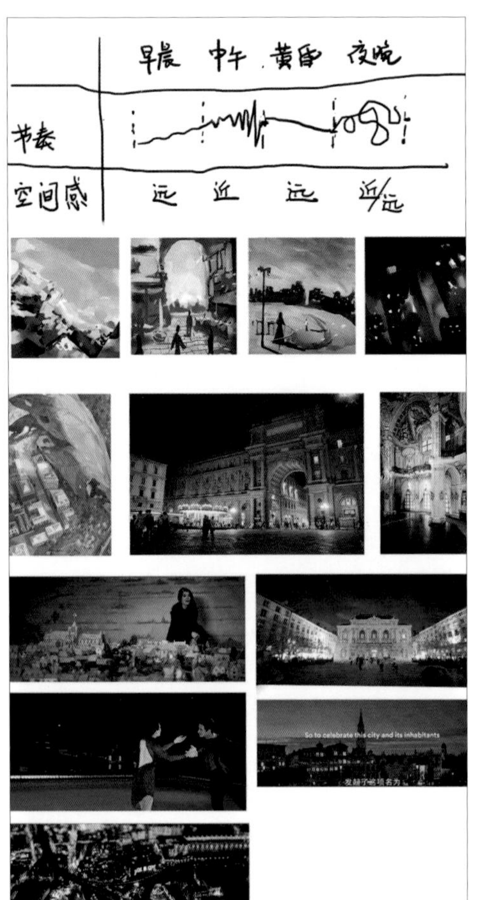

(b) 建筑空间节奏设计的故事板草图及案例收集

灵感来源是游戏 重力眩晕
能够操控重力的少女在城市的上空飞翔、楼栋间旋转穿梭

根据游戏里的两首音乐开始联想，第一首是清晨的场景，带入一片羽毛的视角在城
伴随着音乐飘舞。(阿甘正传开头的羽毛)；第二首是夜晚的场景，欢快的灯光，
道、人群里，旋转跳跃，起舞。(红磨坊)
中间的过渡是午时和黄昏。午时候是在繁忙的集市里，黄昏是在宁静的广场上（
斯）

主题是 梦中小城
希望能够营造情景让人有代入感，若当它是电影的话，人的脚步就是时间轴，一
验这一系列的场景。能伴随音乐就更好了。

入口，清晨，设在顶上，进入后展开一座城市的场景，俯瞰整座城市，伴随音乐
步，斜坡一路向下，左右两边是城市，时而左倾，时而右倾，体验飞翔般的重力
城市刚刚苏醒，活力渐生。
午时，城市繁忙起来，进入嘈杂的集市，正常比例的建筑，功能方面也可以实际
么的。愈发嘈杂，有些烦躁起来了。
黄昏，走出集市，视野一下子开阔起来了，看着宁静的黄昏广场，心情也一下子平
视野再次拉远，天还未暗下来，酒红色，黄光，远处建筑玻璃彩窗透出霓虹灯光，
天光流转。
夜晚，同样的场景，天色完全暗了下来，已看不见建筑物的轮廓，灯光的主场，
时大时小，时远时进，情绪高涨，兴奋，是人在旋转还是天在转呢……考虑到空
所以和黄昏共用一个场景，这样开阔的场景只能作迪厅了吗……开始想着也是像
做一条通道，作退场

(a) 设计概念文字梳理

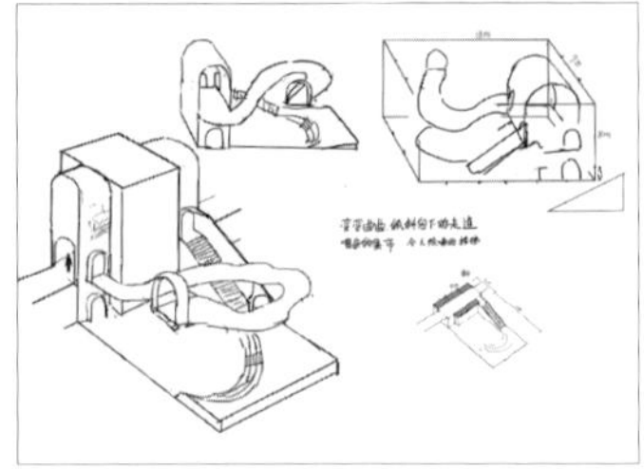

(c) 建筑设计草图 -1

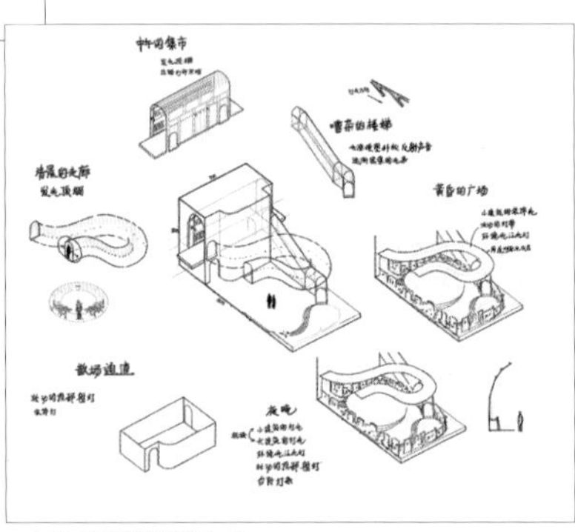

(d) 建筑设计草图 -2

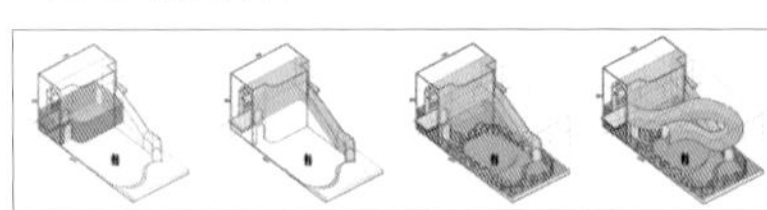

(e) 建筑设计草图 -3

图 7-27 建筑方案与照明方案的同步构思

此课程作业包括建筑设计和照明设计两部分

(f) 完成的建筑空间故事板

(g) 建筑模型（空间草模）

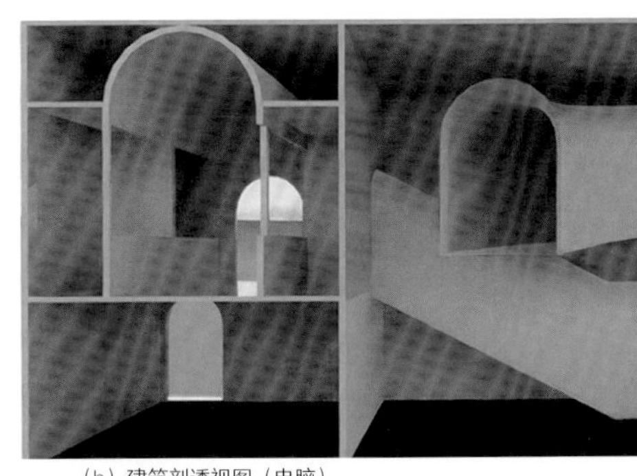

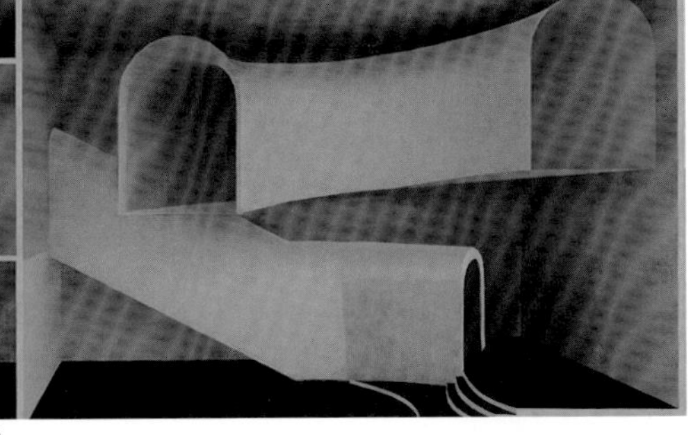

(h) 建筑剖透视图（电脑）

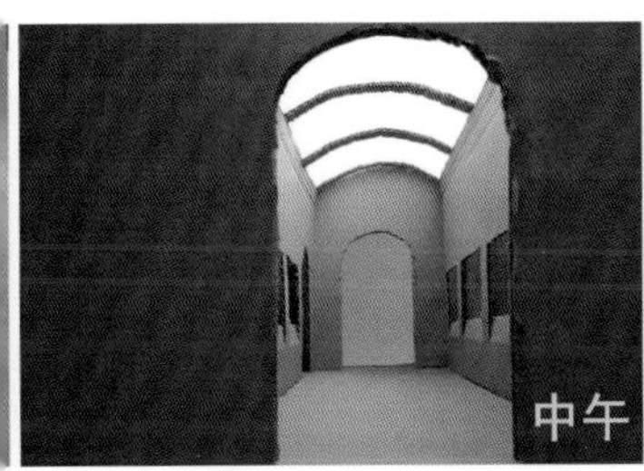

(i) 建筑模型灯光效果（安装灯具后，拍摄）

(j) 建筑剖透视图表现黄昏效果

(k) 建筑剖透视图表现夜晚效果

如何将对光的体验、感受等转化为设计概念，并顺利将其在设计中付诸实施呢？在这个节点处，我们要提到一个关键性的人物——马里奥·纳尼（Mario Nanni），他是意大利灯具品牌 Viabizzuno 的创始人，擅长以情感描绘创意理念，以一切源于自然为照明的核心指导原则，以为生活空间创造合适的灯光为工作目标，他的思想为照明设计师们提供了非常有价值的启示。马里奥·纳尼曾提出照明设计八条准则[18]，正是解决上述问题的关键所在：

（1）存在与消失，即呈现光，隐藏灯具。将光源隐藏在建筑的隐蔽处，光源通过反射、折射后散发的光线仿佛物体自身发光一般。

（2）只照亮需要光的地方，即在正确的位置，提供合适的光线。

（3）光的厚度。如果光能投射阴影，那么它便有体积；如果光有体积，那么它就有厚度。处理好光和影的关系，能够增强空间感和被照射物的立体感。

（4）光是建筑材料。离散的灯光、有趣迷人的灯光、动态的灯光……都是为环境定做的，光可以用来展现材质、颜色、深度、触感等。鉴别一个良好照明设计的标准就是将光全部融合进材质中的能力，同时，光线还必须整合到空间里。

（5）向阴影致敬。在亮与暗的边界处，建筑的形状显现出来，光制造出对比，因此人们在谈论光的时候不可能忽略阴影。阴影是有空腔的，而光是充满的，阴影可以烘托出空间的厚度。

（6）动态光，指通过改变光的明暗、颜色、方向、照射区域的大小、形状或质感等，制造场景的变换和不同的气氛。

（7）光产生色彩。光可以产生成千上万种颜色，光可以通过时间的推移变换颜色。物体与光源的距离、受光的角度、物体表面的光洁度等条件均会影响光的色彩变化。

（8）虚无的兴奋。灯光包裹空间，人们通过看到的光效果来产生情感，光成为影响气氛的魔法师。

—

19. 张晓路．变幻莫测的自然光：有道可循的人工光．创意与设计，2014(3).

图 7-28 伦敦 House of Fraser（弗雷泽百货）试衣间场景氛围的应用实例

采用飞利浦情境氛围镜灯，可以模拟出白天、夜晚、水池边等自然光场景

图 7-29 街道九幕（2017 年“艺术照明”选修课，刘美良，叶国剑，谭思慧，林琳，邓彩桥）

借助空间模型，以时间为轴，通过改变灯光色彩、明暗、照射方向和位置等措施制造多幕街道光景，包括对自然光的体验和由内心感受演绎出的光

练习 2. 影片的观摩与分析

除摄影作品外，电影拍摄中的用光也是十分考究的。利用课堂观影会和课余自修的方式，引导学生从故事片和纪录片中发现布光出色的场景，要求学生各自表达从同一部影片中获得的独特感受。

好莱坞影片的“三点布光法”

好莱坞影片经典的“三点布光法”是：主光源（key light）最亮，外加侧光（fill light）和背光（back light）。练习要求学生观摩影片《教父》（*Godfather*），学习著名摄影师戈登·威利斯（Gorden Willis）的用光手法（图 7-30）。

“教父”系列电影被公认为是业界摄影艺术的标杆。掌镜人戈登威利斯结合节制的构图、摄影机的运动以及大胆而富有革命性的照明方式，为这部影片的成功作出巨大贡献，并凭此对当代好莱坞影片的摄制产生了深远的影响。

从照明设计的角度来看，戈登·威利斯使用顶光造成独特的人物光影效果，使用特殊的光色调、明暗高对比和阴影的拍摄用光手法制造出强烈的情景气氛。

（1）顶光照明 第一代教父出场时采用顶光照明，让他的眼睛深陷入黑暗之中，从而增添了人物的神秘感和情节的悬疑氛围。戈登用鸡笼灯（chicken coop）创造出从顶上洒下来的光，这是 20 世纪 70 年代富有革命性、也是充满争议的一种照明技巧（图 7-31）。

（2）光的层次 戈登·威利斯采取前景暗、后景亮（或者前景亮、后景暗）的方法，突出空间进深和光的明暗层次，分配画面的影调结构。尽管戈登·威利斯喜欢比较暗黑的画面，但他常常会利用百叶窗和台灯分离画面中的元素，光从百叶窗外经柔光镜过滤后照射进来，在画面背景中制造出几片亮区……教父在光线里进进出出，使得画面不单调——这种处理方式成为戈登·威利斯的“招牌式”摄影照明。

（3）黄铜色调的光 “教父”系列电影的色调很暖，例如婚礼外景看起来像 1942 年生产的柯达彩色胶片的效果，戈登采用了现场照明和滤镜组合的方法，使用了钨丝灯具制造橘黄色调的光，一改以往外景使用偏蓝色调的灯制造白色日光效果的做法。

（4）人眼的视线高度 戈登认为镜头拍摄的所有东西都要符合人眼的视线高度，从视平线机位拍摄形成视觉的连贯性。

图 7–30 好莱坞电影的三点布光法分析（2012 级研究生 赵梦周）

图 7–31 影片《教父》中的顶光照明和自制鸡笼灯

图示分析了影片中主光源、侧光、背光的位置、方向和亮度比

斯坦利·库布里克（Stanley Kubrick）的“现场光源布光法”

现场光源布光法是指利用取景框内可见的光源来进行布光的技巧，包括台灯、串灯、蜡烛、汽车车灯、路灯和所有可以发光的东西。斯坦利·库布里克不是第一个使用现场光源布光的电影导演，但他普及了这种照明美学，他利用现场光源制造出独特的空间感。例如，在电影《大开眼界》（*Eyes Wide Shut*，1998）中，他用分散在画面里的真实光源制造出真实的空间感和空间深度（图 7-32）。在英伦古典文艺片《巴里·林登》（*Barry Lyndon*，1975）里，有大量的表现人物在烛光里（烛光赌场）、在背光中（背光人物）、在夕阳里的画面，以及在自然光下拍摄出的人物油画般的质感（图 7-33）。

图 7-32 电影《大开眼界》视频截图

图 7-33 电影《巴里·林登》视频截图

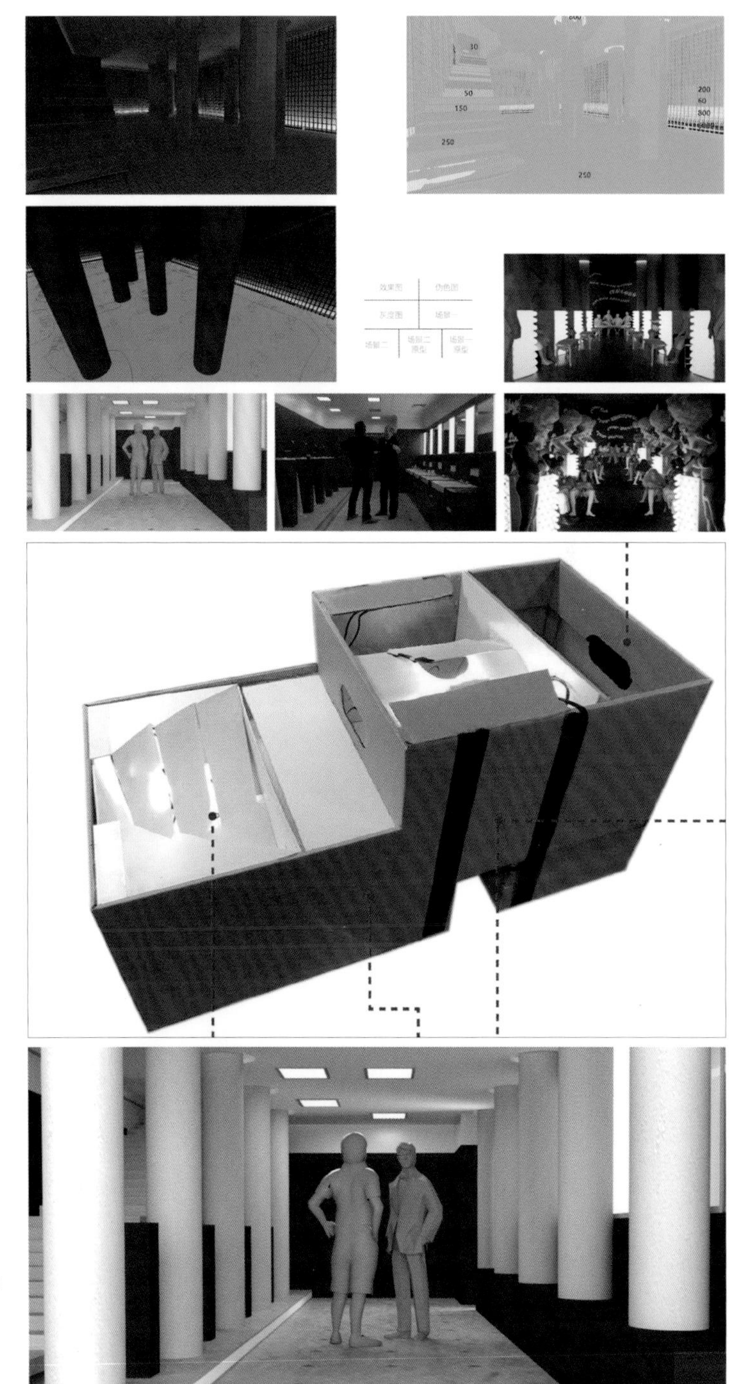

图 7-34 光与空间建筑照明设计作业三（2016 级建筑冯新泉）

该照明设计学习电影《发条橙子》《闪灵》中光的平衡构图法，营造出独特的空间气氛

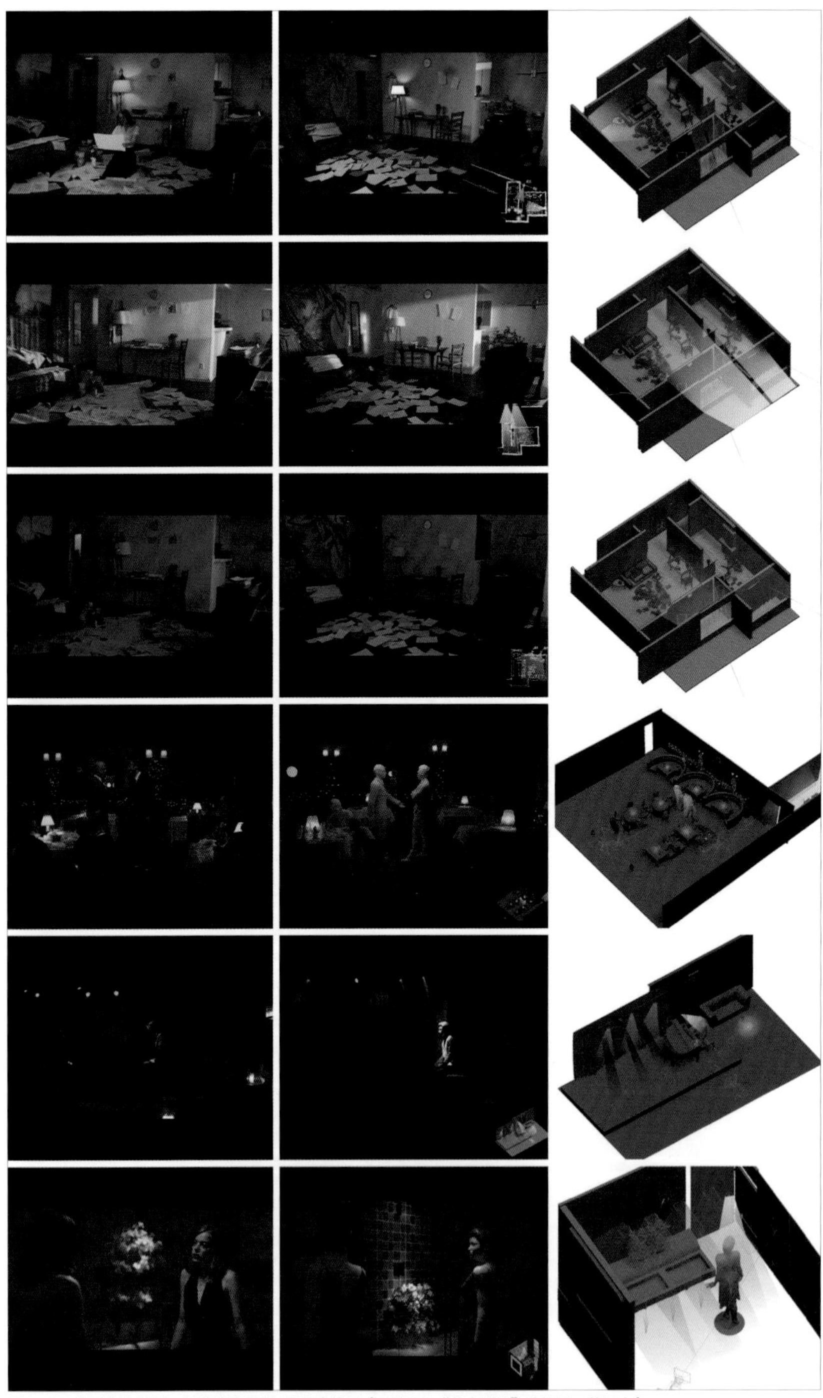

图 7-35 电影布光分析与电脑模拟空间与光综合练习（2017 年“艺术照明”选修课，黄泽山）

左列：电影场景原图　　中列：电脑模拟还原　　右列：空间与灯光布置模型

练习 3. 绘画里的光

观察体会绘画名作中的光影关系，分析光源类型和照射方式，体会光在绘画中营造出的氛围，理解光在绘画艺术中所起的作用。

光在艺术中扮演着许多角色，不同的时期绘画的光影和色彩特征存在很大的差异。文艺复兴时期的绘画确立了科学的素描造型体系，把明暗、透视、解剖等知识科学地运用到造型艺术之中，此时期绘画的光影特征呈现为明暗渐进式，而巴洛克时期绘画的光影特征则为明暗高对比式。以上两种方法都能够加强画作中场景的深度，色彩仅为物体固有色的明暗变化，并都以褐色调子为主。具体分析如下：

（1）文艺复兴时期，大气透视法（也称为“空气远近法”或“轮廓模糊法”）。光影特征为明暗渐进。例如，达·芬奇 (Leonardo da Vinci) 著名的画作《蒙娜丽莎》(*Mona Lisa*，1503 ～ 1506，图 7-36)，画面远景迷蒙，用的就是大气透视法，即物体离人越远，其轮廓越模糊，色彩越趋于暗淡且泛蓝色。恰当的应用此方法可以充分显现人物与场景的立体感与空间深度。

（2）巴洛克时期，高反差对比法。这种用光方法强调明暗、虚实的对比，光线是存在于物体之外的独立构图。例如，米开朗琪罗 · 博那罗蒂（Michelangelo Buonarroti）的著名画作《纸牌作弊老手》(*Cardsharps*，1595，图 7-37)。

图 7-36《蒙娜丽莎》

图 7-37《纸牌作弊老手》

19 世纪，横空出世的印象派画家革命性地将光与色的科学观念引入到绘画之中，扩展了艺术家处理自然光线下颜色变化和丰富阴影的方法。他们认识到色彩的变化是由色光造成的，色彩随着观察位置、受光状态的不同，以及环境的影响而发生变化。印象派以产生的时间顺序可分为印象派、新印象派和后印象派三个流派：

（1）印象派：创立以光源色和环境色为核心的现代写生色彩学 在技法上，印象派画家大多是用原色作画，熟悉色光和颜料互为补色的关系，强调强烈的光影，因而其画作色彩特别清新、明亮，没有浑浊之感。该画派认为：①物体之所以呈现不同的色彩，是由于它们吸收和反射不同的光所造成的，都受到光源色和周围环境色的影响，因此不可能有绝对纯的固有颜色存在。②补色关系。互补色是在色轮上处于相反位置的色彩，在光学里，补色的色光两两混合成为白光。③阴影并不是全黑的，阴影因反射周围的环境色彩也能够呈现出丰富的光和色彩。这些认识是在当时光学理论的启发下产生的，具有相当的科学性。当时杰出的画作有爱德华 · 马奈 (édouard Manet)《草地上的午餐》(*The Luncheon on the Grass*，1863，图 7-38)、克劳德 · 莫奈 (Claude Monet)《印象 · 日出》(*Impression sunrise*，1872，图 7-39) 等。

（2）新印象派：光原色秩序法 新印象派的技法基础是“分割主义”，又称“点彩主义”，即按照光学原理，用对比强烈的不同的纯色彩小点或小块彼此相邻近地排列在画布上，使人远离一定距离观看时能够自行达成混合的色彩效果，从而获得比在画板上进行色彩调和更高的亮度。从光学原理看，分割法是色光的混合，能够提高反射率与明度，增加光亮感。例如乔治 · 修拉 (Georges Seurat)《大碗岛的星期日下午》（*Sunday Afternoon on the Island of la Grande Jatte*，1884，图 7-40），“修拉的点描法，为画布带出光泽感。分割颜色，让红色更红，绿色更绿。”[20] 新印象派与印象派有一个相同的根本观点，即主张真实地表现自然界的光和色。

（3）后印象派：光的内化 后印象派反对真实地表现自然界的光和色，而强调表现艺术家对客观事物的主观感受和主观情绪。虽然后印象派是从印象派发展而来，甚至每个后印象派画家都曾经有过印象主义的作品，但是，后印象派绝对不是对印象派的传承和发展，而是站在了印象派的对立面。虽然他们尊重印象派的光色成就，但主张抛开光色理论的桎梏，遵循内心的自我感受和主观情感。例如文森特 · 梵高（Vincent van Gogh）的画作《星夜》（*The Starry Night*，1889，图 7-41），它是梵高脑海中的夜晚星空，是高度抽象加工过的景象，并不是简单地将客观的夜空呈现在纸面上，人们从中看到的更多是画家对个人感受和情感的抒发。后印象派画作的代表人物还有保罗 · 塞尚（Paul Cezanne）、保罗 · 高更（Paul Gauguin）等。

20. 威尔 · 冈珀茨 . 现代艺术的故事 . 陈怡铮，译 . 台北：大是文化有限公司，2016.

图 7-38《草地上的午餐》

图 7-39《印象·日出》

图 7-40《大碗岛的星期日下午》

图 7-41《星夜》

图 7-42 “蓝小丑的蓝色星球”：自闭症康复中心设计（2011 级建筑，梁少丰）

图 7-42 范例是根据梵高《星夜》做的照明设计。根据现代心理学的研究，自闭症儿童喜欢蓝色的空间，偏爱低色温的灯光，而自闭症康复中心就是通往那个“蓝色星球”的窗口——建筑墙面采用梵高的星空绘画做装饰，用黄黄的钠灯灯光配合墙上的漂流瓶，用地面发光球和光纤模拟星夜。

练习 4. 摄影艺术里的光

观察体会优秀摄影作品中的光影关系，分析布光方式，归纳光的明暗对比、方向、位置和效果，设想适用的照明对象和场所。

“伦勃朗式”照明（Rembrandt Lighting）

“伦勃朗式”照明俗称“三角光”“伦勃朗光”，是一种特殊照明用光技术，常见于肖像摄影。伦勃朗式照明的典型特征是：光从人物的一侧打过来，人物半边脸被照亮，另半边脸处在阴影里。此时，在阴影中的面颊上会呈现一个“倒三角”的亮面——由眉骨和鼻梁的投影及颧骨暗区包围所形成——缘起于文艺复兴时期荷兰著名画家伦勃朗·哈尔曼松（Rembrandt Harmenszoon van Rijn）所画的群像油画《夜巡》（*The Night Watch*，1642，图 7-43）。画中，画家采用强烈的明暗对比手法，用光线塑造形体。画面层次丰富，富有戏剧性。之后的摄影师借鉴这位油画大师的“布光手法”，确定了光斑的形状，这个方法可用于人像雕塑的展览布光等。

“维梅尔式”照明（Vermeer Lighting）

约翰尼斯·维梅尔（Johannes Vermeer）是 17 世纪荷兰古典主义画家。对室内漫射光线（自然光）的生动描绘是其作品的主要特征，他沿袭了古典人物绘画中突出主光的光影比例——2/3 亮部，1/3 暗部，其代表作是《戴珍珠耳环的少女》（*Girl with a Pearl Earring*，1665，图 7-44）

图 7-43 《夜巡》

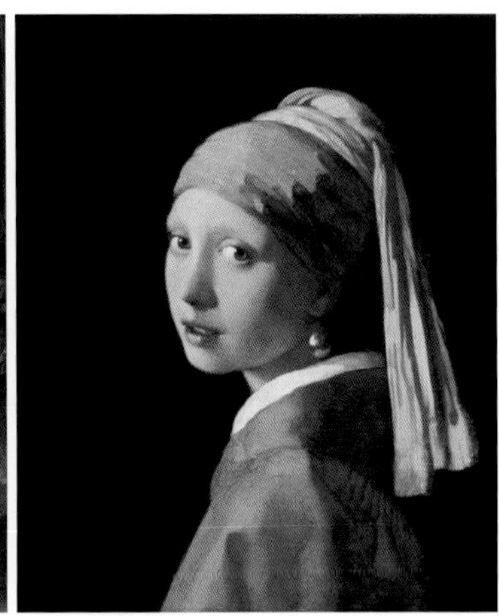

图 7-44 《戴珍珠耳环的少女》

图7-45作业要求学生分析一张人物肖像画（或照片）中的光源，设计一个重现画（或照片）中视觉效果的空间，以自己为模特进行拍摄，最大程度地还原原作品的构图与布光特点，并列出所用灯具、道具和材料等。

练习 5. 文学作品里的光

文字可以激发视觉艺术创作的灵感。领会文学作品里对光的描绘，探索如何将对文字的想象转化为实际图像，如何通过对文字的诠释来引发情绪。

在这个练习中，要求学生各自选择散文或诗歌中的情境片段，在脑海中浮现出相应的画面，依托想象描述光在其中所担当的角色和具体表现，写出散文或诗歌中最突出的词语或句子，注明它们所激发的光图像。

图 7-46 照明设计是根据《面纱》中的文字描述，配合女主人公凯蒂的情绪变化，运用灯光设计“抑郁的”“愉悦的”“不安的”“绝望的”“平静的”五种气氛的空间。

《面纱》是英国作家威廉 · 萨默塞特 · 毛姆（William Somerset Maugham）创作的一部长篇小说。容貌娇美、爱慕虚荣的英国女子凯蒂，接受了生性孤僻的医生瓦尔特 · 费恩的求婚，离开了 20 世纪 20 年代伦敦浮华而空虚的社交圈，远赴神秘的东方——中国香港。对婚姻感到不满和无趣，凯蒂开始悄悄地与人偷情。瓦尔特发现妻子的不忠后进行报复，要求凯蒂必须随他前往遥远的中国内地，去平息一场霍乱瘟疫。在异国美丽却凶险的环境中，他们经历了在英国家乡的舒适生活中无法想象和体验的情感波澜……在爱情、背叛与死亡的漩涡中痛苦挣扎。凯蒂在亲历了幻想破灭与生死离别之后，终将生活的面纱从眼前揭去，毅然踏上了不悔的精神成长之路。

◀图 7-45 光与空间小练习（2014 级建筑 司孟佳，2014 级景观 李健权，2015 级建筑 罗智）

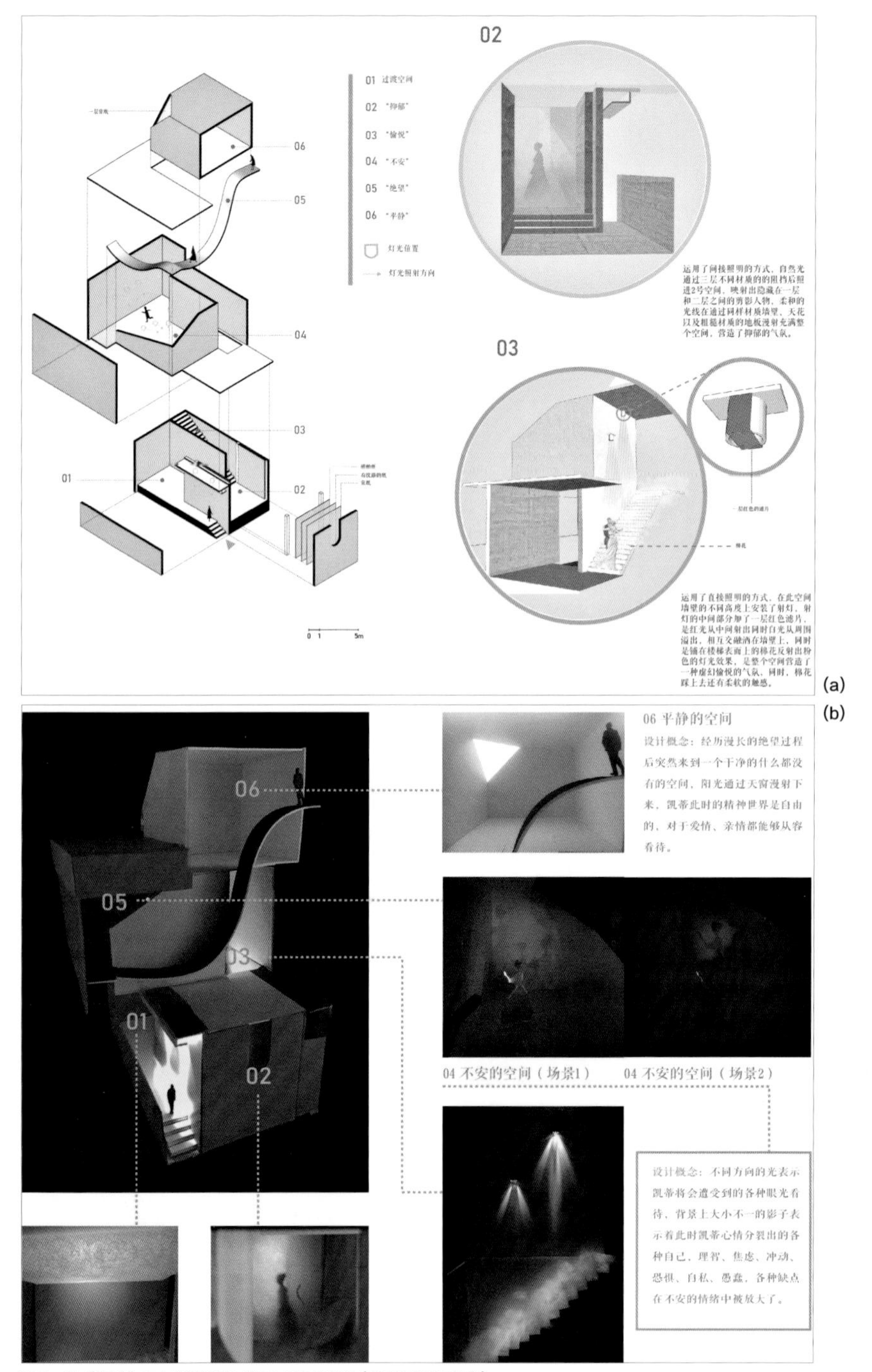

图 7-46《面纱》主人公凯蒂经历的 5 个情感空间（2016 建筑 陈成）

（a）建筑设计轴测图，漫射光线配合灰色调营造抑郁，红光和白光混合营造愉悦的气氛

（b）建筑模型，影子营造不安，昏暗营造绝望，明亮营造自由的气氛

环节三：设计与表达

在艺术设计中，设计作品的思维逻辑及其效果表达始终是影响作品有效传达的两大重要环节。设计作品首先由内在创新观念及实用价值达成“同理”，再由具体的表现形式与人达成“共情”，从而引发受众的兴趣与关注。

在设计的过程中，思维有次序地对事物进行分析、综合、判断、推理等以形成设计，而表达作为阐述设计意图和思维过程的媒介，也传达着设计者的情感和创造力。不同的专业有不同的设计表达方法。

照明设计表达至少包括三个方面的内容：设计图纸、实体模型和文字表述。结合照明设计课程的特点和要求，主要包含：反映光要素与空间关系的平面图、立面图、剖面图，表述灯具安装方式的节点大样图，表现照明效果的渲染图，借用电脑软件进行演算的技术性文件，用实体材料制作的整体或局部模型，图文编排或结合动画视频等内容的综合性演示说明文件等。在实际教学中，针对学生不同的年级和专业背景，我们分别设定了不同的教学目标和重点，并据此对设计表达的内容做出相对应的要求和安排。

本科照明设计与表达

广州美术学院的本科照明设计作为专业必修课程设置在大学二、三年级。由于学生对专业知识的认识较为初步，因此课程训练通常选取功能简单、体量较小的建筑和建筑室内空间，在表达上着重要求学生在对空间主题和功能理解基础上，掌握照明效果的想象以及实现想象的基本专业手段，完成图纸绘制、模型制作和对综合汇报文件的整理。成果深度的要求是：内容完整，步骤清晰，效果表现形象、生动、有趣味，知晓技术性演算及灯具选择的方法和流程。

范例：主题商店照明设计（图 7-47，图 7-48）

该系列的课程作业在设计与表达上具有一定的共通性：①概念图，表达场景效果构思；②照明平面图，表达光的区域分布；③立面图，表达建筑外立面照明；④剖面图，显示建筑内外垂直方向光照的信息；⑤渲染效果图，对空间光照效果进行艺术性的描绘，更易于理解；⑥伪色图，以不同的颜色表示空间光照数量等级和效果。

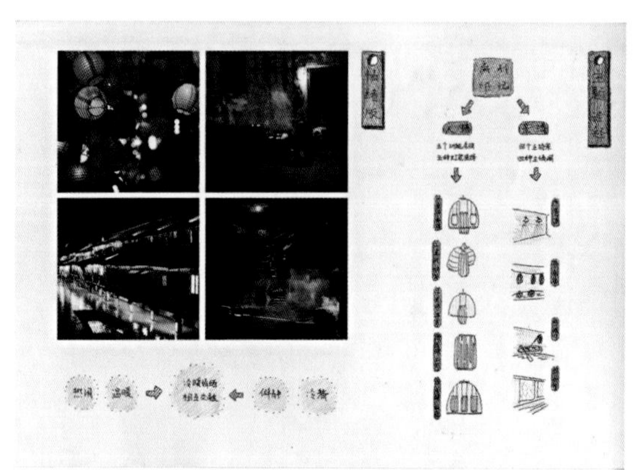

(a) 亮度比、光色呈现的场景效果意向图及餐厅主题定位

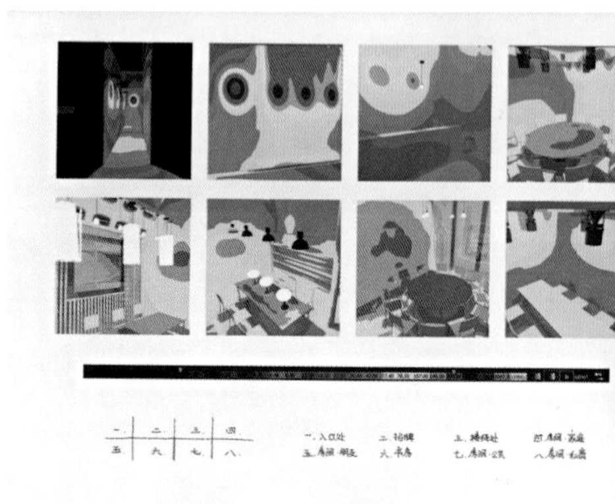

(b) 餐厅照明设计 DIALux evo 照度计算

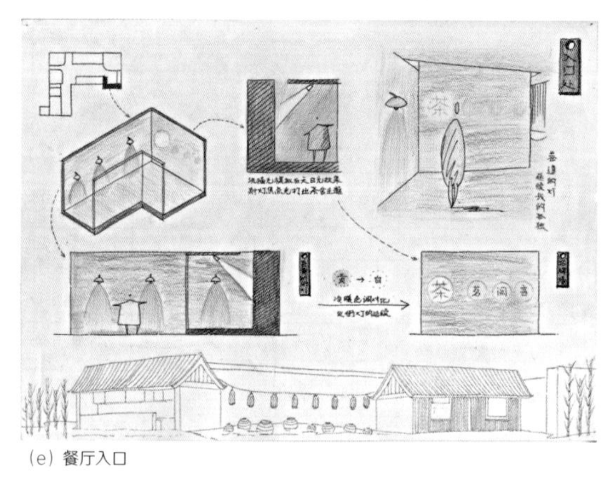

(e) 餐厅入口

(f) 接待处

(i) 朋友聚会房

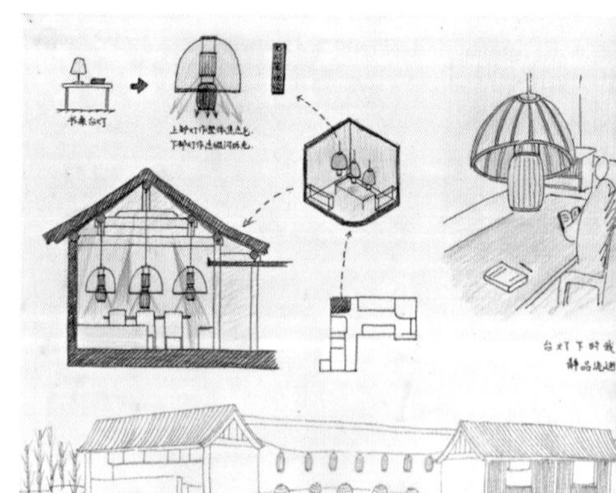

(j) 书房式餐厅

图 7-47 某餐厅照明设计（2014 级建筑 关灏正，郭培华）

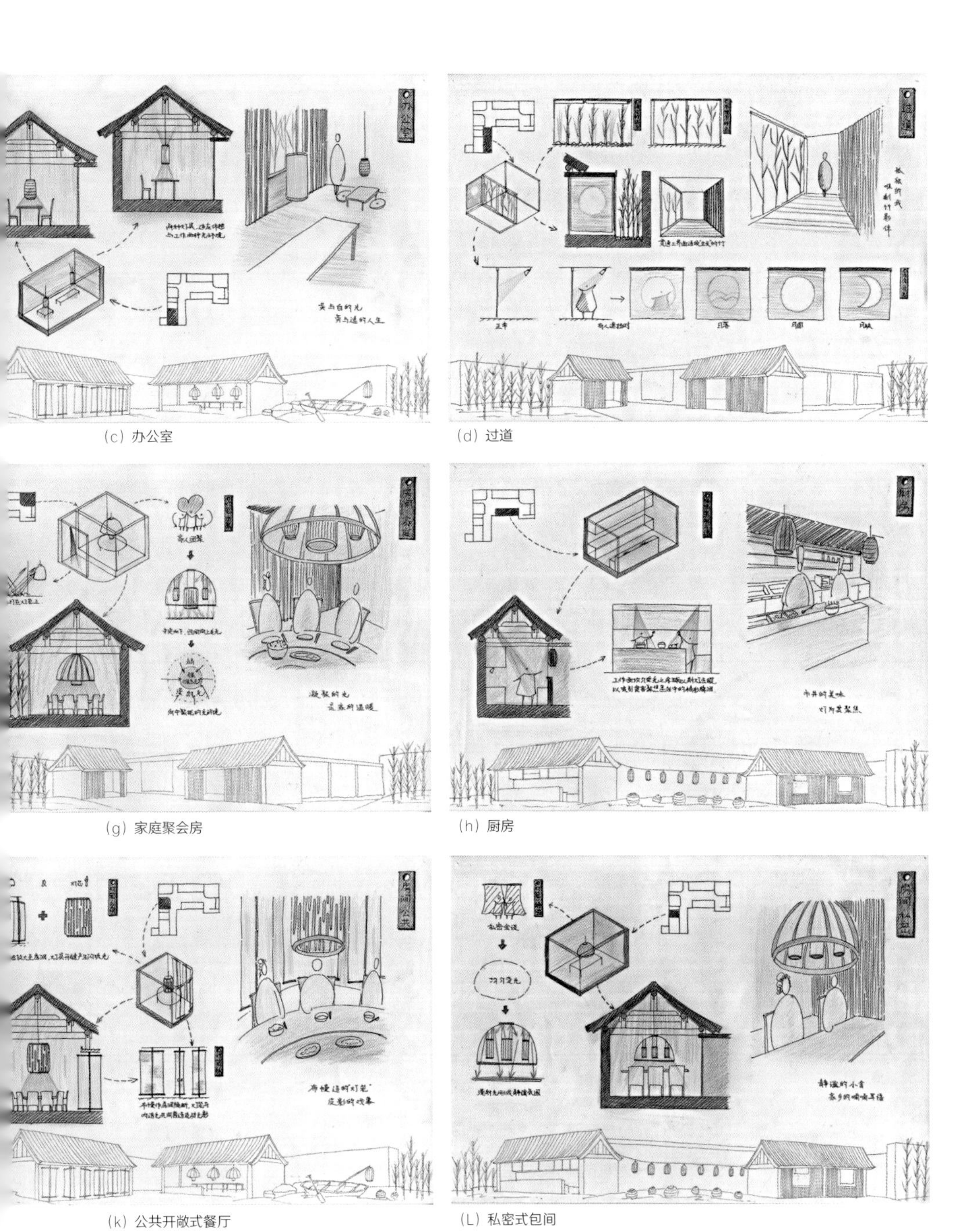

(c) 办公室

(d) 过道

(g) 家庭聚会房

(h) 厨房

(k) 公共开敞式餐厅

(L) 私密式包间

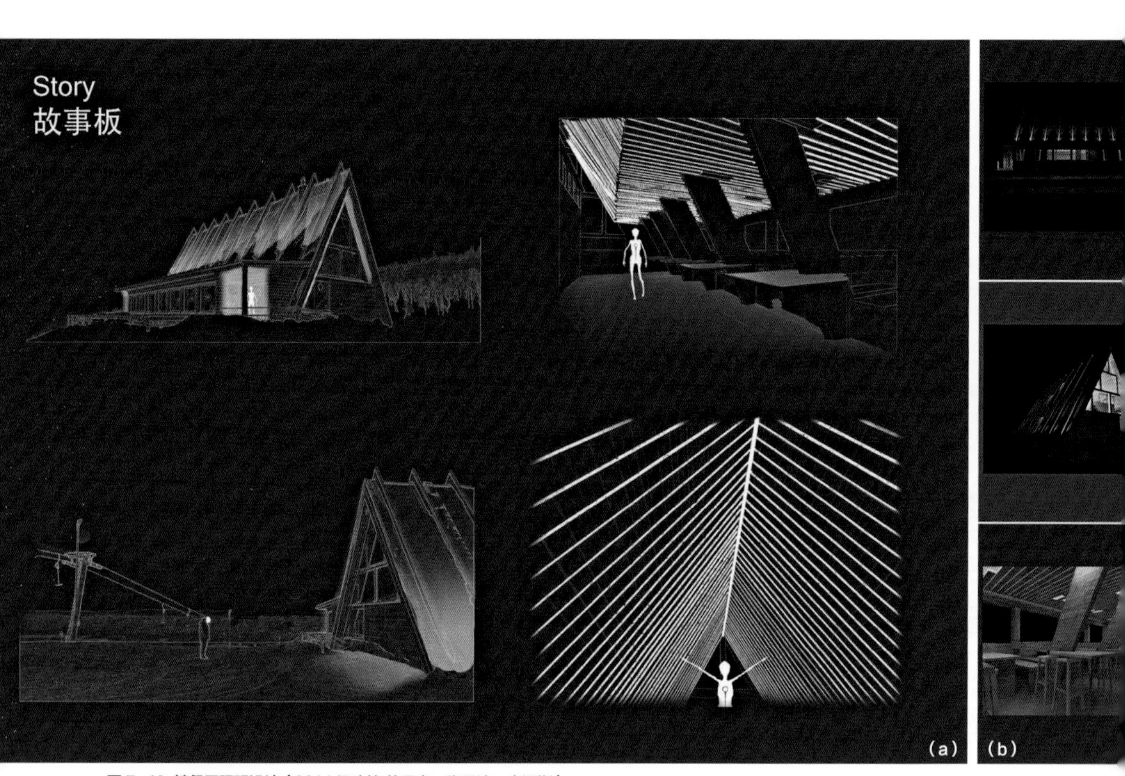

图 7-48 某餐厅照明设计（2014 级建筑 曾子奇，张子沛，李泽斯）

（a）餐厅照明设计故事板：建筑外观、建筑环境、建筑内部、建筑内部天花视角

（b）餐厅照明设计左列：DIALux evo 生成的效果图和伪色图，右列：说明性照明透视图

（c）餐厅照明设计左列：DIALux evo 生成的效果图和伪色图，右列：说明性照明透视图

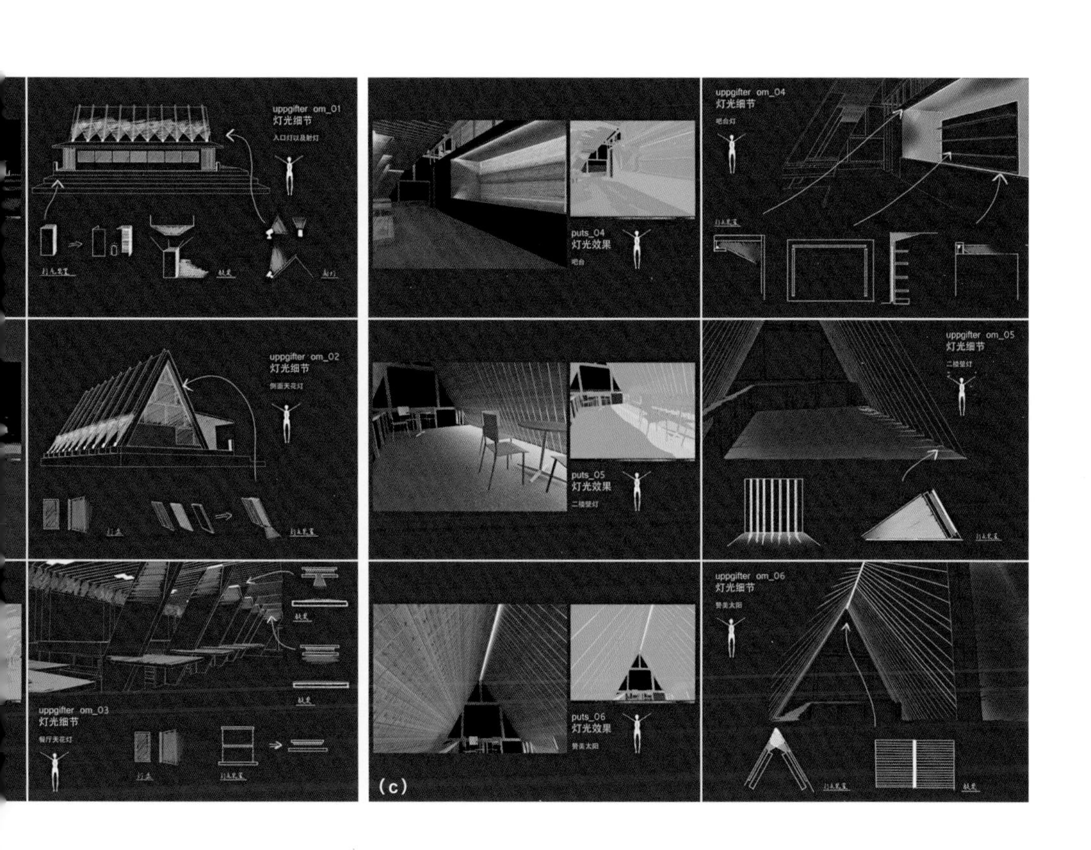
uppgifter om_01
灯光细节
入口灯以及射灯
uppgifter om_02
灯光细节
侧面天花灯
uppgifter om_03
灯光细节
餐厅天花灯
puts_04
灯光效果
吧台
puts_05
灯光效果
二楼壁灯
puts_06
灯光效果
赞美太阳
uppgifter om_04
灯光细节
吧台灯
uppgifter om_05
灯光细节
二楼壁灯
uppgifter om_06
灯光细节
赞美太阳
(c)

范例：综合实验教学空间照明设计（图 7-49，图 7-50）

该系列的课程作业在设计与表达上具有一定的共通性：①概念图，表达场景效果构思，类似故事板；②照明平面图，表达光的区域分布；③立面图，表达建筑外立面照明；④剖面图，显示建筑内部垂直方向光照的信息；⑤轴测图，表达三维的空间环境及照明方式；⑥渲染效果图，对空间光照效果进行艺术性的描绘，更易于理解；⑦伪色图，以不同的颜色表示空间光照数量等级和效果。

(a)

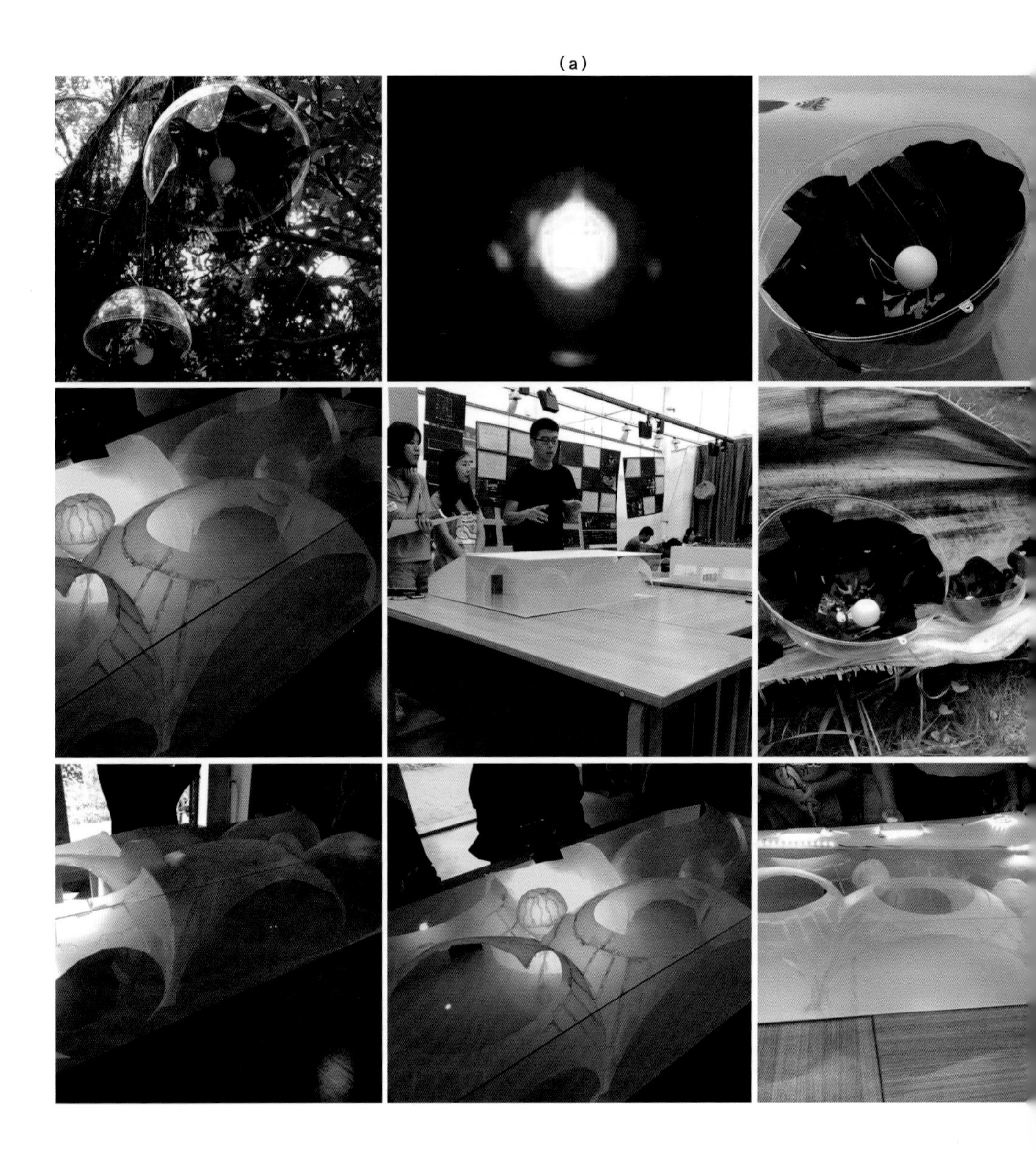

图 7-49 艺术与光环境设计实验室空间及照明设计
（ 2015 级建筑 李霖，刘亦彬，黄欣怡，张婷婷，黄志聪 ）
（a）室内空间模型和室外景观照明灯具设计
（b）室内设计和 Dialux evo 生成的效果图
（c）室外景观照明灯具设计及应用效果图

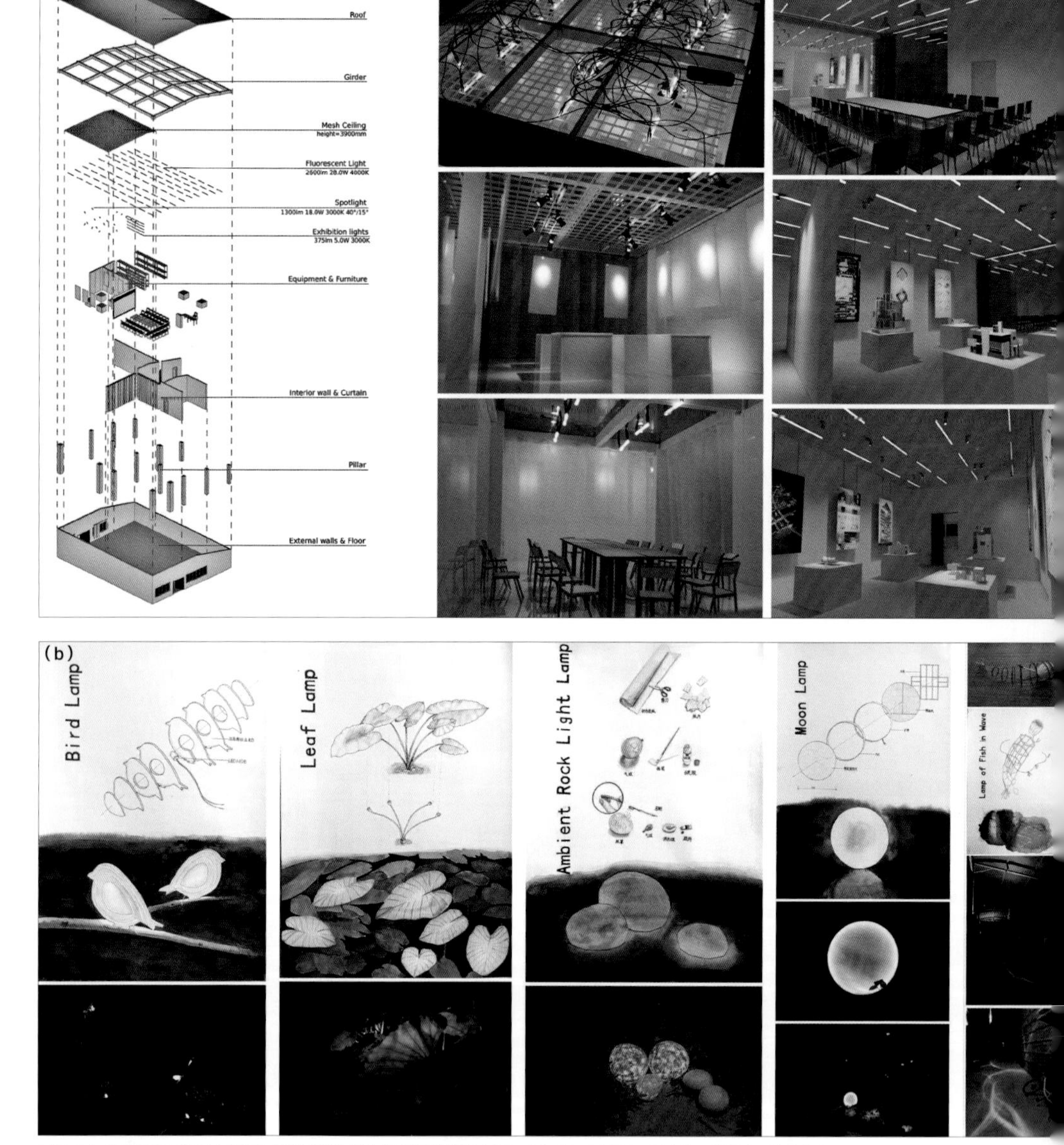

图 7-50 艺术与光环境设计实验室空间及照明设计（2015 级建筑 罗智，潘天德，刘晓阳，吴膺达，张景杰，陈奕斌）

（a）室内空间设计爆炸图、模型和 Dialux evo 生成的上课、展览、沙龙场景效果图

（b）室外景观照明灯具设计及应用效果图

（c）室内空间设计模型及通过模型拍摄的上课、展览、器材贮存、沙龙场景

范例：黑盒子 + 光之剧场（图 7-51—图 7-55）

该系列的课程作业在设计与表达上具有一定的共通性：①模型。使用统一尺寸的 2 只纸盒进行组合构成整体模型，用于构思、测试和记录设计方案；②模型照片。作为空间效果表达，有些同学直接采用拍摄照片，有些同学采取在照片上用多种软件加以润色和加强；③ Sketchup 轴测图，表达的是三维的空间环境及照明方式，包括空间尺度，材料，光源色温、颜色、亮度对比，发光结构，灯具位置，照射方式等信息；④渲染效果图，表达空间和照明的效果。在 DIALux evo 中建模，放入家具、物品、人物等，生成空间光照伪色图和灰度图和效果图。利用 ps 等软件对效果图进行再加工，通过改变光的方向、色彩、明暗对比等做出 2 个戏剧化场景变化的效果图，生成更精美、更具个人风格的最终效果图；⑤伪色图，表达空间光照数量等级和效果，以不同的颜色代表不同的亮度或照度数值。以下作为范例的作业排序统一为：（a）1:20 建筑设计及照明设计模型，（b）轴测图，（c）渲染效果图和伪色图。

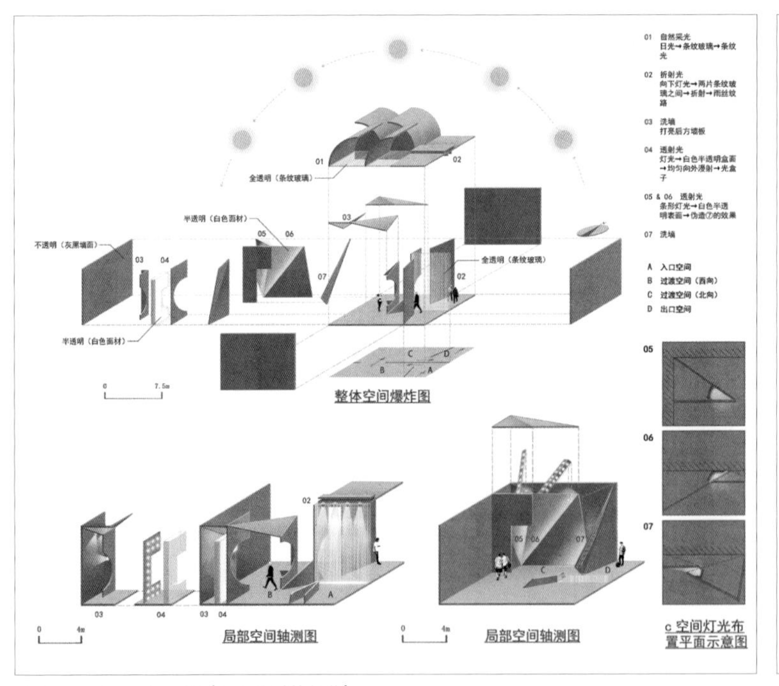

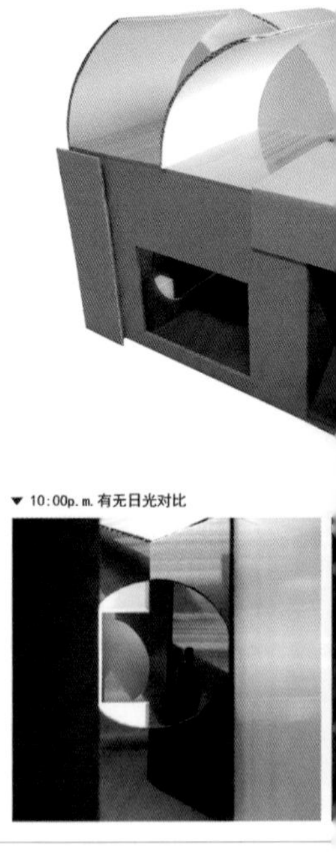

图 7-51 黑盒子 + 光之剧场（2016 级建筑 梁璇）

《霸王别姬》蝶衣自刎桥段的照明设计

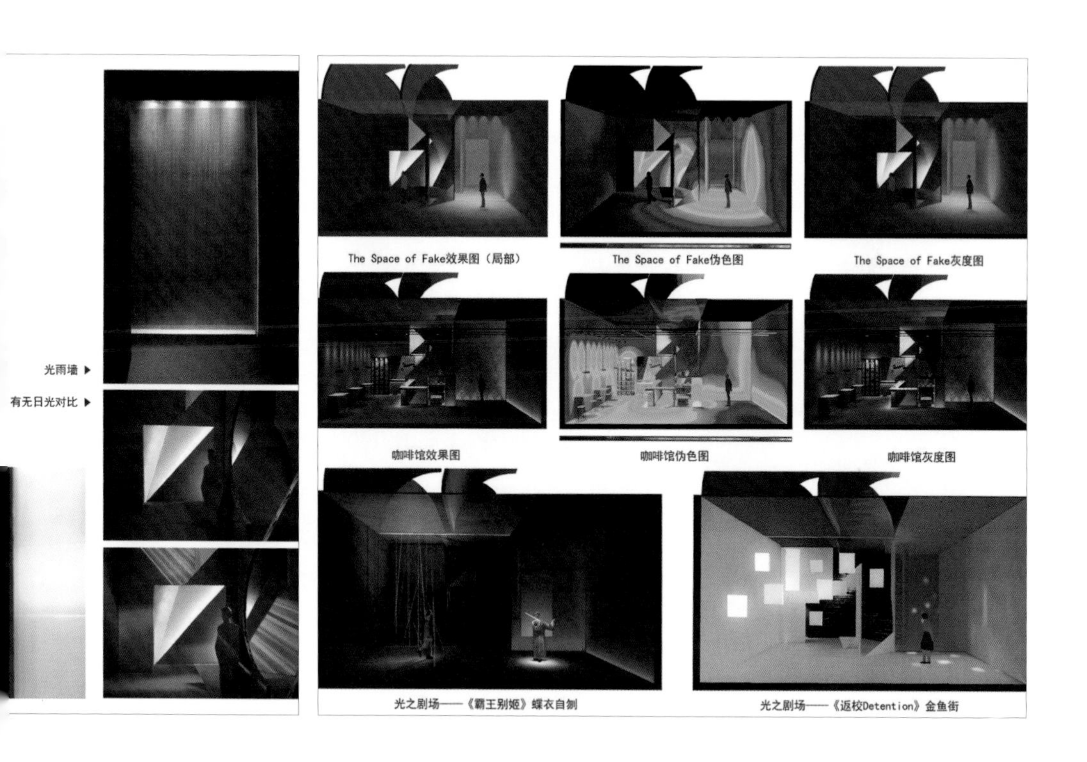

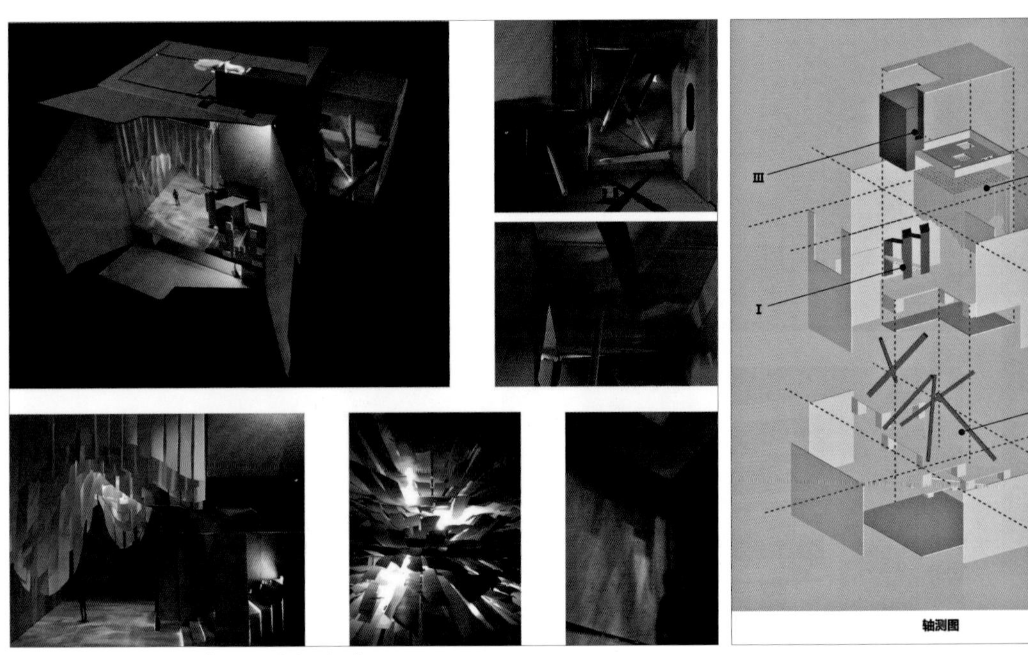

图 7-52 黑盒子 + 光之剧场（2016 级建筑 陈金勇）

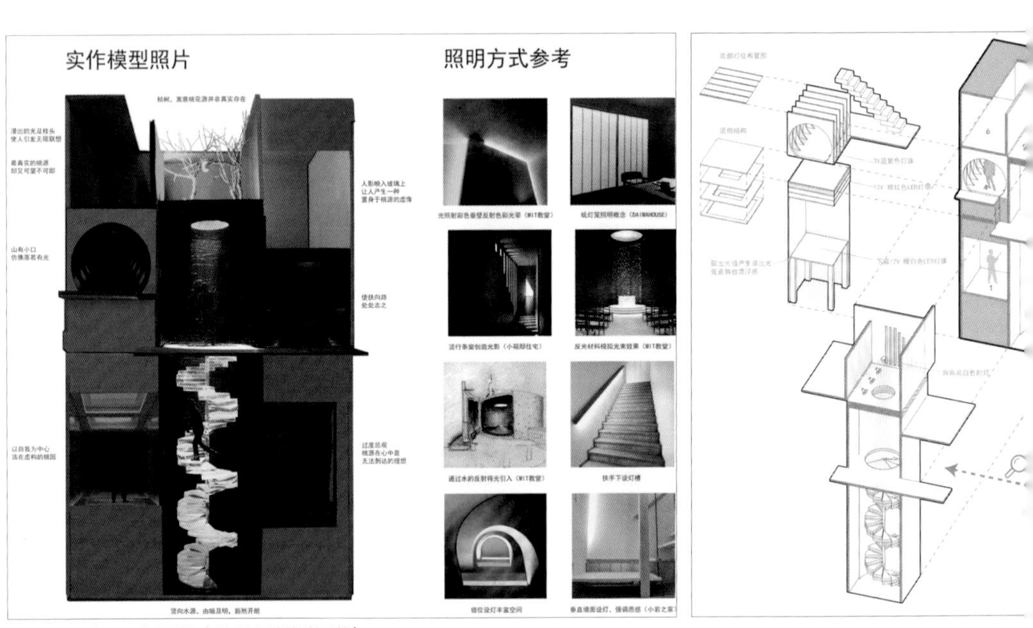

图 7-53 黑盒子 + 光之剧场（2016 级建筑 谢恩慈）

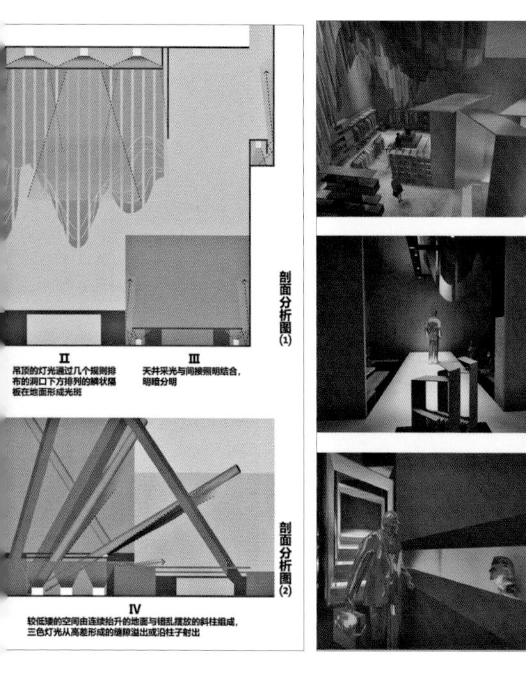

剖面分析图(1)
II
吊顶的灯光通过几个规则排布的洞口下方排列的鳞状隔板在地面形成光斑
III
天井采光与间接照明结合，明暗分明
剖面分析图(2)
IV
较低矮的空间由连续抬升的地面与错乱摆放的斜柱组成，三色灯光从高差形成的缝隙溢出或沿柱子射出

效果图（左一） 伪色图（上）
灰度图（左二）
效果图（左） 参考图（下）
效果图（左） 参考图（下）
SPEAK

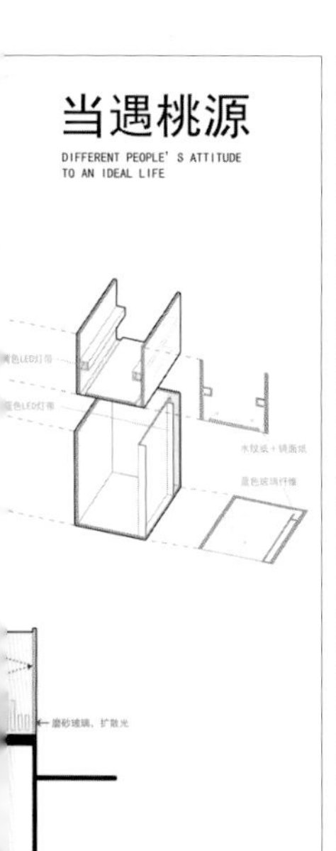

当遇桃源
DIFFERENT PEOPLE' S ATTITUDE
TO AN IDEAL LIFE

场景还原
戏剧化场景

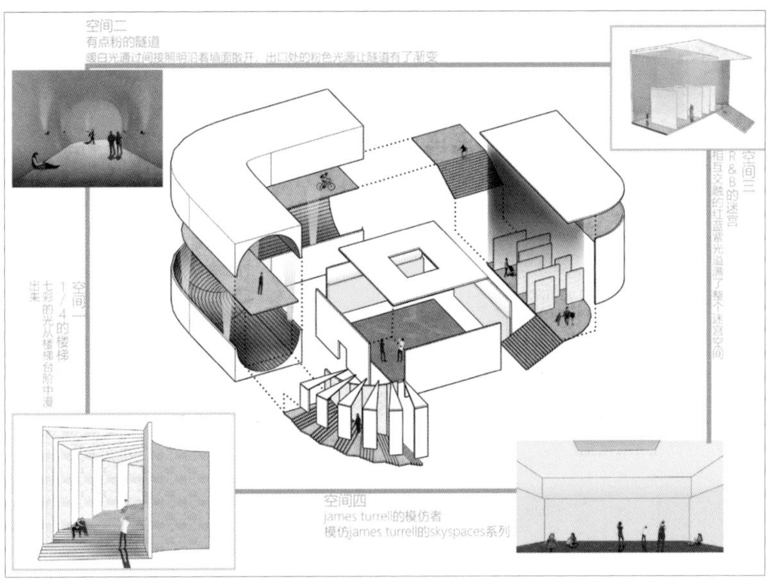

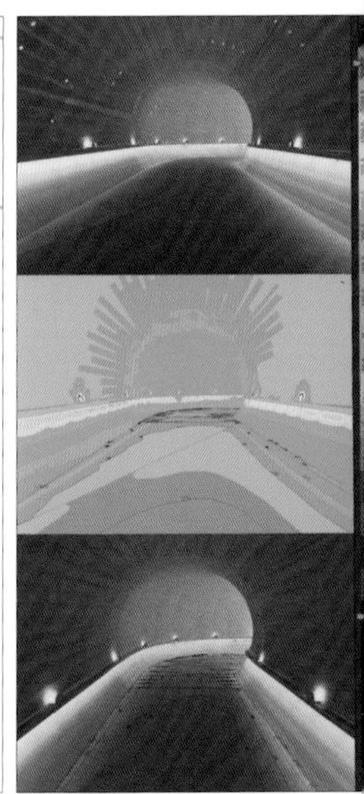

图 7-54 黑盒子 + 光之剧场（2016 级建筑 林旭恺）

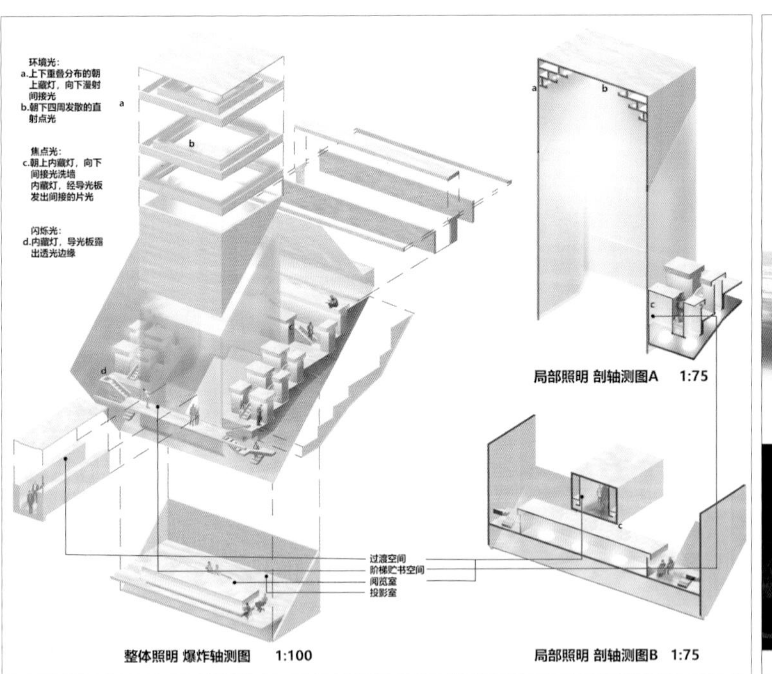

图 7-55 黑盒子 + 光之剧场（2016 级建筑 林家玉）

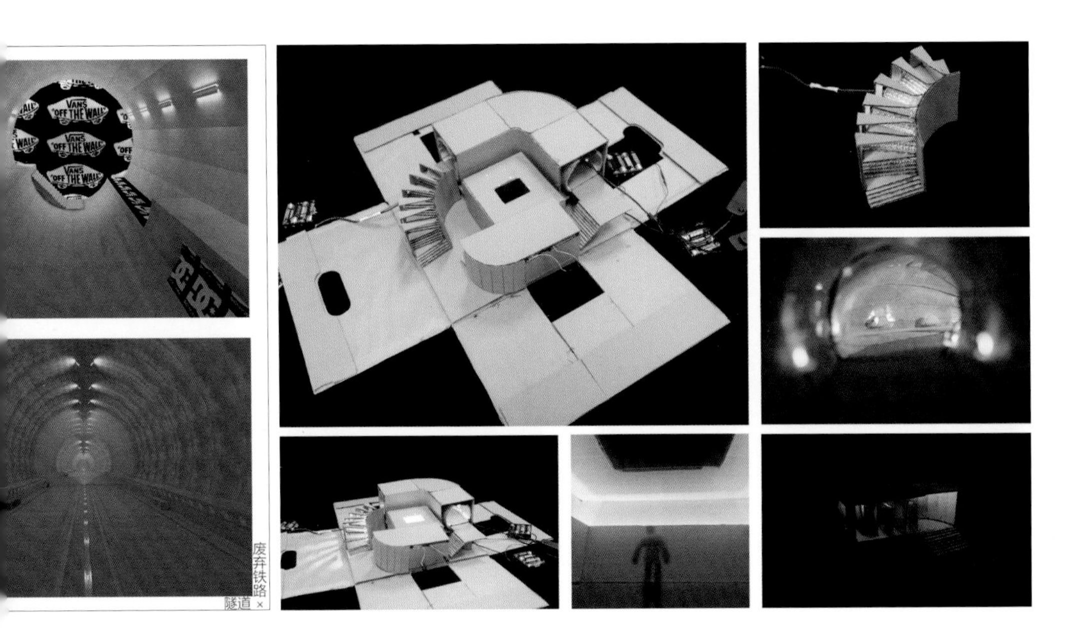
废弃铁路隧道 ×

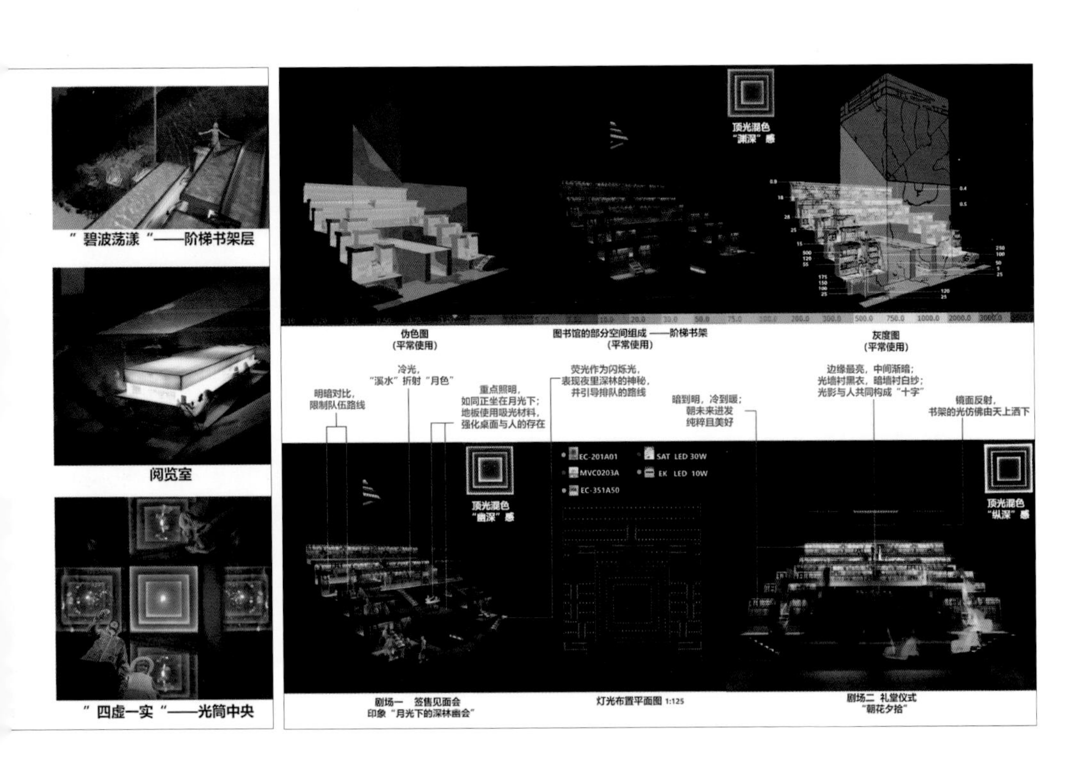
"碧波荡漾"——阶梯书架层
阅览室
"四虚一实"——光筒中央
顶光混色
"渊深"感
伪色图
(平常使用)
图书馆的部分空间组成——阶梯书架
(平常使用)
灰度图
(平常使用)
明暗对比，
限制队伍路线
冷光，
"溪水"折射"月色"
重点照明，
如同正坐在月光下；
地板使用吸光材料，
强化桌面与人的存在
荧光作为闪烁光，
表现夜里深林的神秘，
并引导排队的路线
暗到明，冷到暖；
朝未来进发
纯粹且美好
边缘最亮，中间渐暗；
光墙衬黑衣，暗墙衬白纱；
光影与人共同构成"十字"
镜面反射，
书架的光仿佛由天上洒下
顶光混色
"幽深"感
EC-201A01
MVC0203A
EC-351A50
SAT LED 30W
EK LED 10W
顶光混色
"纵深"感
剧场一 签售见面会
印象"月光下的深林幽会"
灯光布置平面图 1:125
剧场二 礼堂仪式
"朝花夕拾"

范例：滨水景观照明设计——上海东岸开放空间灯塔设计全球方案征集竞赛（图 7-56—图 7-58）

该系列的课程作业在设计与表达上具有一定的共通性：①概念图，表达场景效果构思和灯塔造型推演；②立面图，表达灯塔建筑外立面照明；③剖面图，表达灯塔建筑光照的垂直位置信息；④渲染效果图，表达灯塔建筑光照效果。以下范例为景观专业三年级课程作业，2 人一组，设计上海东岸 24 座灯塔中的 3 座，共计 6 周（96 学时）。

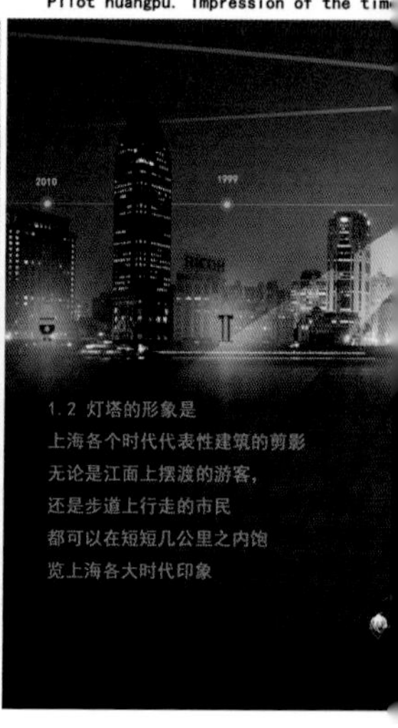

图 7-56 灯塔设计 · 第 1 组（2014 级景观 贾子钰，王秋旻）

该设计的灯塔造型由上海著名建筑的剪影组合而成，照明采用舞台化聚光的场景效果表达

灯塔下半部照明设计

夜间效果图2

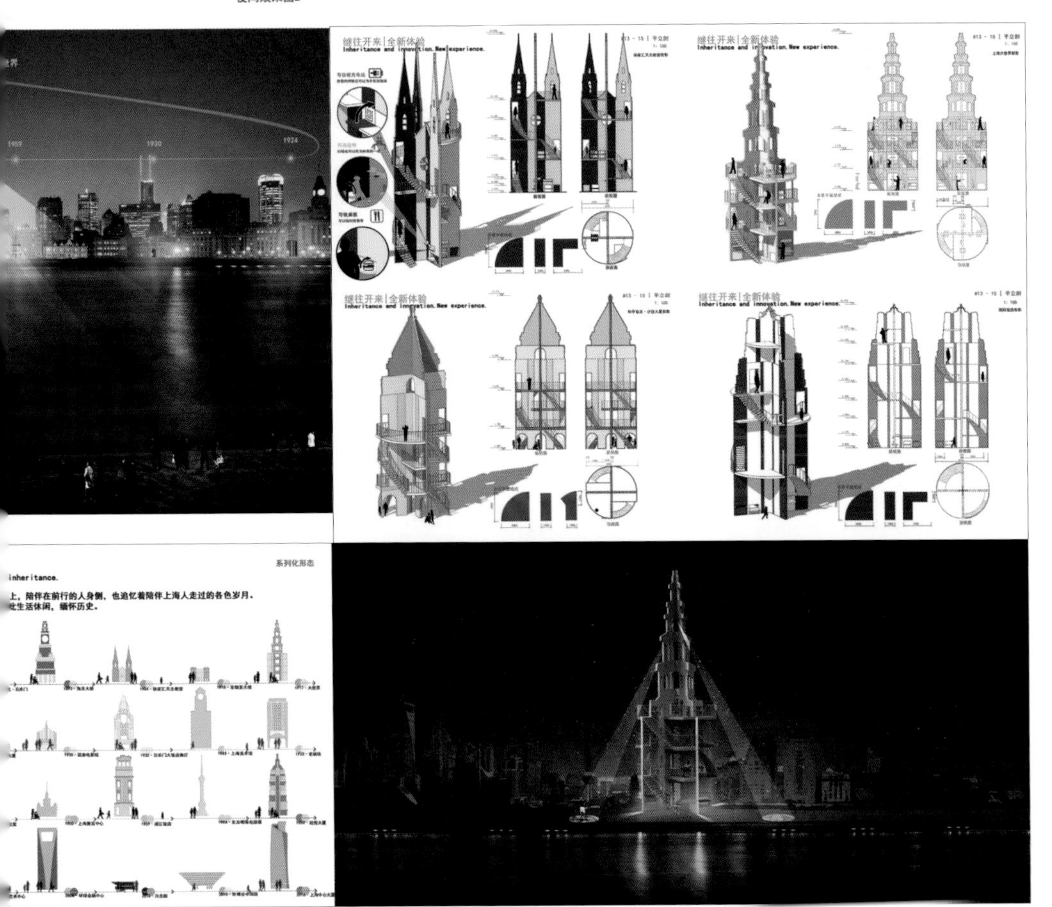

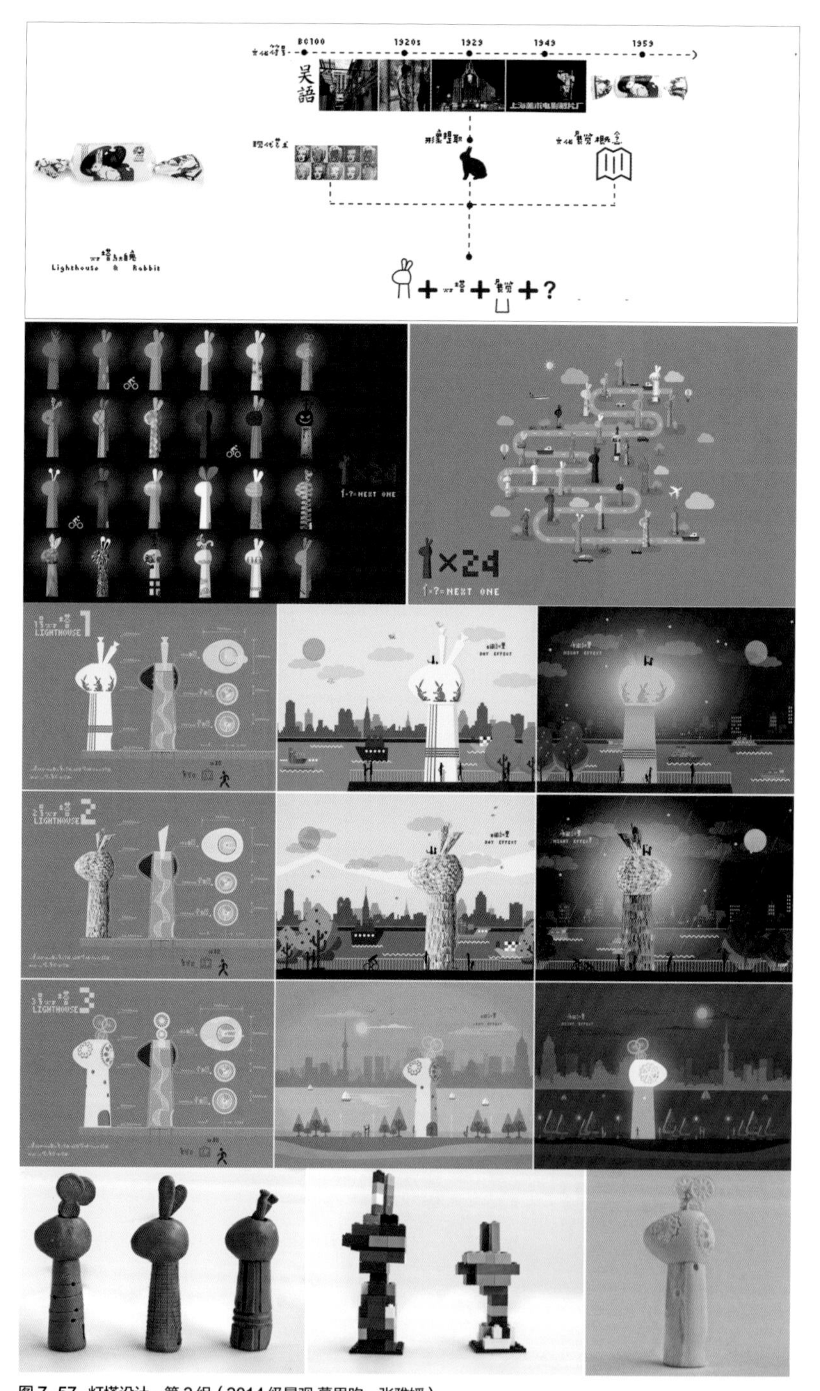

图 7-57 灯塔设计 · 第 2 组（2014 级景观 葛思昀，张雅媛）

该设计的灯塔造型由上海著名商品大白兔奶糖的形象，尝试用泥塑、插画等手法的效果表达，并用 3D 模型推敲灯塔造型及发光形式

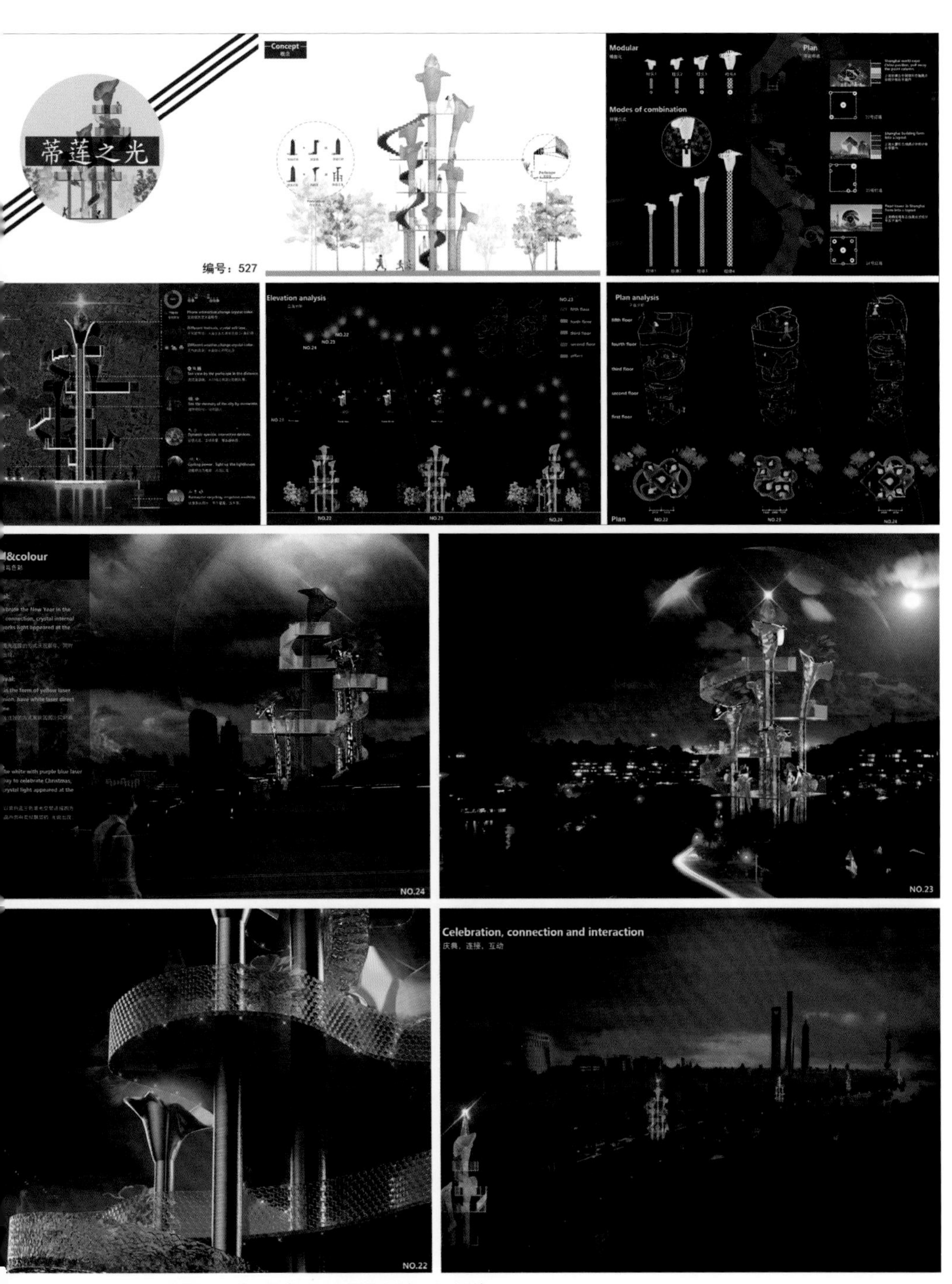

图 7-58　灯塔设计 · 第 3 组（2016 级景观 李健权，梁晓彤）

该设计将传统灯塔造型转变为一束潜望镜筒管组成的灯塔，尝试素描风格的场景效果表达

范例：广州渔人码头景观照明设计 + 珠海长隆景区缆车站照明设计（图 7-59——图 7-63）

这是两个同属于“城市夜景规划与设计”的课程作业，该系列的课程作业在设计与表达上具有一定的共通性：①概念图，表达了场景效果构思。分别采用了蓝底草图和灯具产品目录中的设计概念图做法；②照明规划平面图，表达了光的区域分布。蓝底图纸用白色表示光的区域，或者白底图纸上用黄色表示光的区域；③立面图和对应放大比例节点剖面，表达了建筑外立面照明；④剖面图，显示了一段街道的建筑立面照明设计手法，显示了光照的垂直位置信息；⑤渲染效果图，对空间光照效果进行了艺术性的描绘，更易于理解；⑥伪色图，以不同的颜色表示了空间光照数量等级和效果。

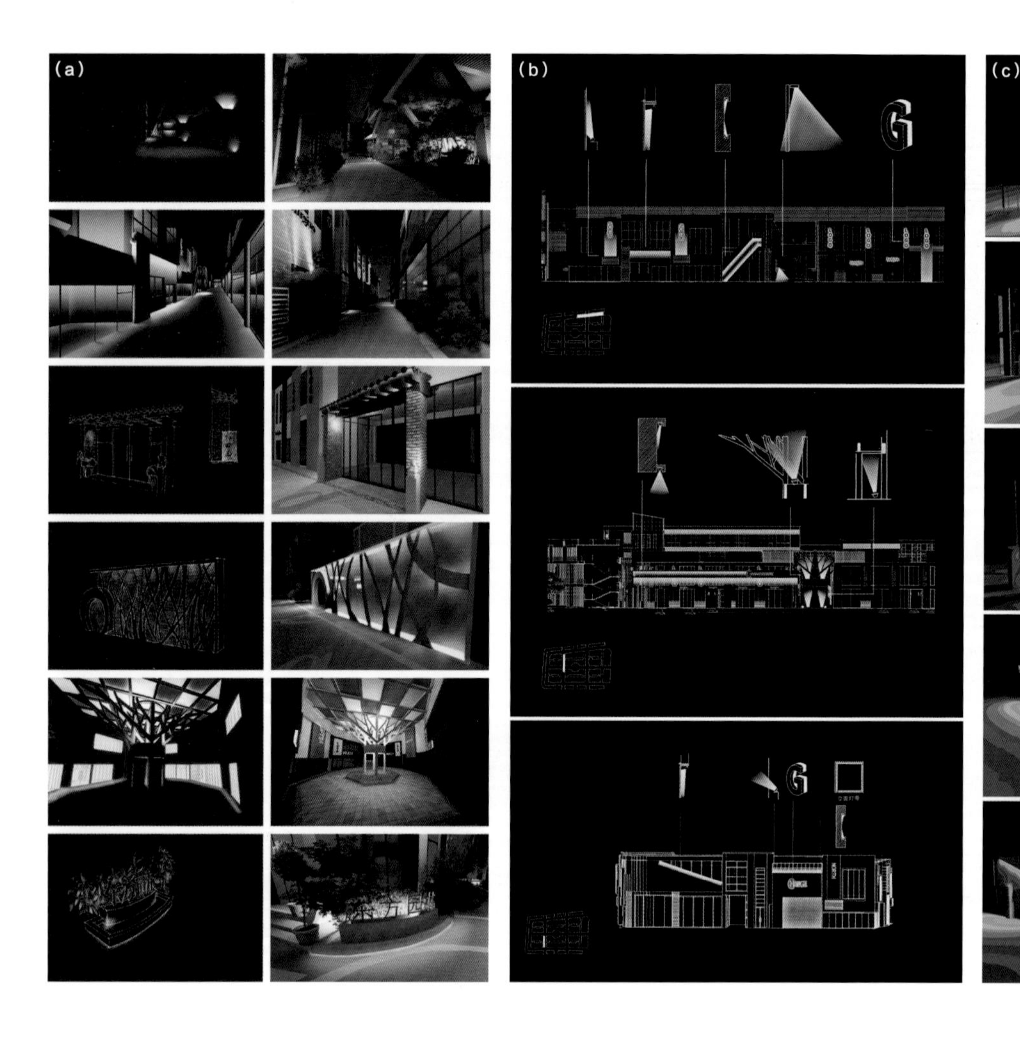

图 7-59　广州渔人码头景观照明设计
（2015 级景观 吴维真，陈雅文，冯阳生）
（a）概念图和效果图
（b）建筑照明立面图和剖面节点图
（c）Dialux evo 生成的伪色图和效果图
（d）几条街道的建筑照明立面图
（e）街区照明平面图和伪色图

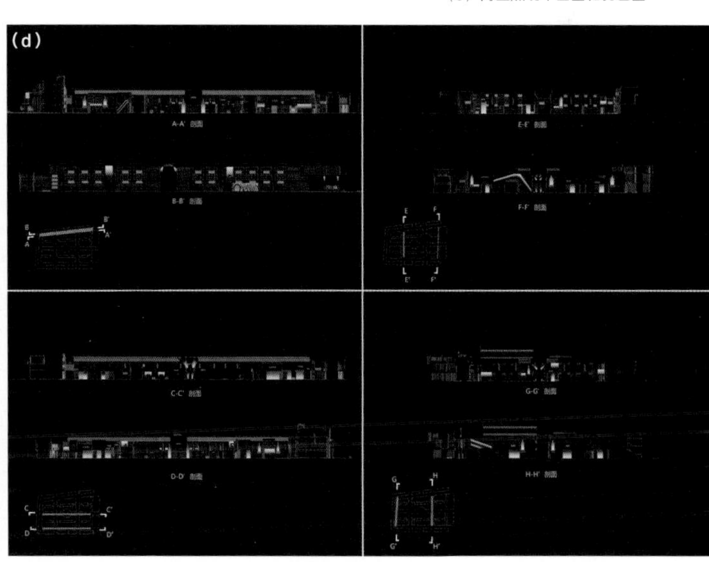

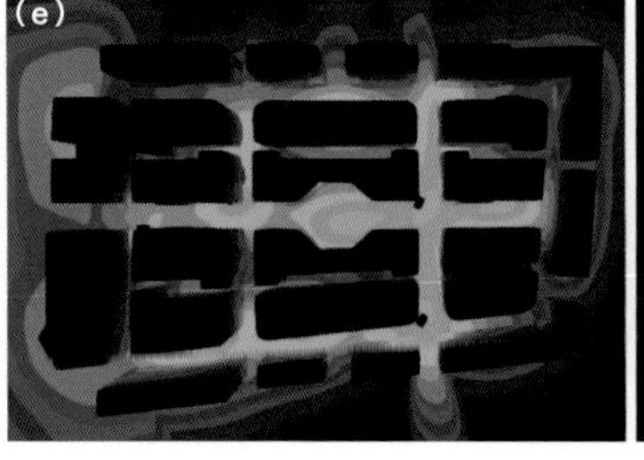

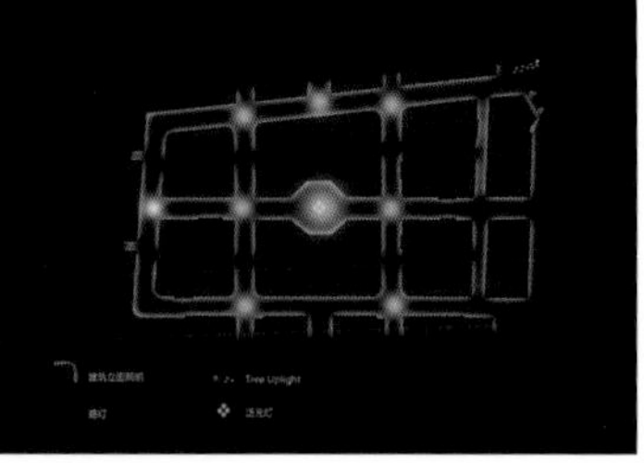

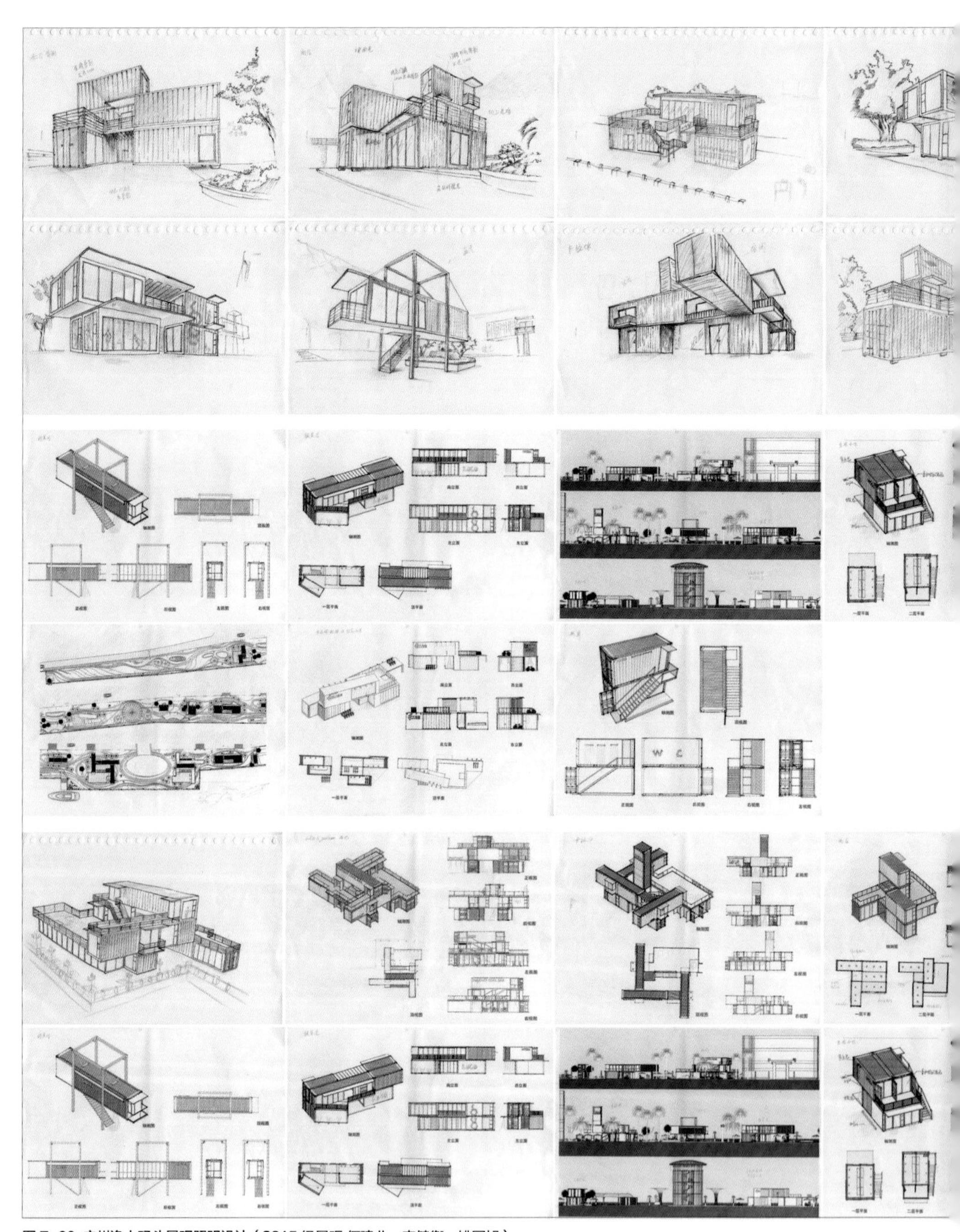

图 7-60 广州渔人码头景观照明设计（2015 级景观 何建业，李健衡，姚冠旭）

（a）概念图　　（b）Dialux evo 生成的伪色图和效果图　　（c）建筑照明效果图

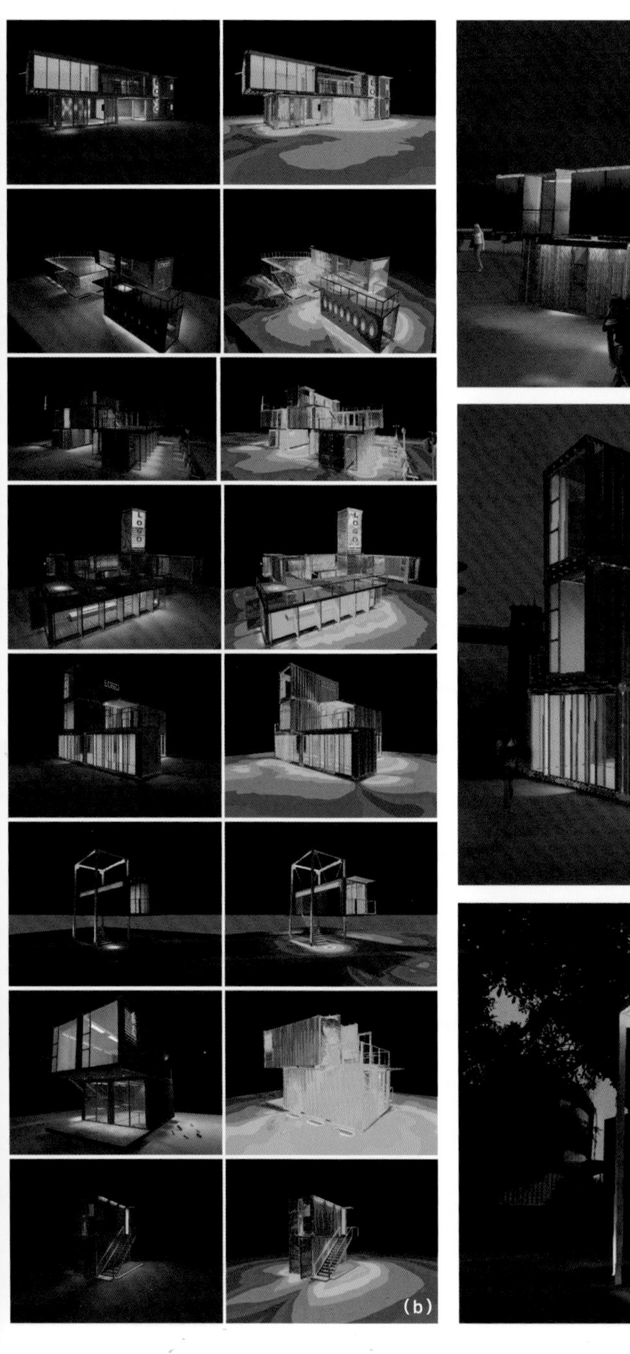

(b)

(c)

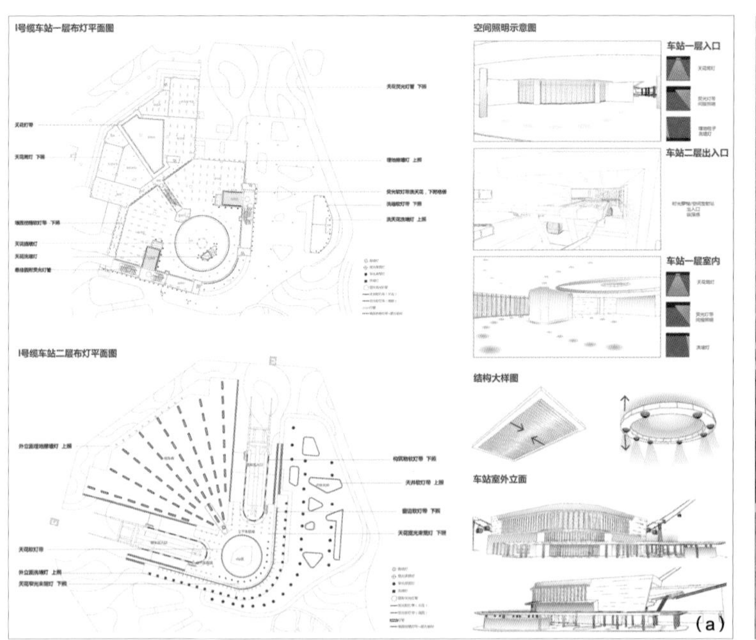

图 7-61 珠海横琴长隆景区缆车站照明设计（2016 级景观 陈镇全）

（a）概念图，建筑立面照明，室内照明平面图　（b）Dialux evo 生成的伪色图和效果图　（c）建筑照明效果图

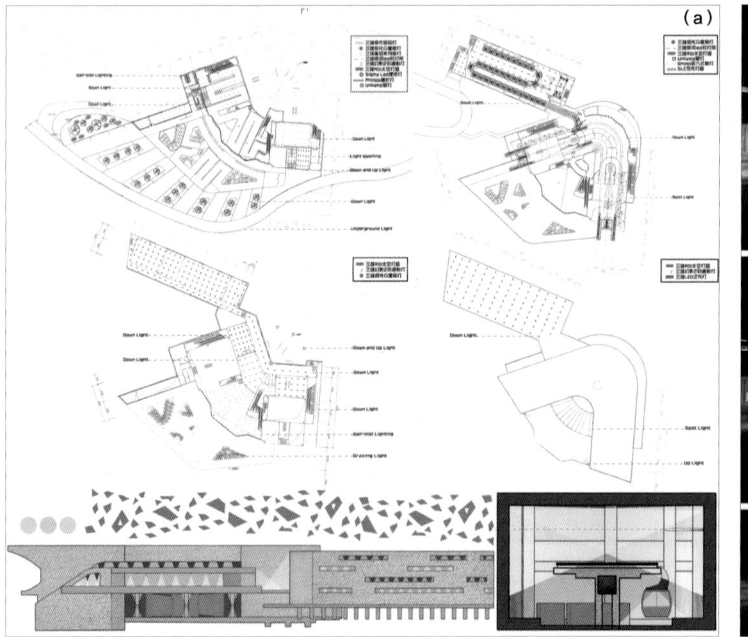

图 7-62 珠海横琴长隆景区缆车站照明设计（2016 级景观 刘雪怡）

（a）概念图，景观照明平面图，室内照明平面图　（b）Dialux evo 生成的伪色图和效果图　（c）景观、室内照明效果图

3.一层入口
4.检票处
200.00
300.00
500.00
750.00
1000.00
2000.00
3000.00
7.一楼大厅
8. 室外等待区

(b)

(c)

(b)

(c)

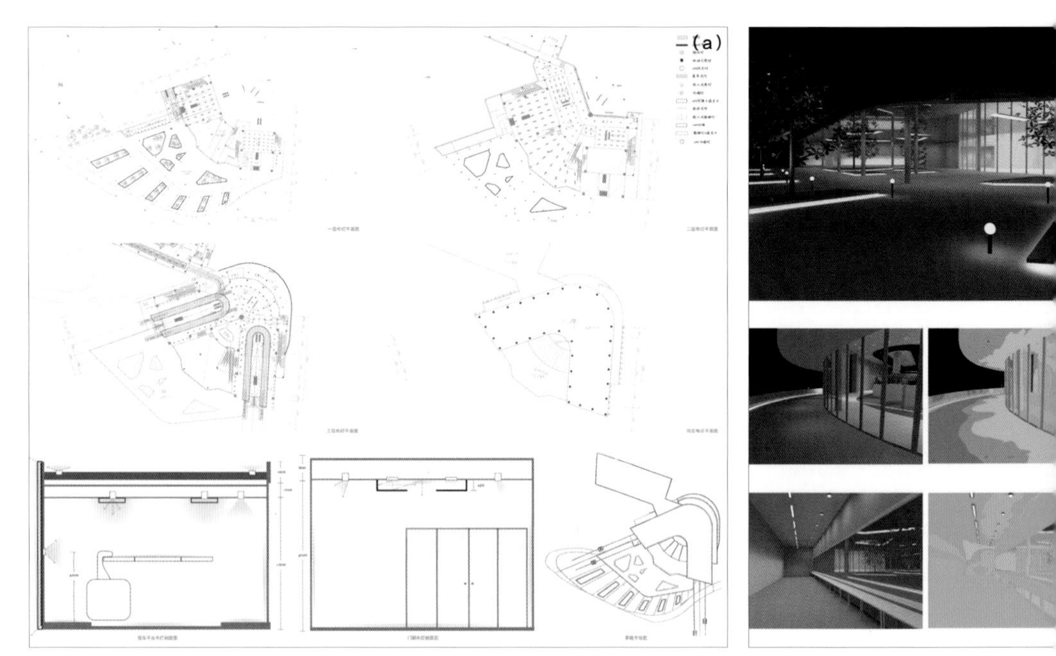

图 7-63 珠海横琴长隆景区缆车站照明设计（2016 级景观 黄惠子）

（a）景观照明平面图，室内照明平面图

（b）Dialux evo 生成的伪色图和效果图

（c）建筑、景观、室内照明效果图

范例：消费空间照明设计 -A (图 7-64，图 7-65)

该系列的课程作业在设计与表达上具有一定的共通性：①轴测图，表达三维的空间环境及照明方式，包括空间尺度，材料，光源色温、颜色、亮度对比，发光结构，灯具位置，照射方式等信息；②照明平面图，表达光的区域分布；③剖面图，表达光照的垂直位置信息；④渲染效果图，表达空间和照明的效果。

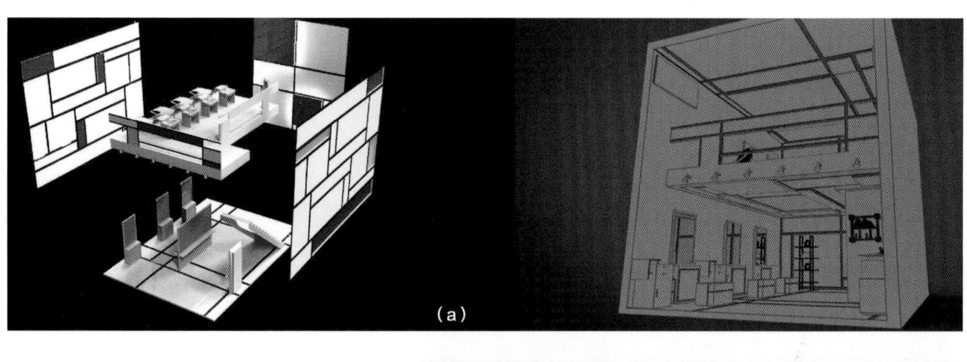

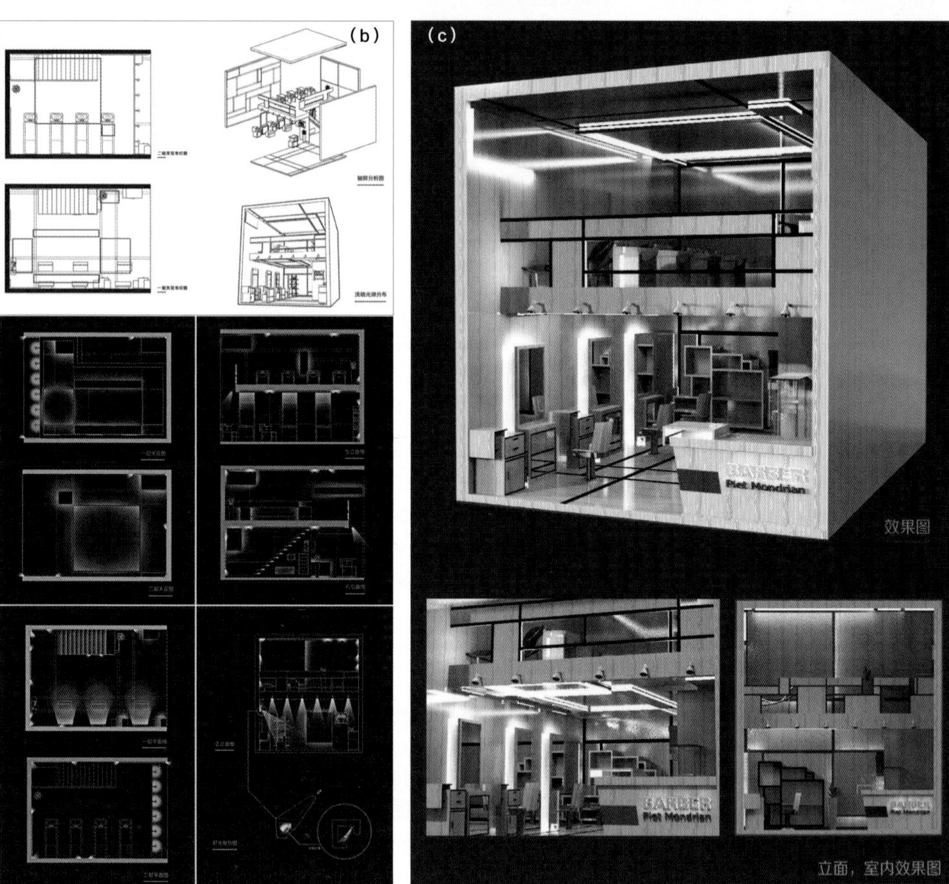

图 7-64 “风格派形象设计店”空间及照明设计（2013 级环艺 孙家鼎）

（a）空间和照明设计概念图

（b）室内照明平面图、立面图、轴测图、照明平面图和剖面图

（c）室内照明效果图

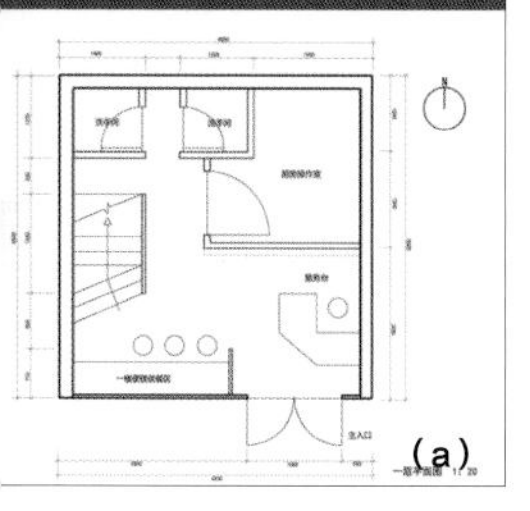
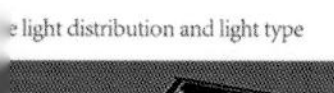

图 7-65 “苏 · 格餐厅”空间及照明设计（2013 级环艺 陈凯彤）

（a）室内空间设计概念图

（b）室内照明设计概念图，空间中所用材料和光的组合效果实验和室内照明效果图

（c）室内照明平面图，照明手法和照明剖面图

范例：消费空间照明设计 -B（图 7-66，图 7-67）

该系列的课程作业在设计与表达上具有一定的共通性：①照明平面图，表达光的区域分布；②剖面图，表达光照的垂直位置信息；③效果图，表达空间和照明的效果；④伪色图，表达空间光照数量等级。

图 7-66 “喜茶”广州凯华店照明设计（2016 级环艺 吴慧琳，林小颜，崔天使，陈希瑜）
(a) 效果图
(b) CAD 剖面图、DIALux evo 生成的效果图和伪色图
(c) 店面外观照明设计

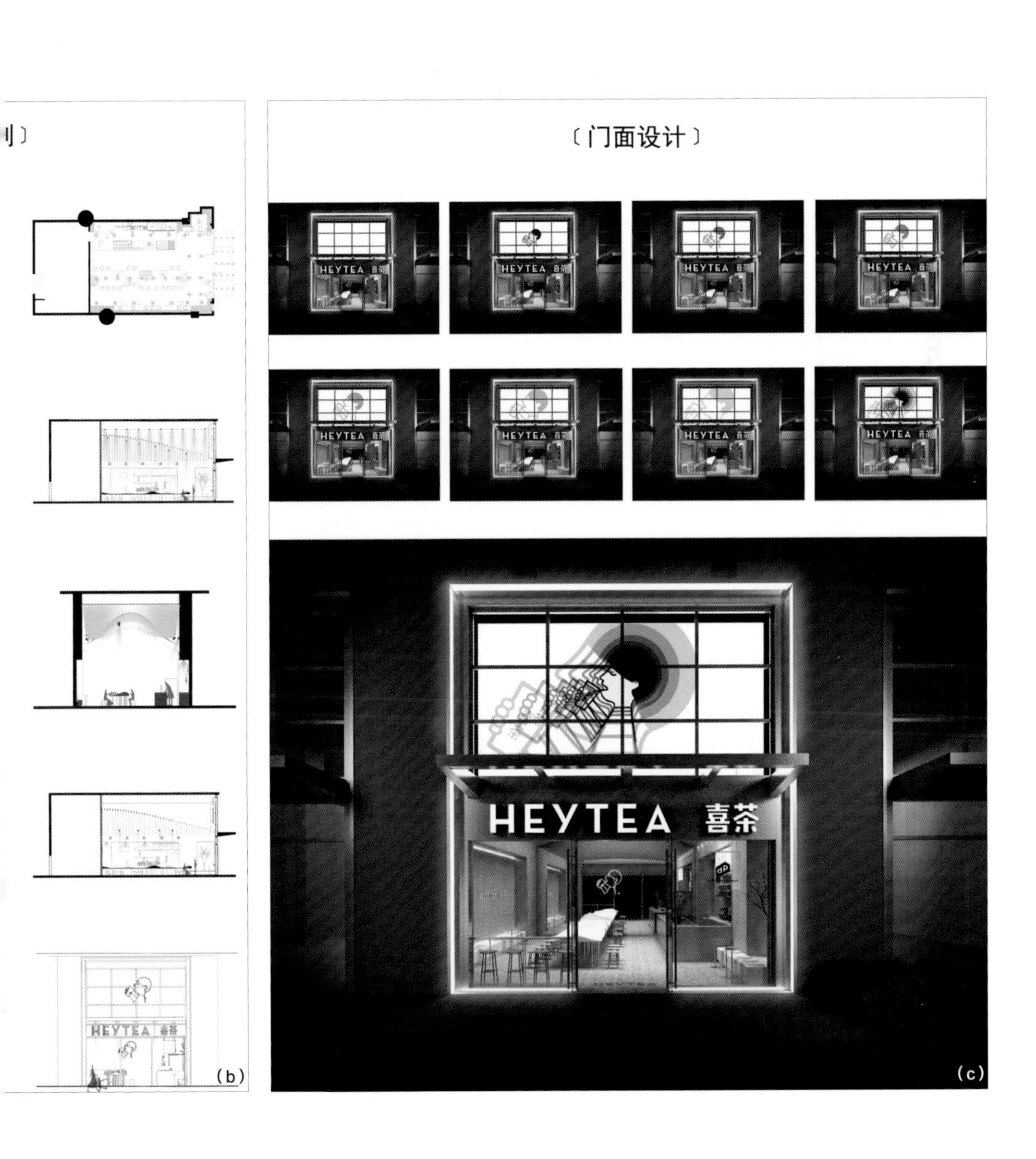
刂〕
〔门面设计〕
HEYTEA 喜茶
(b)
(c)

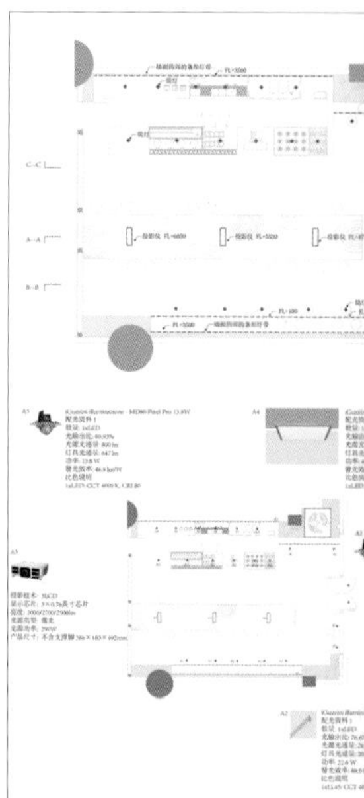

图 7-67 “喜茶” 广州凯华店照明设计（2016 级环艺 王众，姜秋羽，陈慧娜，蔡莹莹，邝颖琳，李锦云）

（a）效果图和 DIALux evo 生成的效果图和伪色图

（b）照明立面图

（c）剖开的电脑照明模型

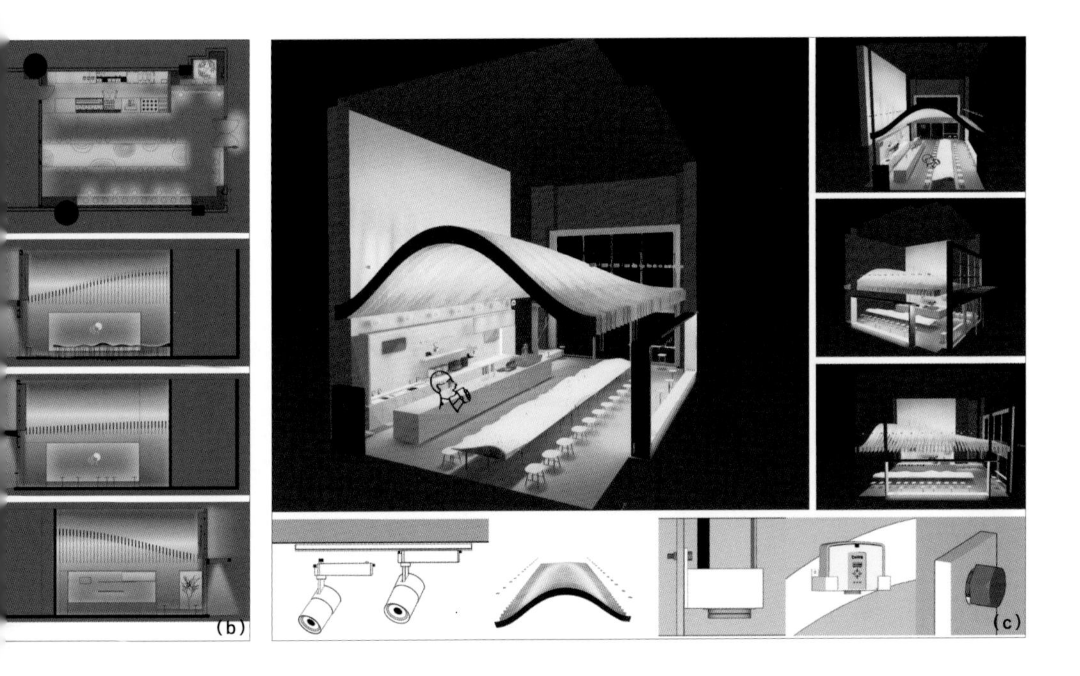

范例：工作室照明设计（图 7-68，图 7-69）

该系列的课程作业在设计与表达上具有一定的共通性：①工作室空间现状调研，包括空间尺度、材料、光源色温、颜色、亮度对比、发光结构、灯具位置、照射方式等信息；②照明平面图，表达光的区域分布；③剖面图，表达光照的垂直位置信息；④渲染效果图，表达空间和照明的效果。

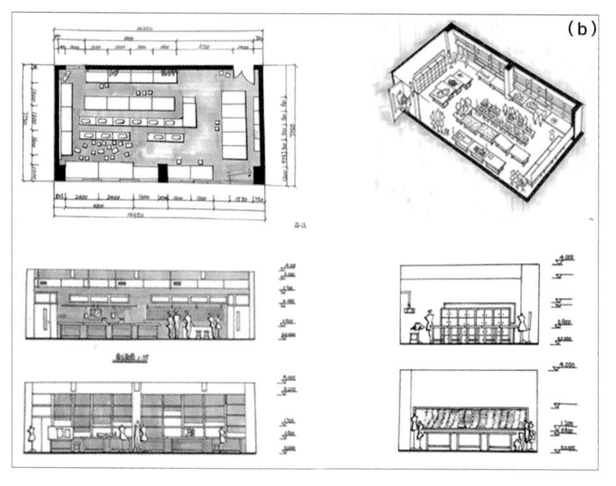

图 7-68 广州美术学院服装工作室室内及照明设计（2013 级环艺 蒋一煌，巫诗妤，付英豪）

(a) 服装工作室改造前空间现状照片

(b) 原空间平面图

(c) 改造后空间平面图

(d) 改造后室内照明剖面图，走廊橱窗照明剖面图

(e) 改造后效果图

(f) DIALux evo 生成的效果图和伪色图

4.000
3.200
2.800
0.550
±0.000
(e)
(f)

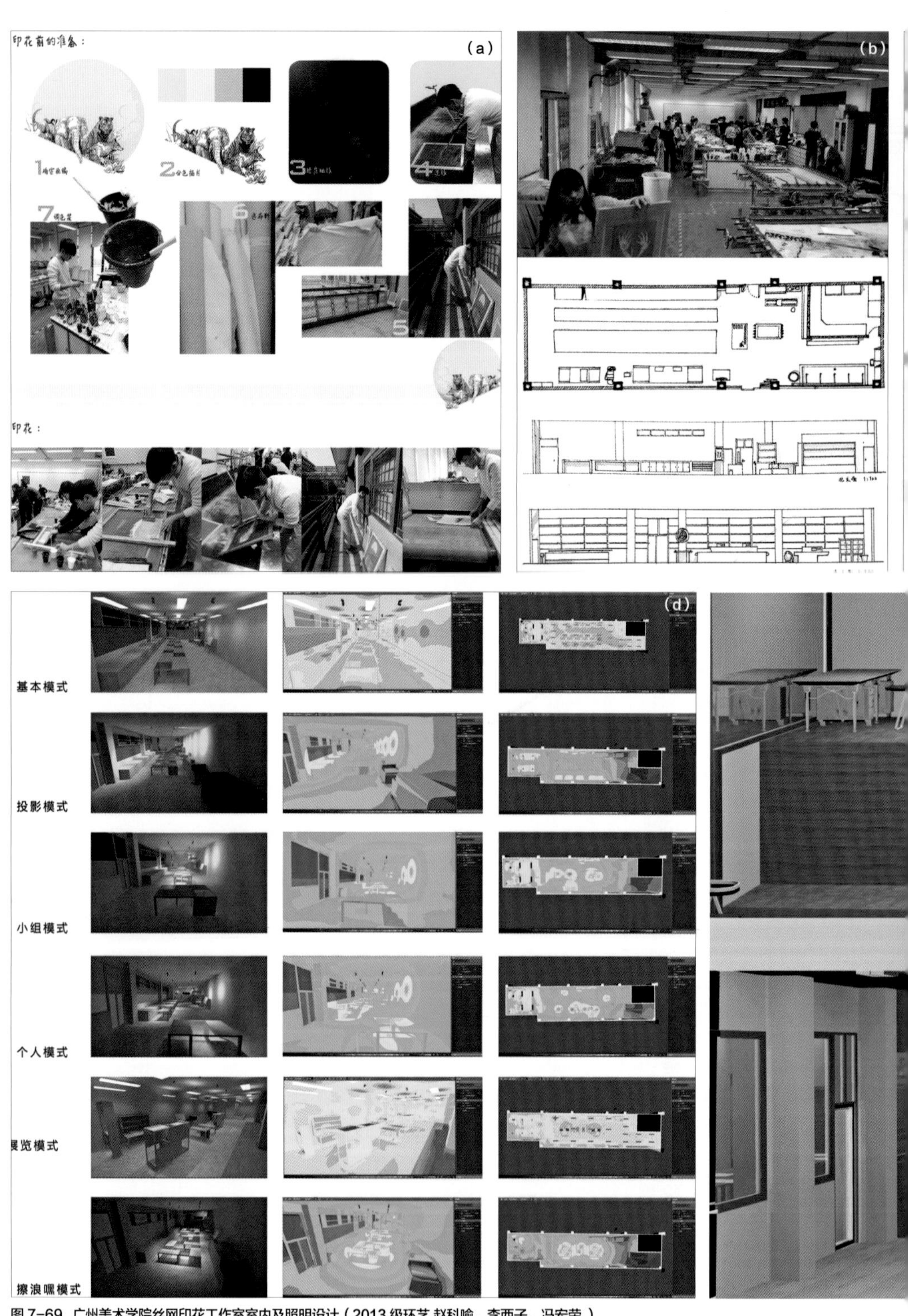

图 7-69 广州美术学院丝网印花工作室室内及照明设计（2013 级环艺 赵科喻，李西子，冯宏荣 ）
（a）丝网印工艺流程 （b）原空间现状照片和平面、立面图 （c）改造后空间平面、立面图和轴测图
（d）DIALux evo 生成的效果图和伪色图 （e）效果图

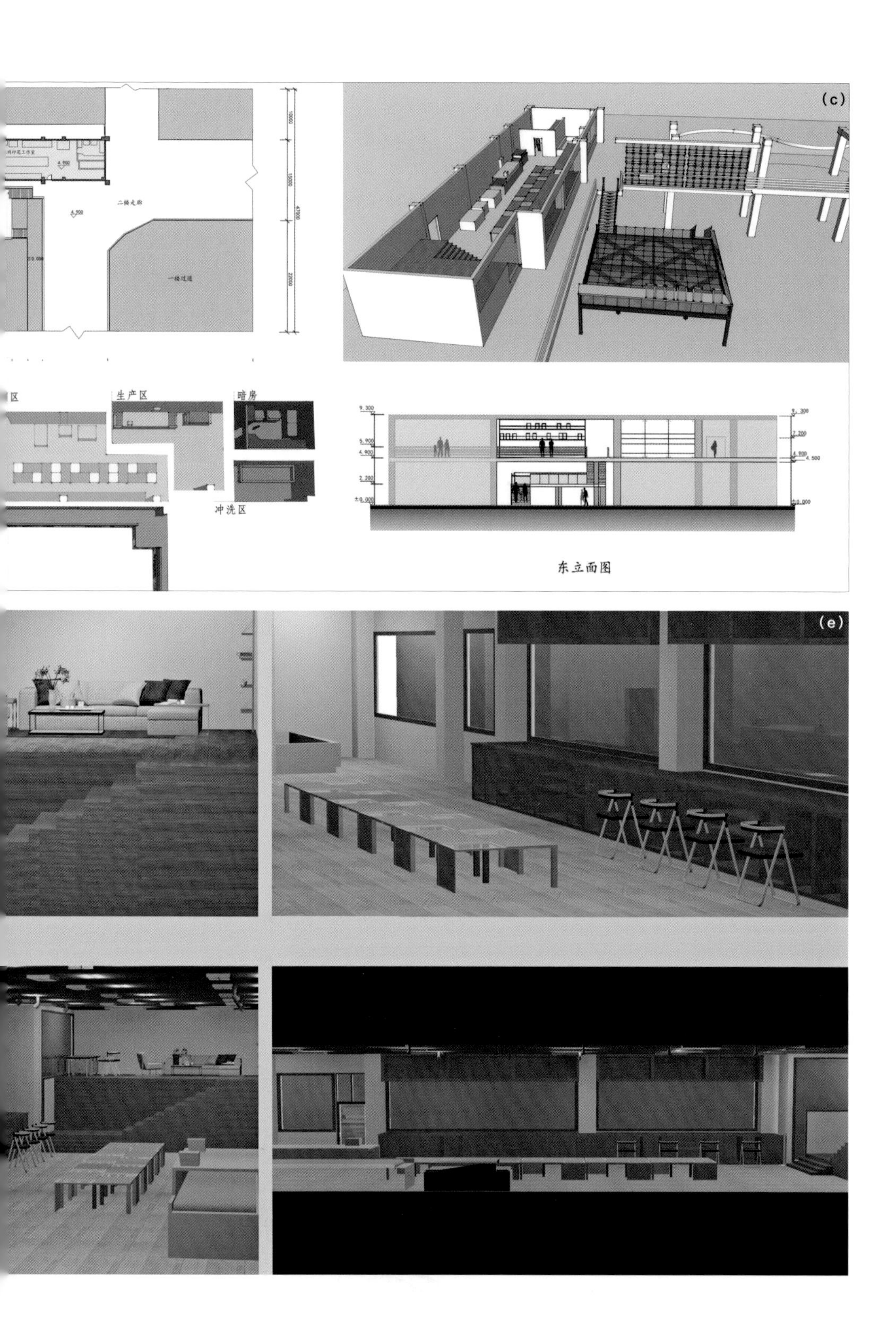
(c)
区
生产区
暗房
冲洗区
二楼走廊
一楼过道
东立面图
(e)

范例：网络收录建筑案例照明再设计（图 7-70，图 7-71）

该系列的课程作业在设计与表达上具有一定的共通性：①要求学生从案例网站如 archdaily 和 designboom 中选取自己喜爱的小型商业空间，作为小组设计工作的对象（不进行室内空间的设计，只专注于照明设计的学习和表达）；②照明平面图，表达光的区域分布；③剖面图，表达光照的垂直位置信息；④效果图，表达空间和照明的效果；⑤伪色图，表达空间光照数量等级。

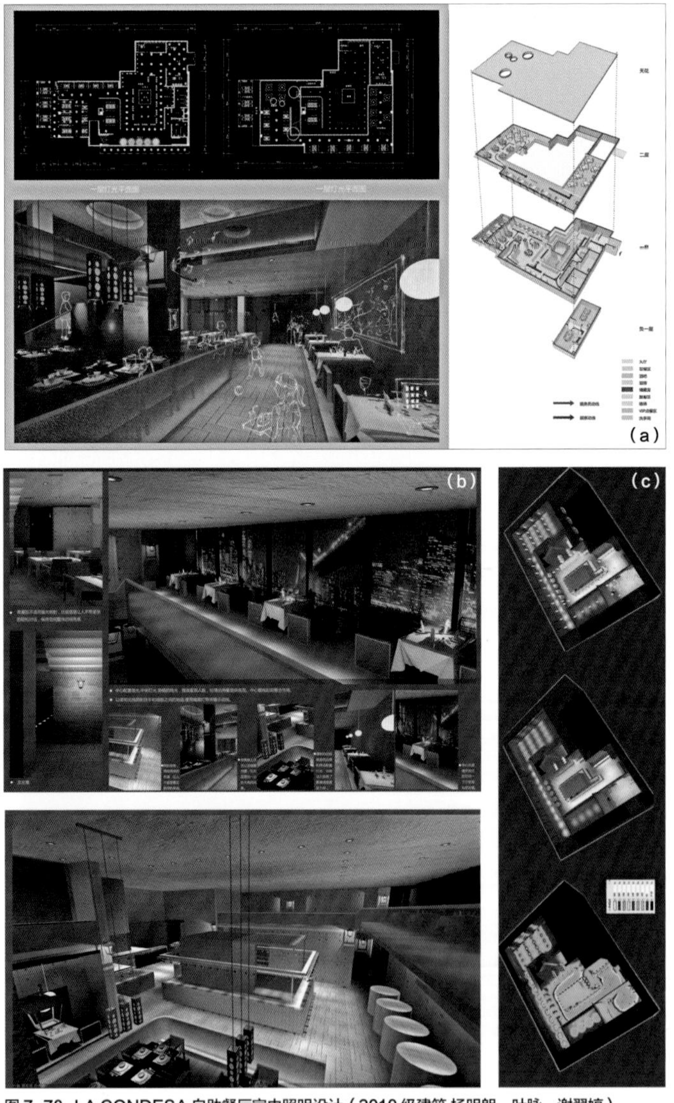

图 7-70 LA CONDESA 自助餐厅室内照明设计（2010 级建筑 杨明朗，叶脉，谢翠婷）
（a）照明平面图和效果图 （b）照明效果图 （c）DIALux evo 生成的伪色图，灰度图

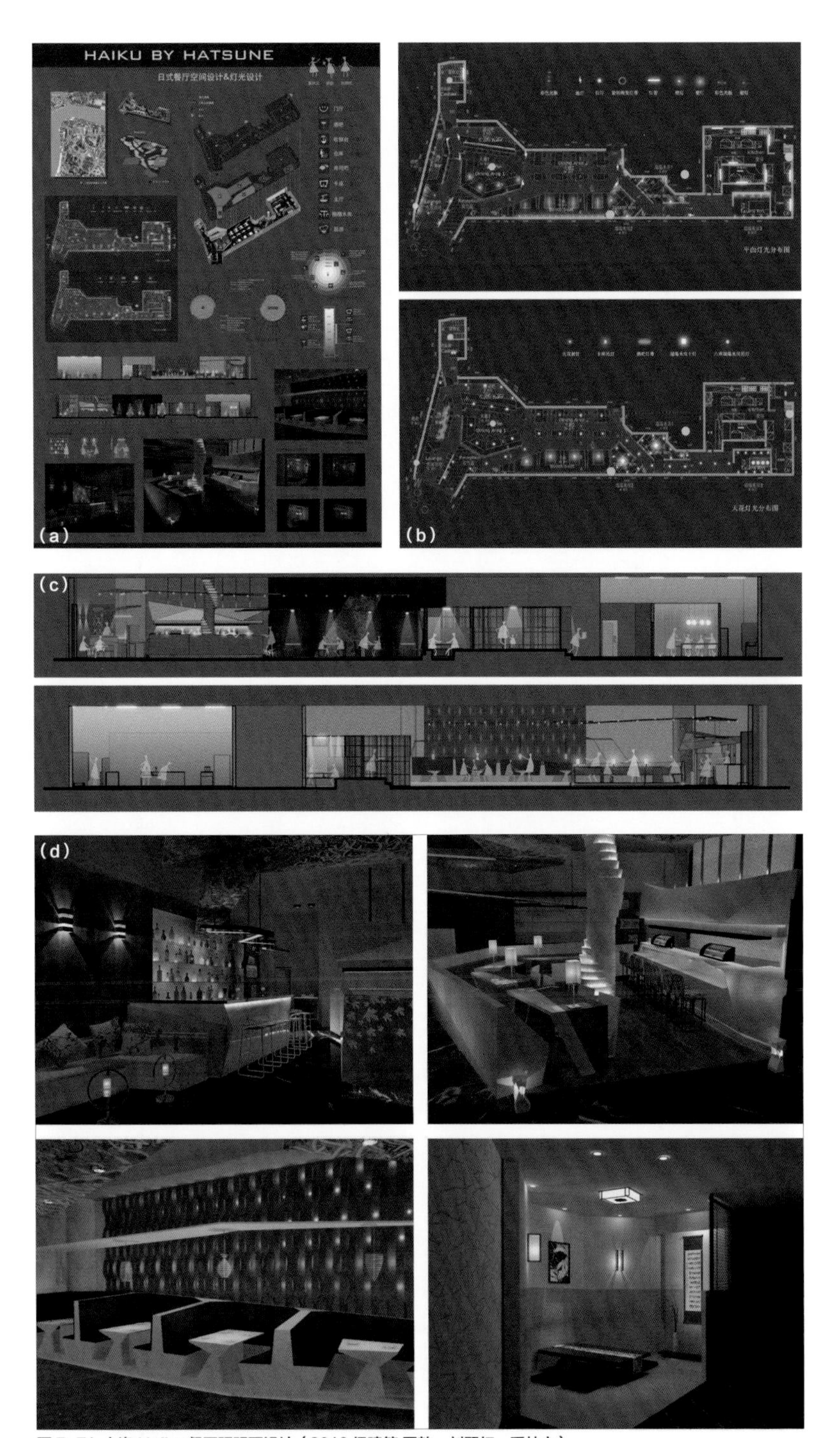

图 7-71 上海 Haiku 餐厅照明再设计（2010 级建筑 罗韵，刘翠红，奚林文）

（a）照明平面图、剖面图和效果图　（b）照明平面图和天花布灯平面图　（c）照明剖面图　（d）照明效果图

本科毕业设计

毕业设计是本科教育的重要环节，是学生在老师指导下，进行综合设计创新与实践，巩固和强化设计思维、设计表达的各项能力与技法的最后阶段。

毕业设计要求学生综合运用所获得的知识和技能，针对各种日益复杂的环境融合空间设计和照明设计的知识和技能，提出技术与艺术的综合性解决方案，倡导新技术的创新性应用，力求准确捕捉和反映光与空间关系的时代新趋势。

毕业设计的指导方针即我们一直坚守的照明设计教学、研究及实践的理念——“研光执艺，弄影循礼”。对设计成果的要求是：完成一整套兼具技术性、艺术性、趣味性、人本照明思想的照明设计。

毕业设计课题设置具体分为两个方向：①结合照明设计理念和手段进行环境空间类设计；②针对较为复杂、综合的空间环境进行照明设计。这两个方向的独特性在于注重对光的理解、研究、组织和表现，力求达到“晓之以理、动之以情”的设计境界。

为了让学生更加明确各自的设计创作思路，在教学中始终围绕设计面对的具体问题及其解决手段鼓励学生做渐进式的思考，诸如：未来混合业态批发市场的空间系统是如何构成的？照明在其中的角色有哪些？个人的生理节律和人群的行为特点随时间如何变化？同一空间中的光环境如何对应此变化成为增进消费的动力？老旧街区有哪些值得向下一代人呈现的乡土风貌？光如何借由片段化的空间装置得以表现空间的叙事性和戏剧性？建筑空间的内外与表演和体验戏里戏外之间关系有何创新潜能？如果将照明设计比作表演，“手、眼、身、法、步”都是什么？如何让建筑的表皮沁润在光的诗意之中，仿佛轻纱薄缕裹敷的曼妙身姿？此外还有，既然我们可以在“黑盒子”里办激情满满的Live show，那可否同样地激活一个更大尺度的旧厂区？BIM建筑信息模型的概念能否借鉴移植成为LIM照明信息模拟？如何在夜空中呈现海山相连的风景？自然和人的不同尺度该如何兼顾……深入而切实的思考无疑会转化成设计的深度和厚度在成果中呈现出来。

广州芳村花、鱼综合体建筑及照明设计（图 7-72，2016 届建筑 胡秀姻，吴韵健）

选题概念：

以广州芳村的花地湾花鸟鱼虫批发市场为题，探讨该类型的商业空间未来的可能发展方向与设计策略，构筑具有未来概念的商业综合体，其中天然采光与照明设计与建筑设计同步进行。

设计思路：

围绕公园 +mall 的商业购物空间，光合计划（建筑元素结合自然元素），线上线下的商业运营模式三个设计概念展开设计。

推进过程：

（1）非线性设计：学习伊东丰雄的非线性设计思路，选取柱子、楼板、表皮为主要建筑设计元素，探索建筑的内外逻辑。

（2）空间设计和 8 个光筒设计：依据交通和人流数据逻辑主线，按功能分区分别以光、气、行、水、花 、林为设计元素，形成采光的“光之筒”，通风的“气之筒”，交通的“行之筒”，雨水收集的“水之筒”，鲜花、林木装点的“鲜花之筒”和“森林之筒”，以此制造识别性、划分空间和营造气氛。

（3）6 个光插件设计：在 6 个出入口，设计 6 个景观光插件，分别为光球和光带花坪，用作休闲公园。“光花盘”（2 处）作为售卖、休息和儿童游戏小亭子，“光路”作为线性地面引导的光路径，“光蘑菇”作为社区活动空间。

完成情况评价：

该设计面向未来，敏锐地选取花鸟鱼虫市场作为设计对象，对当下城市生活中富有特色的商业空间做出预想式的业态与形式上的转化，试图创造更为丰富的生活体验。选题有较强的前瞻性，设计概念清晰、凝练，逻辑清晰，既塑造了流动性的空间系统，又有机地融入了天然采光和人工照明光的手段。整体空间系统功能明确，光环境氛围感染力强，达到了既自然又有诱惑力的商业需求。在设计表达上除完成专业图纸绘制、模型制作外，还尝试运用插画、动态投影和视频动画等手段强化了展示效果，对后续学生设计表达有较强的启发和引领作用。

（a）建筑剖透视

（b）室内透视图

（e）1：20 建筑剖

（f）建筑剖透视日

（c）八个光筒设计概念分析图

（g）观赏鱼区和

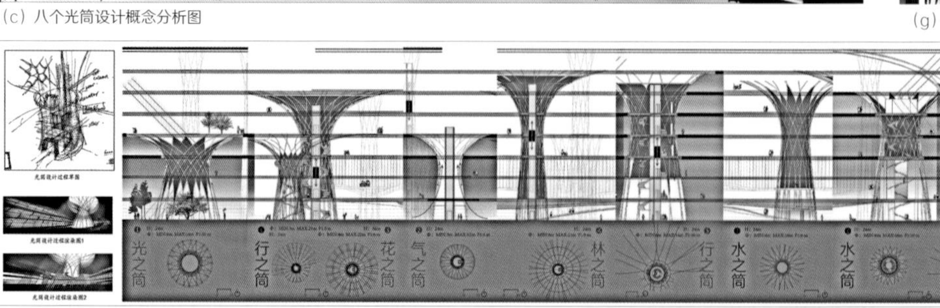

（d）六个光插件及分布

（i）

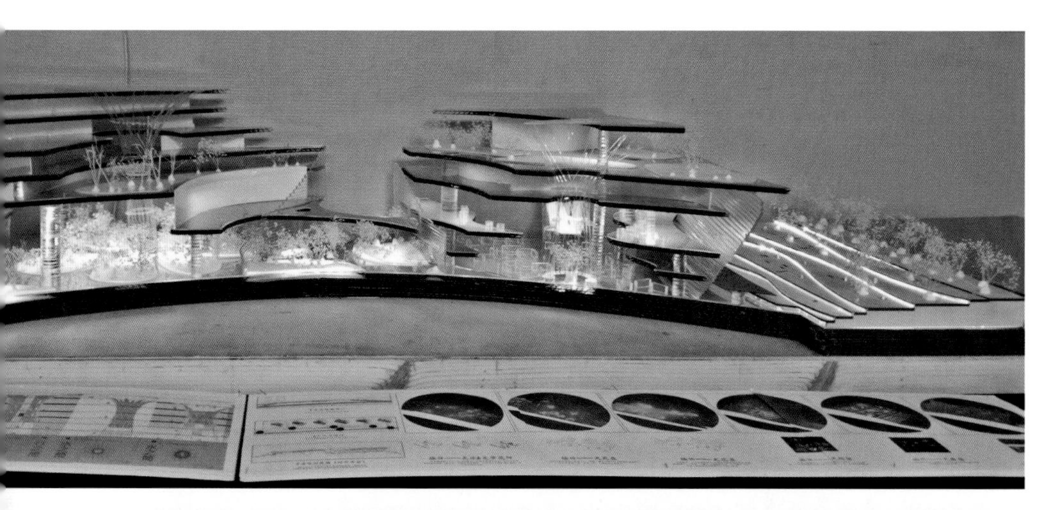

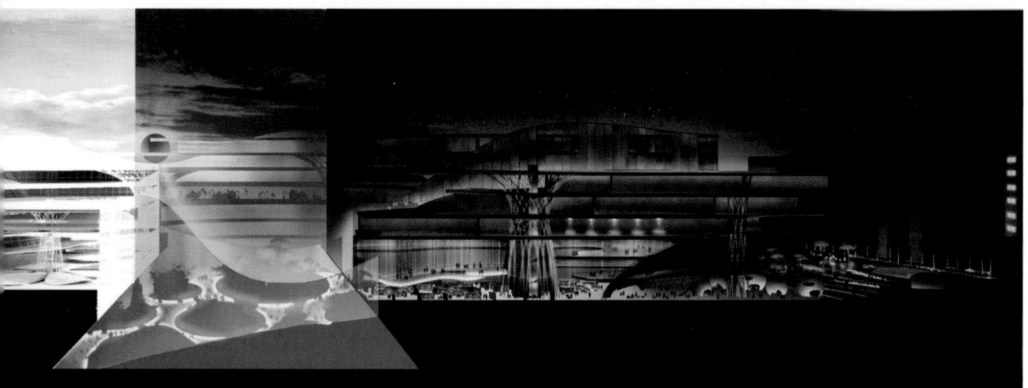

（h）观赏鱼区和水之筒 1：20 局部模型

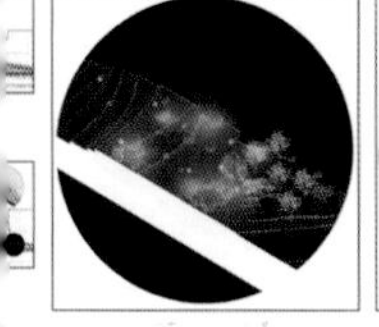

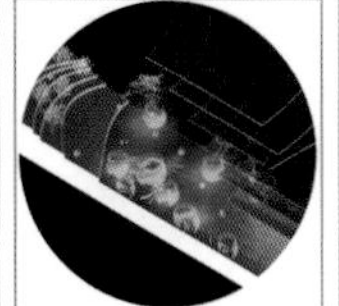

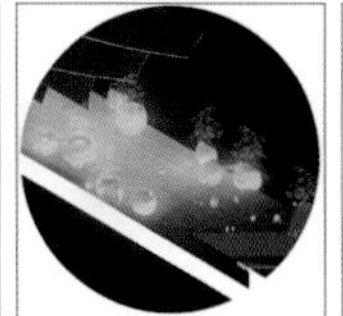

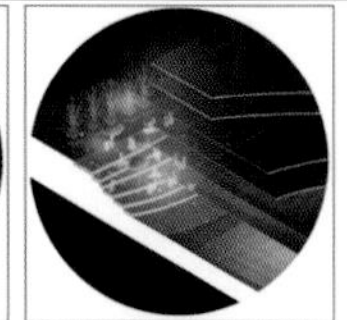

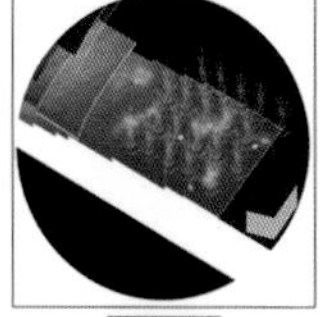

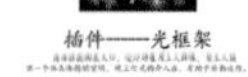

(a) 空间设计：白天的菜市场鸟瞰图与夜晚的消夜市场鸟瞰图

(b) 效果图：菜市场日景与消夜景

菜市场和消夜市场的日夜转换设计（图 7-73，2016 届景观 黄爱璇）

选题概念：

以社区菜市场为题，根据居民多样化的生活模式，探讨菜市场和消夜市场的转换设计，提供灵活、快速、模块化的转换家具和灯光组合。

设计思路：

空间布局再组织，摊位家具设计，天然光顶棚设计，装饰设计，亮度等级分布。

推进过程：

（1）重新组织原空间布局。通过设置地面色彩鲜艳的标线来划分空间。

（2）摊位家具再设计。按照摊档类别重新设计模数化家具。

（3）天然采光的模块化天花设计。设计包含适应空间尺寸变化的 5 种模数，白天遮阳与采光平衡，夜

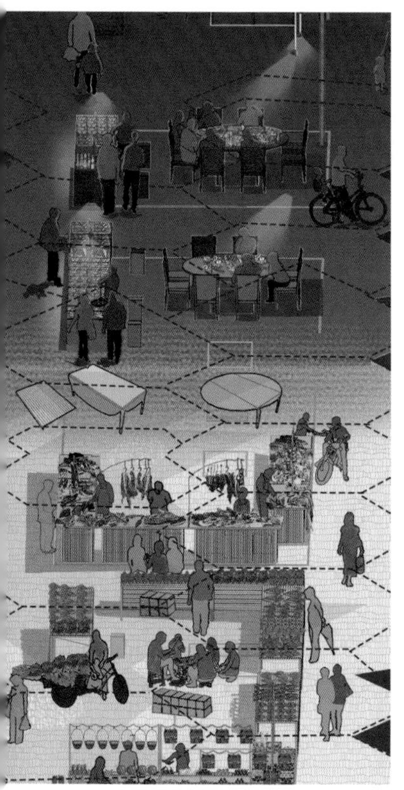

（c）效果图：人眼视点的白天与夜晚菜市场透视图

晚成为光的天棚。

（4）天然采光天花结合装饰图案进行设计。根据功能分区的特点选取图案，分别以藤、树、水、稻草、火、烟等主题形象，强化分区的可识别性，提升环境美学效果。

（5）分层次的照明。利用天花的间接光提供环境照明，辅助装饰图案，加深空间层次的美感。菜市场室外区域夜间利用带有红色灯罩的吊灯照明，在满足消夜桌面照度的同时，又因增强了显色性而形成良好的人际交往氛围，也起到标明通道位置方向和保障通行安全的作用。

完成情况评价：

该设计强调菜市场空间功能的日夜转换，重点完成了空间、家具、装饰和灯光的设计改造，逻辑简明、利落。图示表达具有叙事性，效果图布局巧妙生动——画面的一半表现菜市场日景，另一半表现消夜场景——如舞台剧表演般地呈现出时间的流转。对装饰图案的提炼及其与光元素的组合更是发挥了艺术设计专业学生的美学特长，增强了场所体验的文化内涵及情趣。

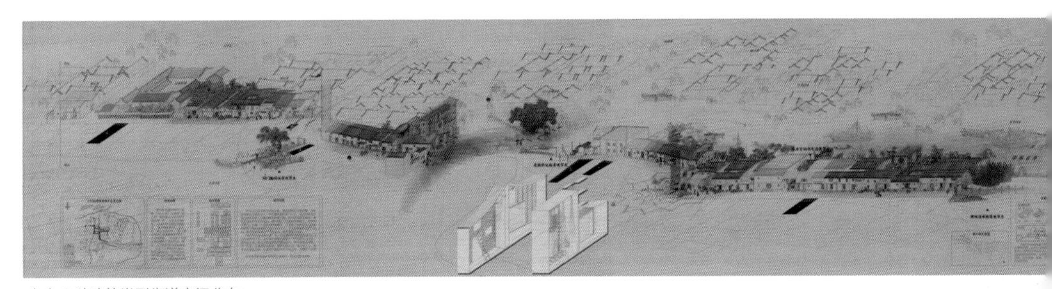

（a）6 种建筑类型街道空间分布

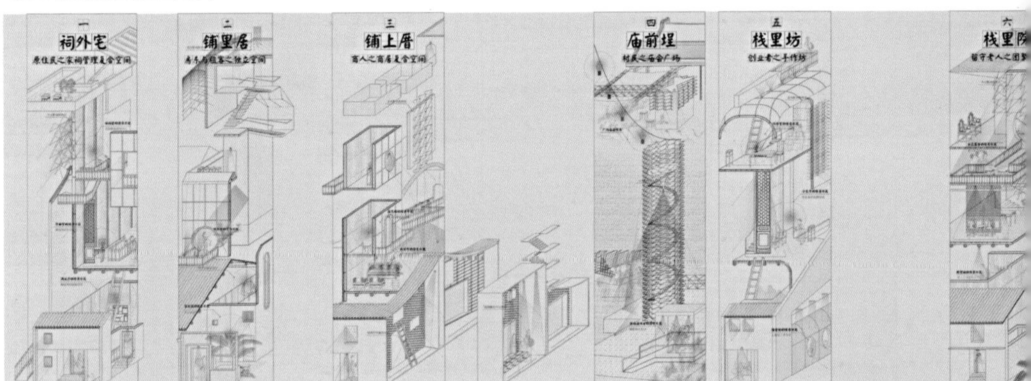

（b）6 种建筑类型空间改造设计

（c）6 种改造建筑类型之铺里居、铺上厝日景

（d）6 种改造建筑类型之庙前埕、栈里坊在正月 29 观灯的场景

两百米的暗里和光景——潮州樟林古港新兴街的创修计划（图 7-74，2016 届建筑 许振潮）

(e) 加建部分与原有建筑的夜景效果

(f) 网状表皮建筑夜晚采用内透光，形成旧有物件灯笼的光影

(g) 几个建筑空间与环境设计片段

选题概念：

以潮州樟林新兴街为研究对象，尝试对古建筑群进行修复。

设计思路：

空间改造，选取六个活化点进行设计。照明设计，选取两个部分进行夜景设计。

推进过程：

（1）6 种建筑类型的改造分别为：祠外宅（原住民的家祠管理中心），铺里居（租客与房东的独立生活空间），铺上厝（商人的商居），庙前埕（村民的广场庙会活动），栈里坊（创业者的加工手作坊），栈里院（留守老人的团聚场所）。

（2）照明设计。选取一段街道、建筑和街道环境，采取内透光、聚光灯和光装置组合的做法，表达活化后建筑环境的夜景观。

完成情况评价：

该设计选题依托学生家乡的城镇更新背景，重点在于利用照明手段与构筑物的叠加交织，探索利用较少的改造动作来达成介入式环境激活的效果。在图示表达上采用平行叙事法——将旧改活化后的场景与过去的生活场景平行呈现。照明设计部分呈现的虽是比较宏观的思路，但画面所使用的传统界画手法很好抒发出怀旧与珍惜的情绪，在毕业设计展览中，设计者巧妙地将变幻的投影视频光色和内容信息打在静止的实物缩尺模型上，增强了照明设计表达中的故事性和时间性。

（a）照明剖透视图

粤剧演艺空间及照明设计（图 7-75，2015 届建筑 谢翠婷）

选题概念：

以粤剧演艺中心为设计选题，尝试传承创新岭南建筑精神，改变传统观演的空间模式，制造公共空间的新体验。

设计思路：

观演建筑引入新功能，充分拓展公共空间设计，照明关照新功能、新体验和灵活性控制管理。

推进过程：

（1）借鉴本土建筑的空间构建手法，通过户外公共空间将药洲遗址与南方剧院空间融合。

（2）改变老剧院的观演空间模式，从单一剧院转变为融合商业与文化的观演建筑综合体。

（b）1:20 建筑剖切照明模型照片

（c）剧院和入口公共空间照明效果图

（3）引入公共活动。利用上部剧院架空形成建筑入口外公共空间，以提供户外表演、展览、观影、市民休闲娱乐等活动。

（4）灵活的照明控制。照明设计既要满足剧院的功能照明，也需要为咖啡馆、书店、展览提供新气氛的照明，特别还需要为半户外公共部分提供多种照明模式的控制，以提供表演、展览、观影、休闲的不同照明场景。

完成情况评价：

该设计充分考虑了功能空间的组织，解决了架空公共空间部分的结构难题。因设计侧重在建筑设计上，照明设计部分主要表达概念创意，设计细节和技术手段未深入推进，但是，有关照明设计的任务明确，思路清晰，利用剖透视图和可展现室内状况的模型，在表达光与空间形象的关系方面效果出色。

硕士研究生毕业设计

基于学生的本科专业基础——对照明设计有较全面认识的前提下，研究生阶段的设计方向，一种是强调历史研究，通过逐本溯源的方式认识光和照明的本质，了解光与环境关系的沿革；另一种是以面向未来的姿态，做前瞻性的专业研究和设计探索。

研究生层次的照明毕业设计强调的是“基于对日常生活的观察，和对设计可能性的探索”。“光环境日常的观察方法”是一切创造性活动的基础，而对可能性的探索则代表一种开放的态度和视野，要求对与照明设计相关的领域都应该有所了解，例如建筑、设计、美学、技术等，探求它们组合后所产生的多样化的、引起人们情感共鸣的答案。

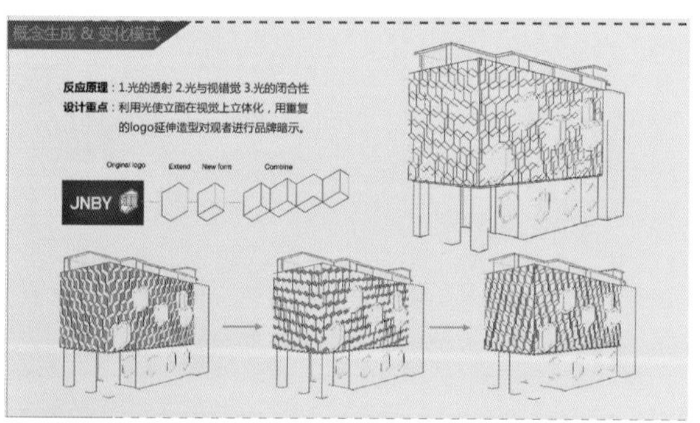

(a) 概念生成和变化模式

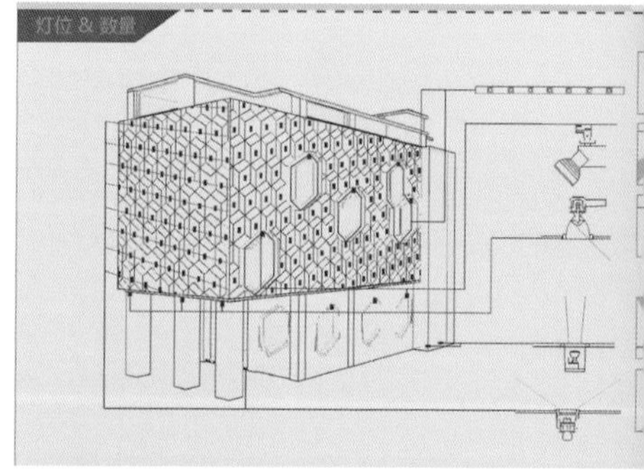

(b) 照明方式和灯光变化

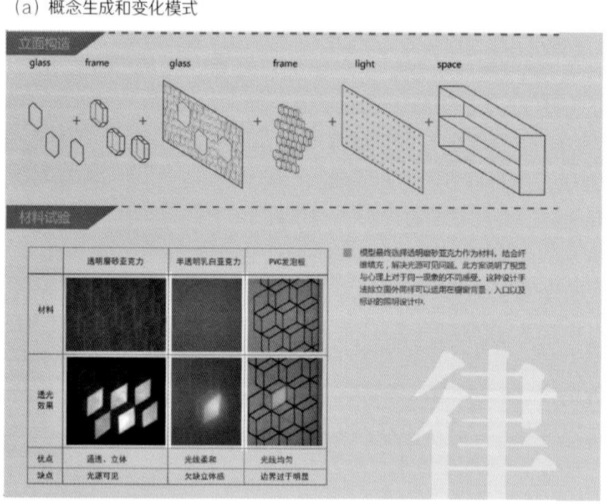

(d) 立面结构和材料实验

(e) 建筑照明效果图

建筑表皮构造与灯光的组合研究（图 7-76，2011 级研究生 程倩）

选题概念：以服装专卖店为研究对象，通过对建筑外观形、色、质与不同照明方式结合的视觉效果比较研究，达到既能够满足照明需求，又能提升品牌价值，还能为商业建筑注入新的视觉元素的目标。

设计思路：解析建筑表皮构造重新进行结合灯光设计的建筑外观改造，对比研究材料与灯光的视觉效果，以确定结构与材料。另外综合考虑底层骑楼、橱窗、商业标识等的照明。

推进过程：

（1）分析服装专卖店外观类型、构成要素和照明手法。

（2）选择适合所设计的建筑造型和服装品牌的照明原理。

（3）按照概念生成和变化模式、照明方式、立面构造、材料试验、灯位与数量 5 个部分来组织设计。

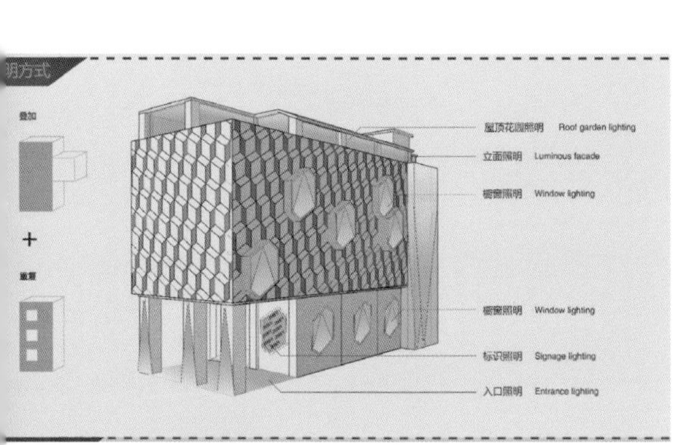

（c）灯位和数量

完成情况评价：

该作品选择“江南布衣”服装品牌专卖店为研究对象，主要侧重其立面形象的塑造。设计者结合对该品牌文化内涵的充分理解，尝试做出一系列可供灵活使用的建筑表皮形象，在设计过程中，运用实体模型和数字模型手段，采用对标案例比较和构思实验验证等研究方法，研究逻辑清晰，工作切实有效，最终优化筛选出的方案各具特色，并均能体现该品牌的气质与品味，为类似的品牌光环境形象塑造的设计与实践应用提供了有价值的参考路径。

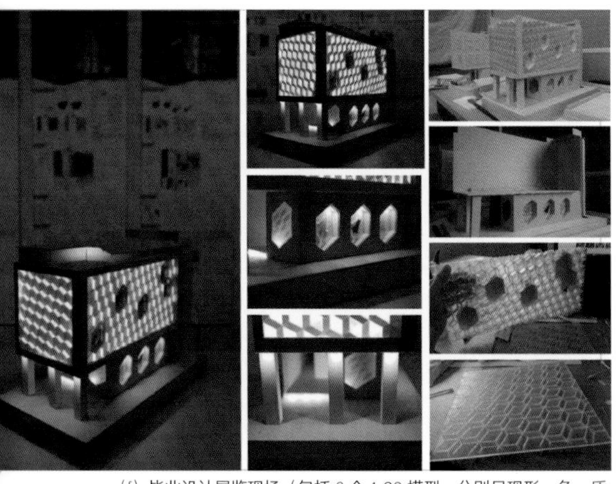

（f）毕业设计展览现场（包括 6 个 1:20 模型，分别呈现形、色、质与不同照明方式的效果研究）

（a）照明规划图

光印染·国际艺术区照明设计——事件营销式照明设计（图 7-77，2012 级研究生 陈幸如）

选题概念：

以创意产业园模式的工业遗产为研究对象，为初期改造的工业遗产制定一套完整的照明设计策略，以事件营销式照明设计为重点，兼顾功能照明。

设计思路：

通过照明的手段重构工业遗产改造空间，制定事件营销式照明策略，依据园区建筑、室内、景观的成长性照明需求，完成临时性和永久性照明设计。

推进过程：

（1）园区的照明规划策略，包括成长性照明、人性化照明、照明规划的指导性原则 。

（2）成长性照明设计策略。兼顾临时性、成长性和永久性的照明实施策略步骤，伴随园区发展逐步满

（b）演唱会场地空间、舞台和园区主要道路以染色、扎染记忆为主题的灯光设计

（c）针对原染色车间、印花车间转变为创意市集所进行的室内设计和剖面照明设计

足功能活动，以事件照明对应和渲染临时性活动气氛。

（3）重点设计事件营销式照明，通过光要素的介入，重构建筑外形，重构室内形象，引导景观环境三个策略和具体方案，来达成演唱会、临时市集等事件的活动需求，增加园区的吸引力、趣味性、故事性和艺术感染力。

完成情况评价：

该设计选择了由旧工业建筑改建的创意园区为研究对象，尝试运用照明手段来达成凸显空间固有气质和未来形象的目标。设计者结合个人对摄影和现场演出的爱好，明确提出演艺照明对创意园区夜景观的价值，并将研究的着眼点集中在照明设计对环境艺术氛围的营造途径上。最终的作品完美体现了照明设计中艺术和技术的双重属性，设计图示表达简洁明快，创新特色鲜明。毕业论文与设计在观念、策略和方法等方面结合紧密，逻辑合理、流畅。该设计获得 2015 年“亚洲设计学年奖”之“光与空间”金奖。

广州美术学院
建筑艺术设计学院
GUANGZHOU ACADEMY OF FINE ARTS
SCHOOL OF ARCHITECTURE & APPLIED ARTS
导师：林红
专业：设计学
Giordano Ladies 品牌生活馆照明设计
人性化
互动
体验式照明
智能试衣间
香水体验区
彩妆体验区
绿植区
服装剧场
浸没式
入口
新零售
精品区
设计说明：
在电商网购热潮的冲击下，传统实体零售业急需转型升级，迫切需要运用体验式照明引导全新的购物模式。因此设计以 Giordano Ladies 品牌为研究对象，将体验式照明与展示照明、人性化照明相结合，通过精细化顾客群体的照明偏好，提供迎合顾客需求的人性化照明。然后通过体验式照明中的浸没式剧场营造和互动式照明的行为体验，从而完善顾客体验并提升品牌价值。
基础照明
1. 平面布局
2. 灯位图
3. 等照度伪色图
Giordano Ladies生活馆平面图
Giordano Ladies 生活馆灯位图
Giordano Ladies 生活馆伪色图
浸没式照明—服装剧场
序幕 L1 轮廓照明与垂直面照明
发展 L2 重点照明与垂直面照明
高潮 L3 重点照明、投影与垂直面照明

Giordano Ladies 品牌生活馆照明设计（图 7-78，2015 级研究生 萧卓尔）

选题概念：

以“新零售下业态复合型店铺的体验式照明设计”为选题，在完成基础性照明、人性化照明的前提下，通过沉浸式和互动式照明设计强化空间的体验性。

设计思路：

①营造浸没式光环境，②设计影响顾客行为和心理的互动式照明。

推进过程：

（1）基础性照明：针对空间和商品陈列特点，采取高对比度照明，重点照明及大面积垂直面照明相结合，确定合适的亮度比、色温、光束角等。

（2）人性化照明：集中在智能试衣和彩妆体验区的照明。智能试衣根据顾客行为模式的变化采取不同的场景照明模式；彩妆体验区利用发光筒营造均匀的漫射光制造洁净无影的效果。

（3）体验式照明：集中在服装展示区和香水体验区的照明。服装展示区依据照明层次理论设计灯光的组合变换模式，引入戏剧场景制造氛围的设计手法，制造多种情境化的沉浸式体验；香水体验区，模仿自然光如日落、月夜等光景，配合音乐的加强因素，表现与自然、与顾客的互动。

完成情况评价：

该设计针对不同的功能分区，采取相应照度等级制造商品的陈列焦点，采取了恰当的色温和彩色光等强化沉浸式和互动式照明。该方案在照度演算和灯具选型等方面技能熟练，图示表达丰富，重点把握准确。设计者在研究生学习阶段独辟蹊径，从研习著名灯具产品入手，进而拓展到对灯具与空间的关系研究，学习效果显著，对照明设计的专业教学结构设置与路径引导提供了有益的启示。

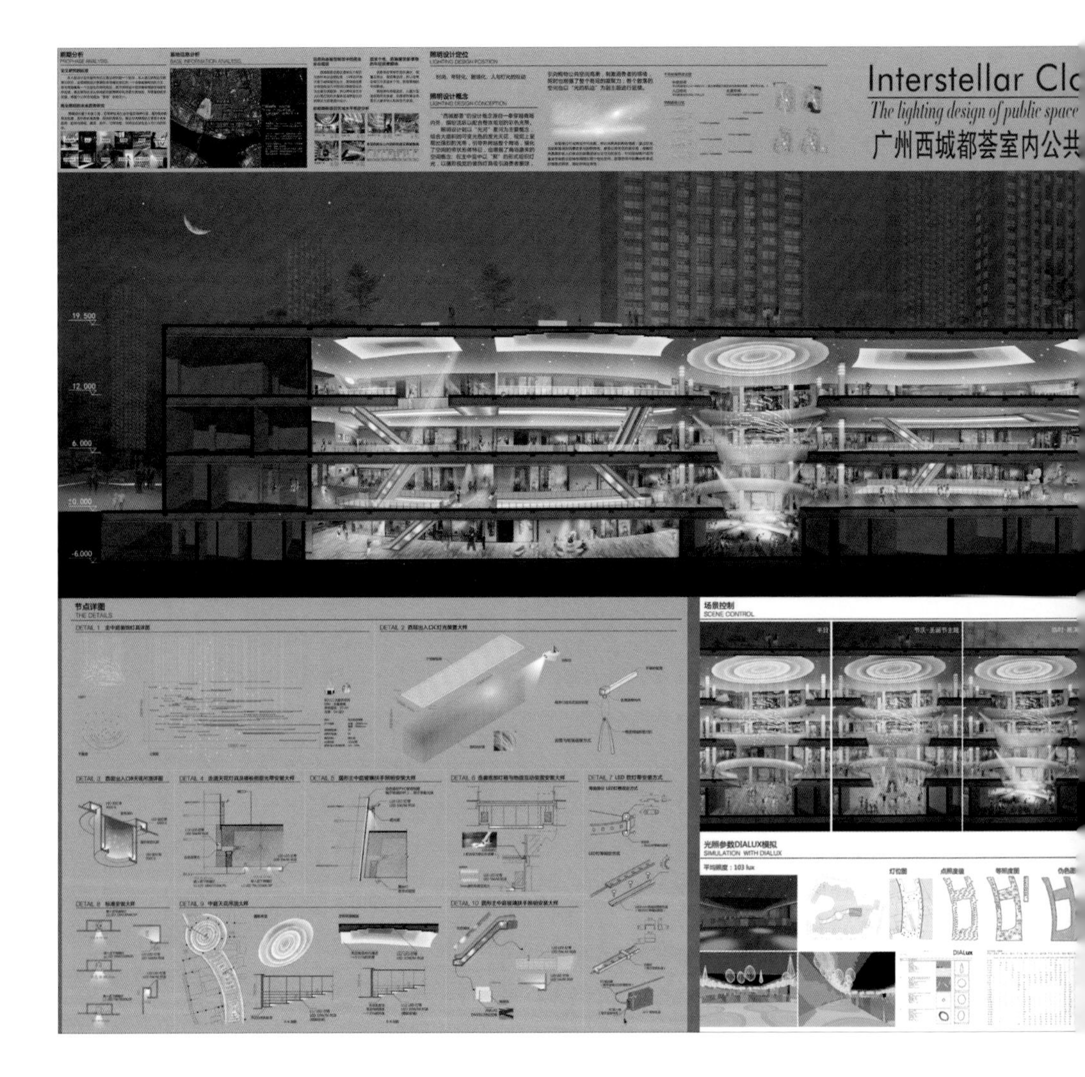
Interstellar Clo
The lighting design of public space
广州西城都荟室内公共
照明设计定位
LIGHTING DESIGN POSITION
照明设计概念
LIGHTING DESIGN CONCEPTION
节点详图
THE DETAILS
场景控制
SCENE CONTROL
光照参数DIALUX模拟
SIMULATION WITH DIALUX

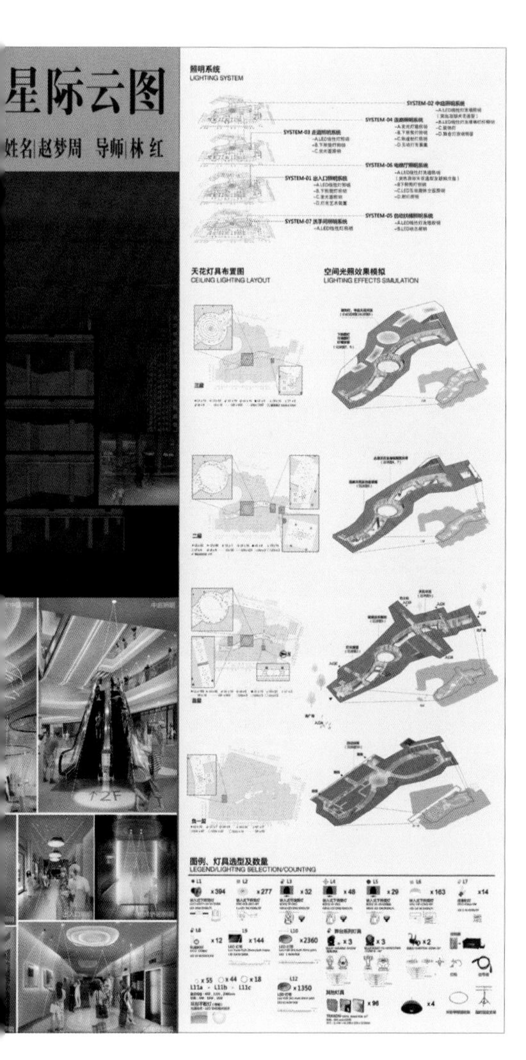

星际云图·广州西城都荟室内公共空间照明设计（图7-79，2012级研究生 赵梦周）

选题概念：

以“体验型购物中心室内公共空间的照明设计研究”作为选题，探讨在满足高品质光环境需求的基础上，如何结合主题性策划，创造更具吸引力、趣味性以及更加艺术化的体验空间。

设计思路：

强调主题性的照明设计，遵循舒适性、主题性、增强感官体验性、绿色照明的基本原则，将主题化照明设计分为日常主题性、节庆性、临时性三类，运用光的对比、色彩、节奏、光与影的形状等来改变空间体验。

推进过程：

分别对入口、中庭、垂直交通空间、水平交通空间、卫生间五个具体公共空间区域进行强调主题体验的照明设计。照明技术上重点解决对亮度比、色温、彩色光、光影、光的动态节奏控制、照明节点细节控制。

（1）日常性的主题照明，通过设计首层出入口光装置、中庭天花层叠光及装饰光装置、连廊地面互动光装置、自动扶梯动态媒介等，强调与室内空间设计的高度融合。

（2）节庆性主题照明，配合节日布景的照明，运用动态灯光、媒体投影、灯光控制系统等新灯光技术。

（3）临时性主题照明，结合展示与舞台照明的模式。

完成情况评价：

该设计同步考虑了室内设计和照明设计，将日常主题性照明作为重点，力求将灯光无缝融入空间中，设计手法娴熟。此外，设计者增加了对艺术装饰和互动性装置的设计，体现出良好的美学素养和艺术创作能力。

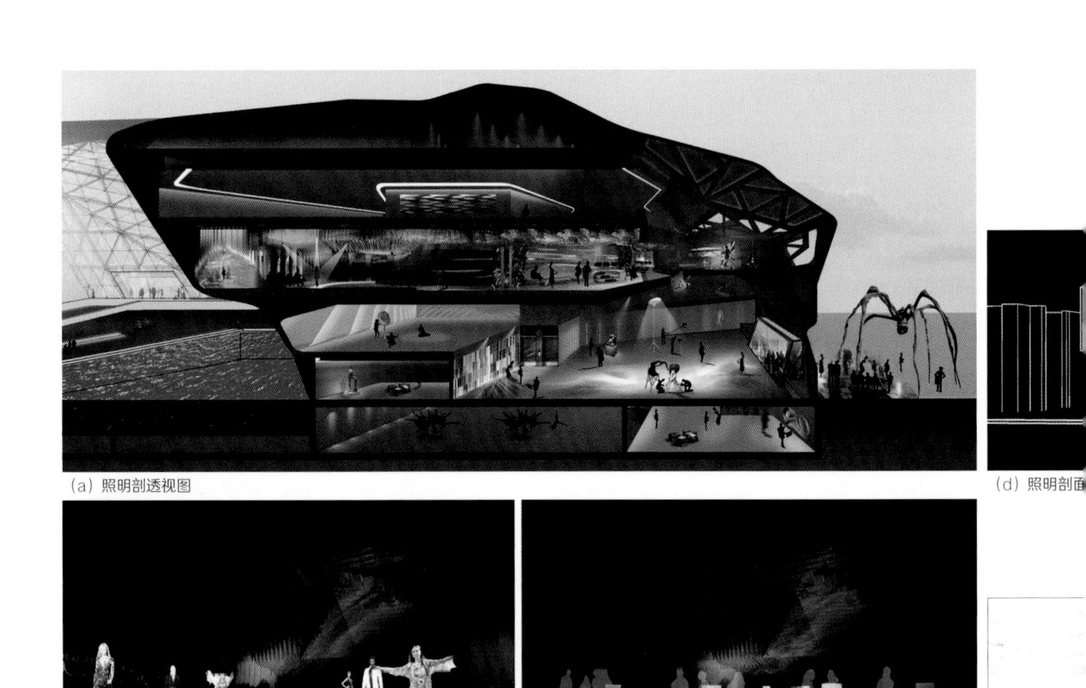

（a）照明剖透视图

（d）照明剖面

（b）服装秀场效果图

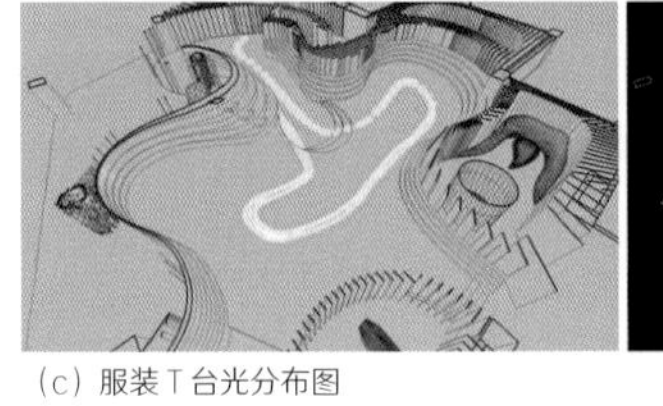

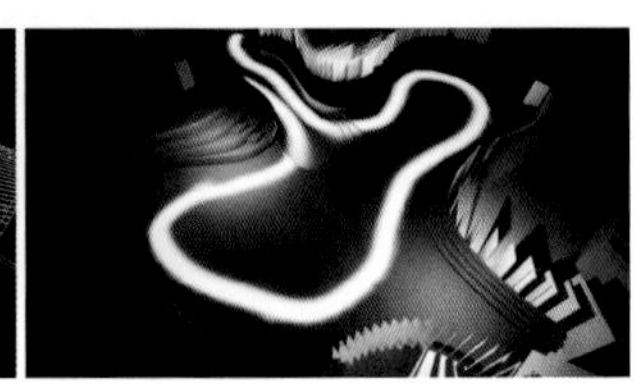

（c）服装 T 台光分布图

（f）接待区照

奢侈品剧场室内及照明设计（图 7-80，2012 级研究生 黎振威）

选题概念：

以“照明信息模拟在展示空间中的探索”为题，针对广州歌剧院三层空间设计为集品牌发布、奢侈品销售、展览等多功能的需求，通过借鉴 BIM（Building Information Modeling）建筑信息模型的概念，引入 LIM（Lighting Information Modeling）照明信息模拟，研究空间、时间、人的视觉及灯光四大信息构成照明信息模拟体系，目标是追求照明设计、施工、管理等一系列环节在数字化模型中呈现。

设计思路：

针对五大功能区：展示区、陈列区、交流区、展览和发布区、会员区，结合该生室内设计本科背景和工作经验，进行适应永久性和临时性功能区的室内设计及照明设计，并尝试通过该实践验证 LIM 体系，控制亮度、色彩和空间功能转换的关系。

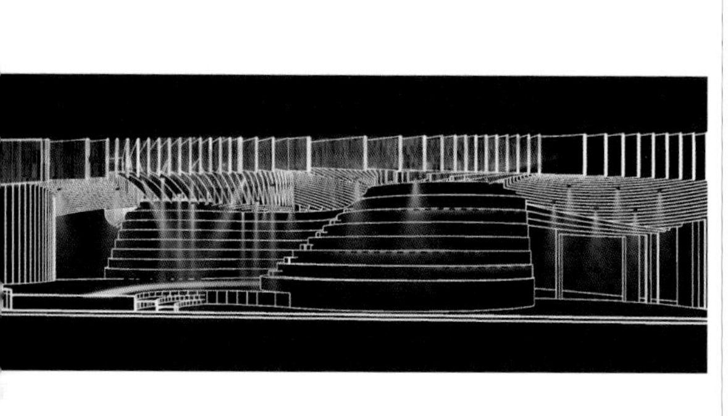

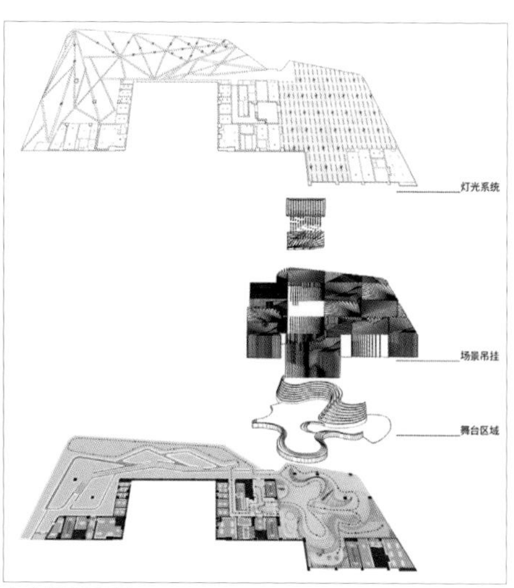

（e）照明平面图

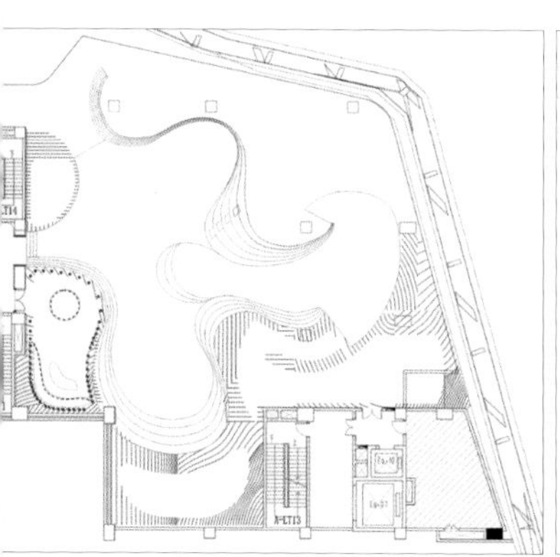

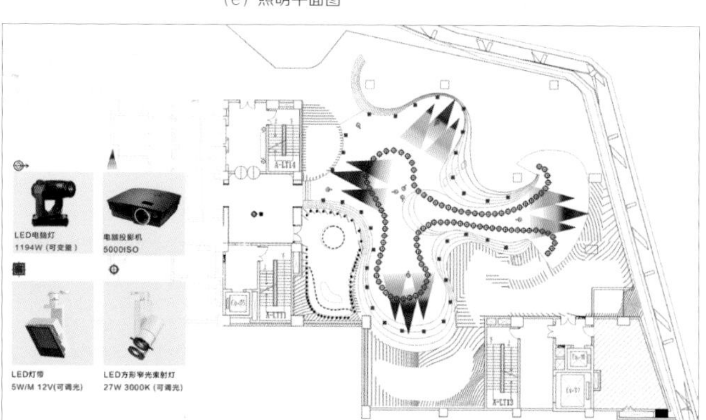

（g）服装秀场照明平面图

推进过程：

（1）服装秀场，运用四种光的概念，包括浮起的光、流动的光、炫彩的光、溢出的光。

（2）接待区，曲线墙面配合柔和的灯光晕染。

（3）展示区，高亮度对比制造焦点。

（4）休息区，暖光提供轻松交流的氛围。

（5）酒会区，运用彩色环境光和窄光束聚光。

完成情况评价：

设计者有鉴于 BIM 的发展，尝试在照明设计中引入相关的理念和技术手段。该设计主要借由场所主要活动中的服装秀照明应用作为其“LIM 体系”的验证，然而，限于时间和实践经验的不足，最终设计成果只反映出演艺性效果与气氛的定性呈现。虽然定量照明布局和动态控制未能得到深入研究和明确的体现，但该设计为后续研究提供了一个有价值的方向。

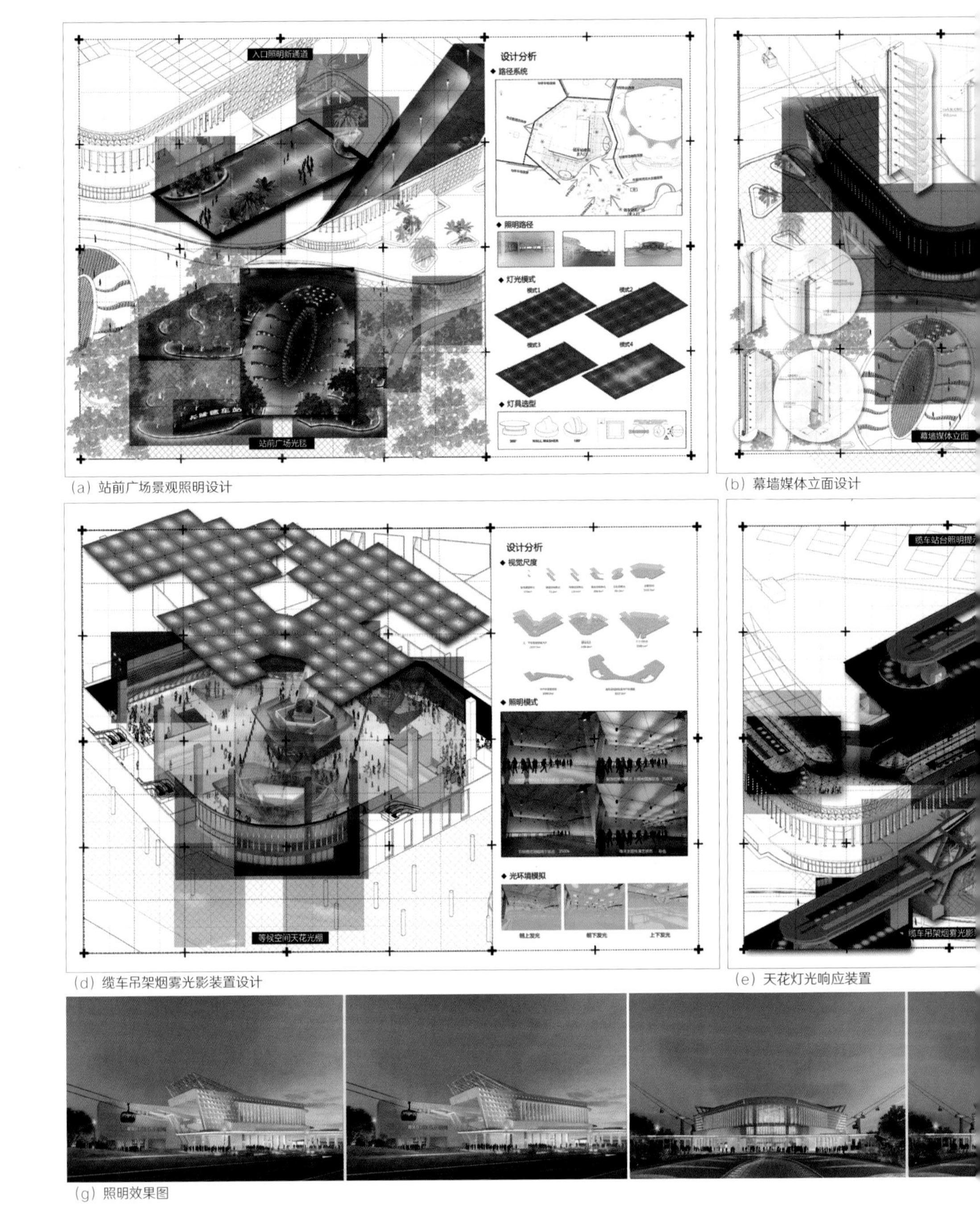

(a) 站前广场景观照明设计

(b) 幕墙媒体立面设计

(d) 缆车吊架烟雾光影装置设计

(e) 天花灯光响应装置

(g) 照明效果图

响应式动态照明七部曲·珠海长隆度假区缆车站空间照明设计（图 7-81，2016 级研究生 许振潮）

选题概念：

基于响应环境理论的缆车站动态照明设计研究。以主题度假区缆车站空间光环境为研究对象，探讨未来照明表现力和公众参与性的照明，突出环境主题性、演艺性、景观性等观光体验作用。

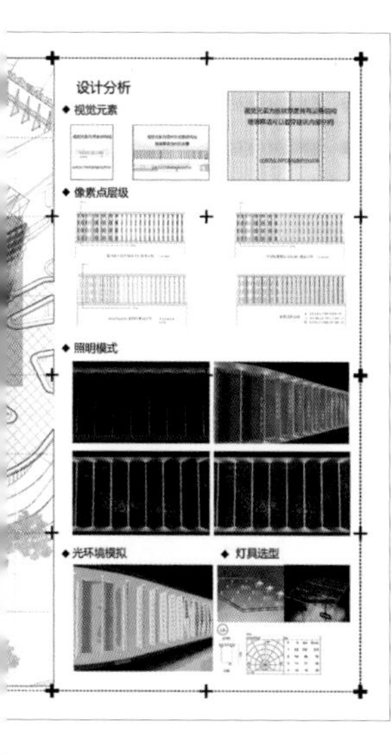

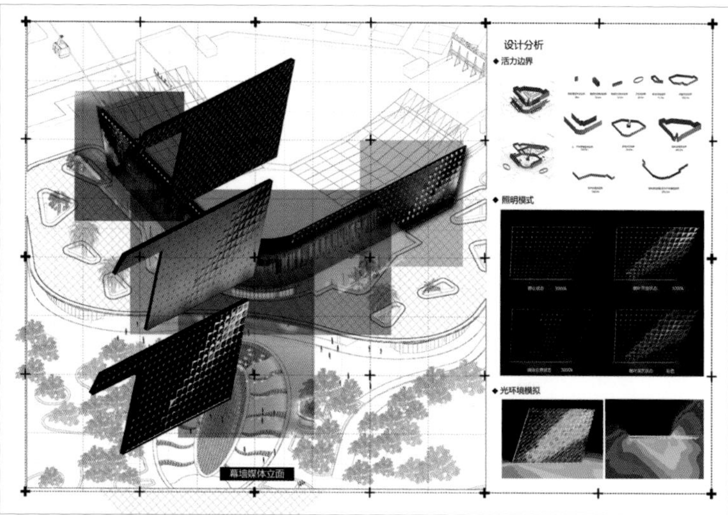

(c) 候车空间发光天棚设计

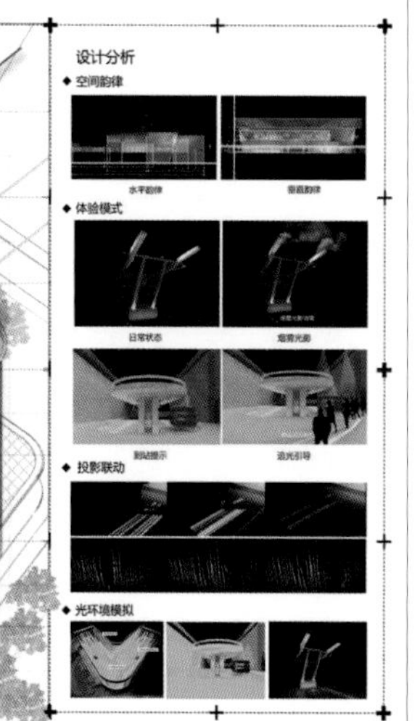

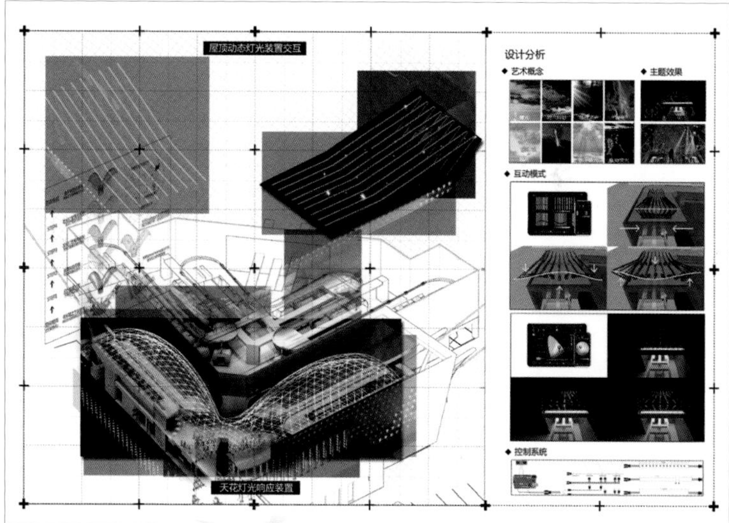

(f) 建筑和景观照明效果图

设计思路：

结合响应式动态照明设计原则与策略指导，由光之路径、光之标志、光之事件、光之媒介、光之表情、光之体验、光之交互七个部分构成，突出主题性、景观性、交互性、未来性。

推进过程：

（1）用光构建与城市相连接的照明系统。（2）用光标记缆车站形象的符号。

（3）用光表现建筑动态表皮的活力。（4）用光增添室内的多样表情。

（5）用光丰富空间细节的体验。（6）置入可交互的灯光艺术装置。

完成情况评价：

该作品将响应环境理论与动态照明设计相结合的选题角度新颖，对建筑空间的理解透彻，照明和建筑一体化设计的执行度高。理论学习通过实践应用中的再梳理和深入消化，有效地转换为设计策略。设计逻辑清晰，效果表现技巧纯熟。

响应式动态照明七部曲 · 珠海长隆度假区缆车站空间照明设计——毕业设计展板，显示研究逻辑和总体设计

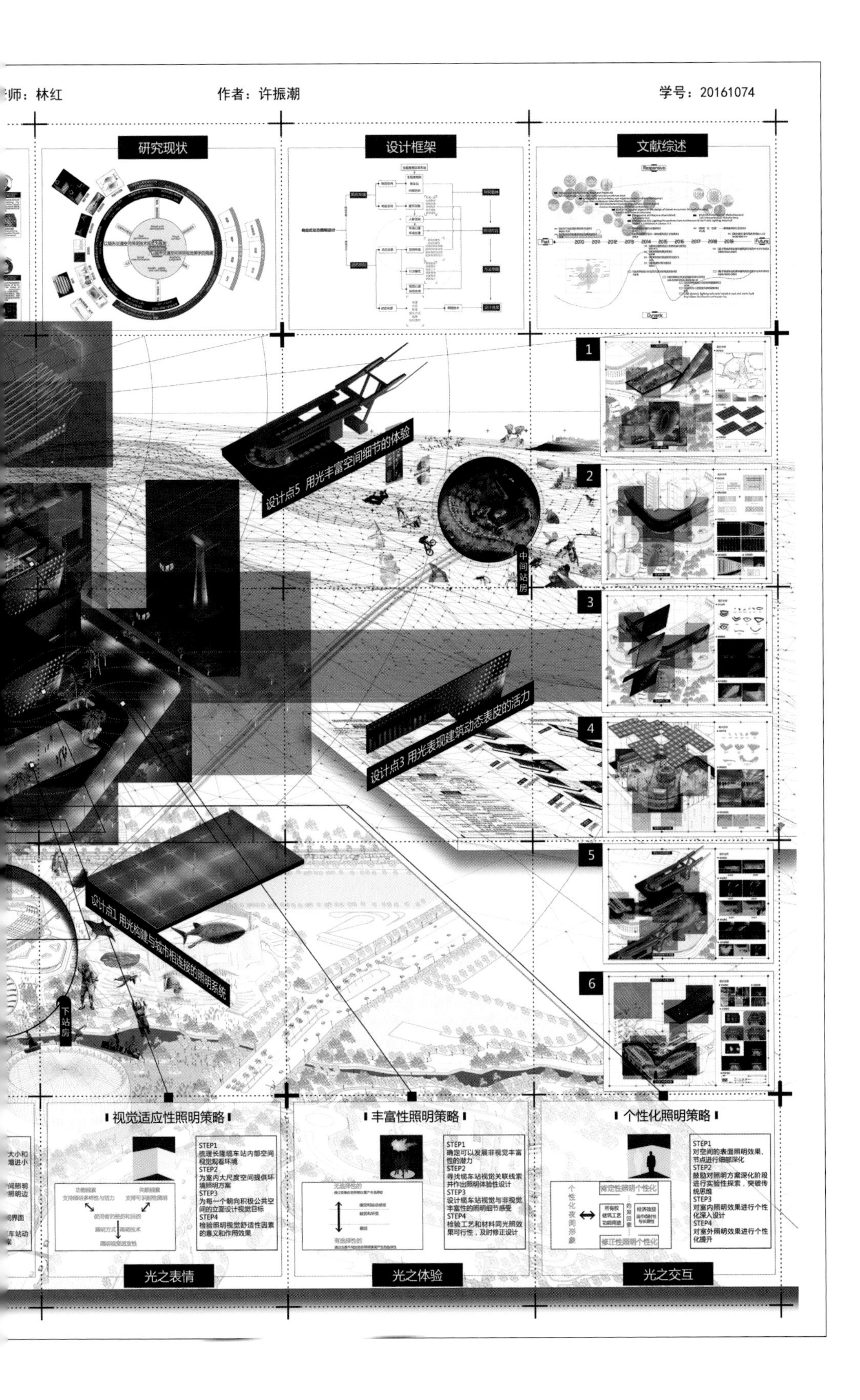

师：林红
作者：许振潮
学号：20161074
研究现状
设计框架
文献综述
1
2
3
4
5
6
设计点5 用光丰富空间细节的体验
中间站房
设计点3 用光表现建筑动态表皮的活力
设计点1 用光构建与城市相连接的照明系统
下站房
视觉适应性照明策略
STEP1
梳理长隆缆车站内部空间视觉观看环境
STEP2
为室内大尺度空间提供环境照明方案
STEP3
为每一个朝向积极公共空间的立面设计视觉目标
STEP4
检验照明视觉舒适性因素的意义和作用效果
光之表情
丰富性照明策略
STEP1
确定可以发展非视觉丰富性的潜力
STEP2
寻找缆车站视觉关联线索并作出照明体验性设计
STEP3
设计缆车站视觉与非视觉丰富性的照明细节感受
STEP4
检验工艺和材料同光照效果可行性，及时修正设计
光之体验
个性化照明策略
个性化夜间形象
肯定性照明个性化
修正性照明个性化
STEP1
对空间的表面照明效果、节点进行细部深化
STEP2
鼓励对照明方案深化阶段进行实验性探索，突破传统思维
STEP3
对室内照明效果进行个性化深入设计
STEP4
对室外照明效果进行个性化提升
光之交互

（a）照明轴测图，显示总体照明设计

以“品牌传播”为导向的广州蓝天里照明设计研究（图 7-82，2016 级研究生 张美梅）

选题概念：

以升级改造的商场空间为研究对象，尝试优化建筑室内外照明设计，以创造更好的商业氛围，增强商场品牌形象，吸引顾客。

设计思路：

①建立品牌形象照明；②增强夜间标志性；③满足多场景需要；④增加艺术性灯光；⑤设计露天屋顶和供休闲照明。

推进过程：

（1）组织色温和亮度，营造商业气氛。

(b) 照明剖面，显示行人街道视角下的建筑立面、橱窗、店铺照明

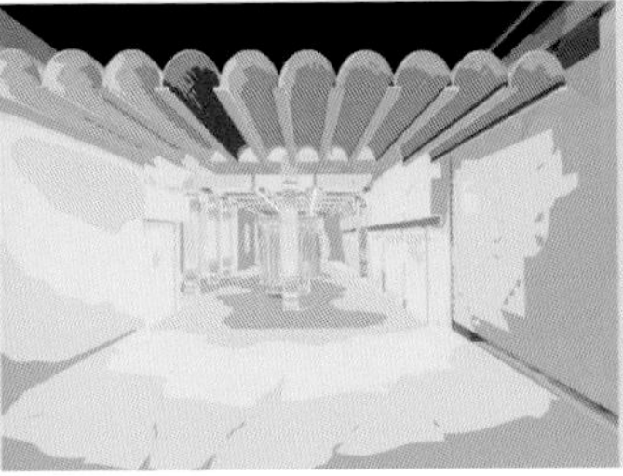
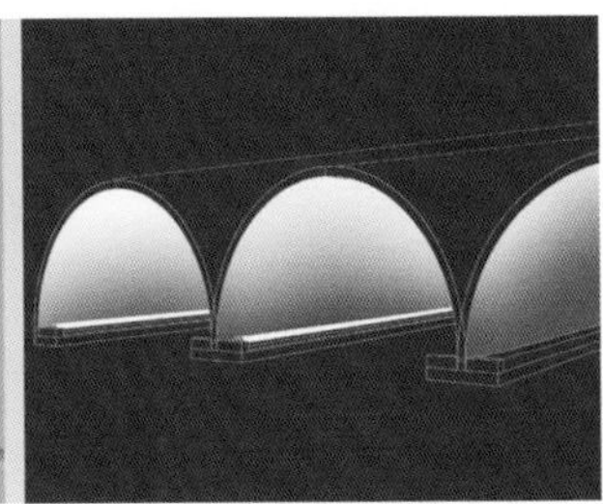

(c) 入口天花构造设计、照度演算和节点细部大样图

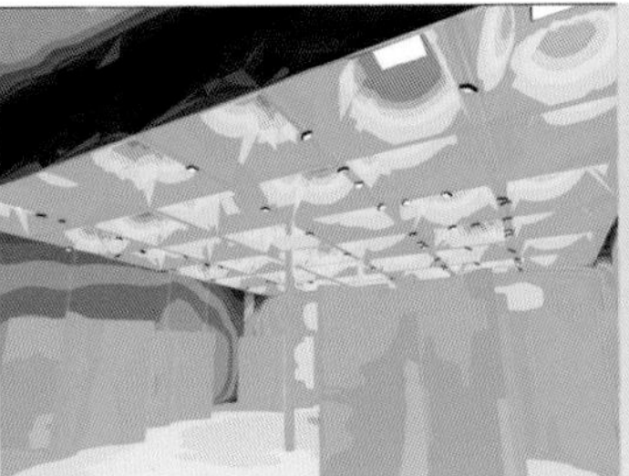

(d) 展览区域天花构造设计、照度演算和节点细部大样图

(2) 强化商场入口、立面标志和立面动态照明，强化商场夜间形象。

(3) 设立光的控制系统，以适应不同的活动（如展览、快闪店等）所需的灯光场景。

(4) 设计发光盒子家具，以供集市、快闪店等；结合建筑结构设计发光装置，增强艺术氛围。

(5) 设计星光和光影，营造开放式露台休闲惬意。

完成情况评价：

设计者本科专业为室内设计，日常对于室内结构、材料与光的组合处于持续观察、思考和知识储备的状态。因此，该创作不仅显现了照明设计的专业性，对室内也进行了专业性的优化设计，例如入口和展厅天花等部位的间接照明节点表达合理、准确，而其个人美学素养丰富和加强了设计中的功能内涵和艺术品质。

环节四：模型引导的照明设计

照明模型是用来寻找设计可能性、推敲设计概念、捕捉设计形式的便利工具。模型具有双重功能：一方面服务于设计人员的创作过程，辅助照明设计师理解建筑对象条件，建立概念构思，梳理问题和制定应对策略；另一方面照明模型是专业设计师之间，以及设计师与委托人、相关合作者之间沟通、交流设计思路和效果预想时直观易懂的重要工具。

照明模型的设计方法（这里特指手工制作模型）是直接在模拟的立体空间中进行光与空间的研究和调整。照明模型存在着一些较棘手的难题，诸如对建筑空间尺度、材料细节的模拟，对灯具参数与空间关系的把控等，想要在模型上精准地反映实际情况并做出定量的判断很难做到。目前，更准确的研究性设计大多依靠计算机建模来完成，但（手工）照明模型作为一种最直观、便捷的实物操作仍然是设计中不可或缺的。

在与此教学环节相对应的课程中，要求学生以 1:20 的缩尺照明模型塑造空间，并采用各种能够找到的小型光源和灯具进行照明模拟，在对灯光与空间关系有所感知的同时，鼓励学生利用常规灯具对教学空间现有构件进行照明实测与研究。之后，进入 1:1 模型制作阶段，要求学生在真实尺度、材料和灯具间探究并呈现出最理想的照明状态。

模型制作与三维空间照明效果探究的过程，强调的是试验的意识和方法，即通过验证性的仿真试验，了解照明设计的相关原理，并且尝试在实际（仿）条件下存在的多种可能性。在缩尺照明模型中，虽然模型光源与实际光源差别巨大，但是模型仍然可以较为生动地模拟灯光在空间中的颜色、方向、高度、明暗对比等，即使是经验丰富的照明设计师，有时也会利用原始的硬卡纸模型和手电筒，来测试或者演示照明想法，此外，还可以通过更改材料测试光的效果，使得设计结果即时可得。

模型环节的诸课程将建筑形态、光、材料、人的行为需求和心理感受等作为互相影响的变量，借助照明理论的指导，把它们之间的复杂关系用建筑照明模型表达出来。模型试验意识的培养包含了客观研究、归纳和主观创新、反馈两方面的内容，要求学生掌握模型特定的描述、设定、测试和分析的方法并总结其规律，最终得出对照明设计有指导意义的结论。

缩尺照明模型

“照明模型是室内模型的一种特殊类型。用它预测艺术展览及博物馆这类对光线要求较敏感的空间采取的自然光和人工照明的效果。为了更准确地帮助预测室内的光环境气氛，照明模型要加入很精心的细部表现、色彩的策划及表面效果的完美 。”[21] 通过制作照明模型可以使设计师快速简便地实现对照明效果的验证，并提供直观的证据和思路改进设计。

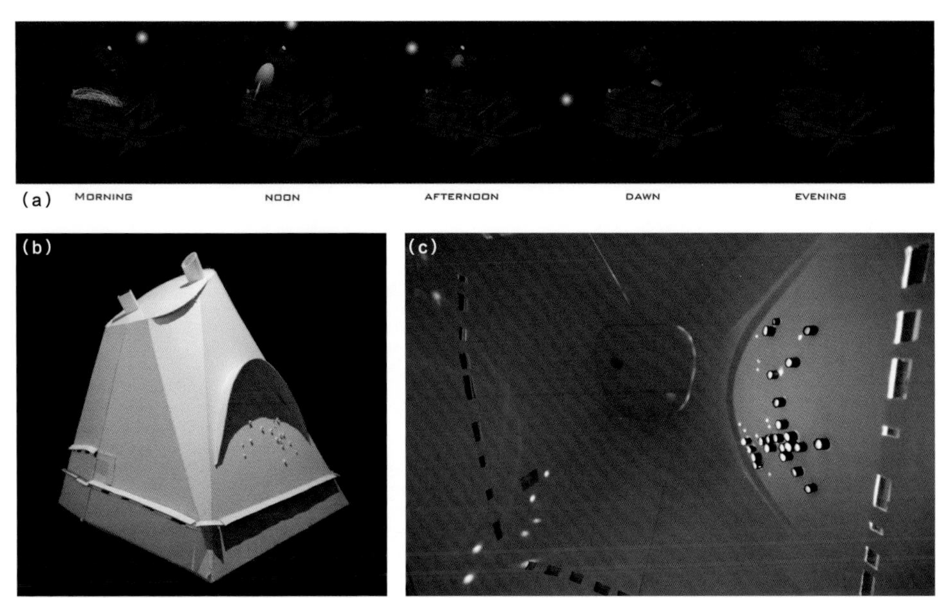

图 7-83 圣皮埃尔教堂（Church of Saint pierre ）案例解析（2015 级建筑 罗智，潘天德，张景杰，吴膺达）

（a）教堂在早上、中午、下午、黄昏、夜晚的光照分析

（b）1:20 实物模型，用手电筒模拟太阳位置和光线方向

（c）1:20 实物模型内部光照效果，包括采光筒、采光带、采光洞

—

21 汤姆· 波特，约翰 尼尔．建筑超级模型——实体设计的模拟．段炼，蒋方，译．北京：中国建筑工业出版社，2002.

（a）初步形体推敲

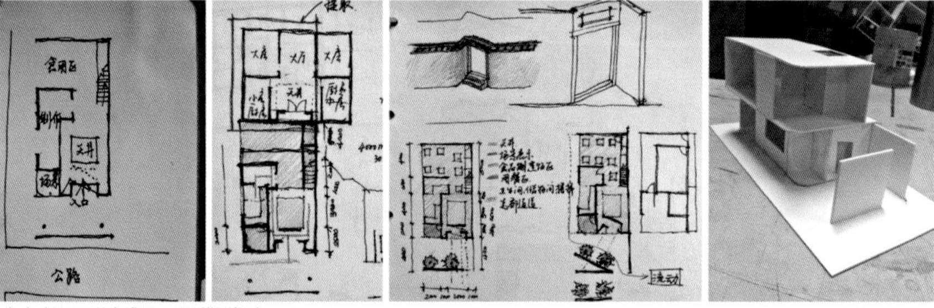

（b）餐厅平面生成和 1:20 模型初步

（c）整体灯位布置与灯光效果设想，KT 板

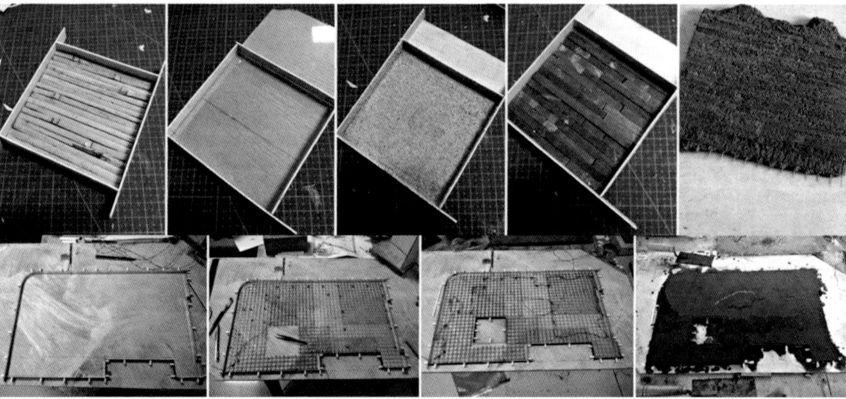

（d）材料肌理比较试验，选定混凝土、木板、竹材料为主要材料

（e）模型制作过

图 7-84 “八邑食馆”餐厅设计（2012 级建筑 周浩航）

本设计采用 1:20 模型思考光与空间的关系，要求学生置换原有的表面材料，以获得新的空间效果，对比新旧两个方案，得出优化后的评价

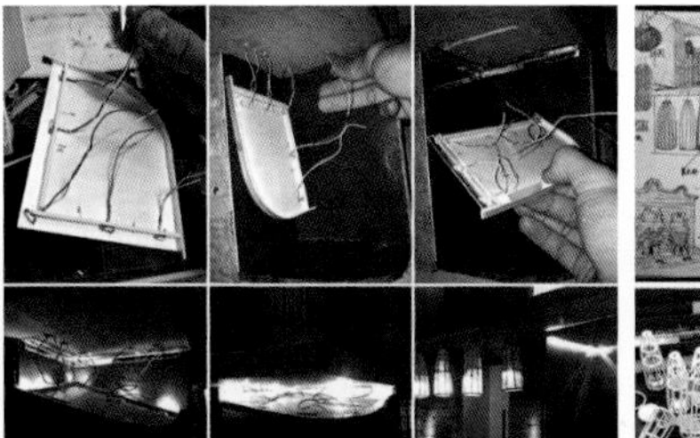
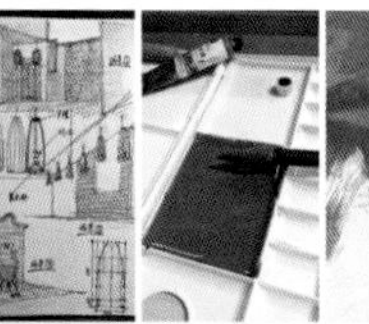

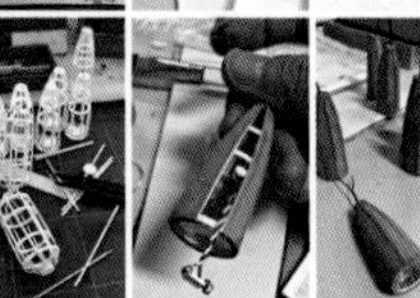

（f）模型电路与装饰灯制作过程

（g）模型空间和灯位

（h）餐厅建筑设计及照明设计完成效果

（i）模型局部效果

（j）预想效果图与完成效果比对

(a) 教堂平面、立面图、采光窗光线分析图以及七个采光窗 1:20 模型

(b) 七个采光窗 1:20 模型和内部光照效果照片

图 7-85 圣·伊格内修斯教堂（Chapel of St.Ignatius）七个采光窗（光瓶子）的采光解析（2015 级建筑 苏嘉慧，蒋天昊，李颖仪）

针对照明模型中光和材料的研究是模型试验中的重要内容，为了获得影响照明效果的各项因素和数据，这个阶段要进行照明模型的材料测试，课程要求学生在分类记录如下信息：① 针对光源：如表面发光所使用的光源，光源可否调光，灯具配光如何（扩散，聚光）。② 针对发光方式：如果是面光，可分成全面发光、洗墙、渐变、层叠等。③ 针对材料：材料在不同光源下呈现的表面亮度数值、色调等信息，以及灯具与材料的距离、方向及视觉效果等。

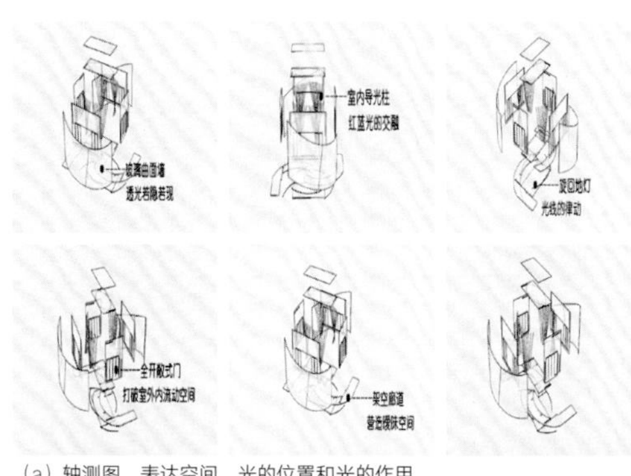

（a）轴测图，表达空间、光的位置和光的作用

（b）1:20 照明模型

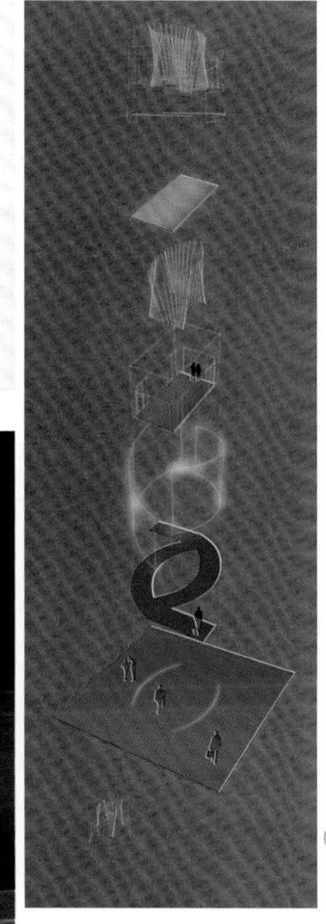
（c）分解图，表达空间，光的形式，灯具位置，光色等

图 7-86　Eros 情趣店空间及照明设计（2011 级建筑胡秀姻）

该照明设计中用红、蓝灯光分别代表女性与男性，利用红光与蓝光交汇产生的紫光来表达男女间的暧昧时刻，让室内的灯光带有性感的气氛。室内的导光柱模仿女性性感的腰部造型，光从上而下地照亮室内，蔓延到室外；两面弯曲的玻璃幕墙是照明重点部分，采用埋地布置的动态红光与蓝光，形成一个循环的光圈，幕墙上丝袜图纹是扭动着的光，吸引过路人的同时，幕墙光屏障也保护了室内的私密性

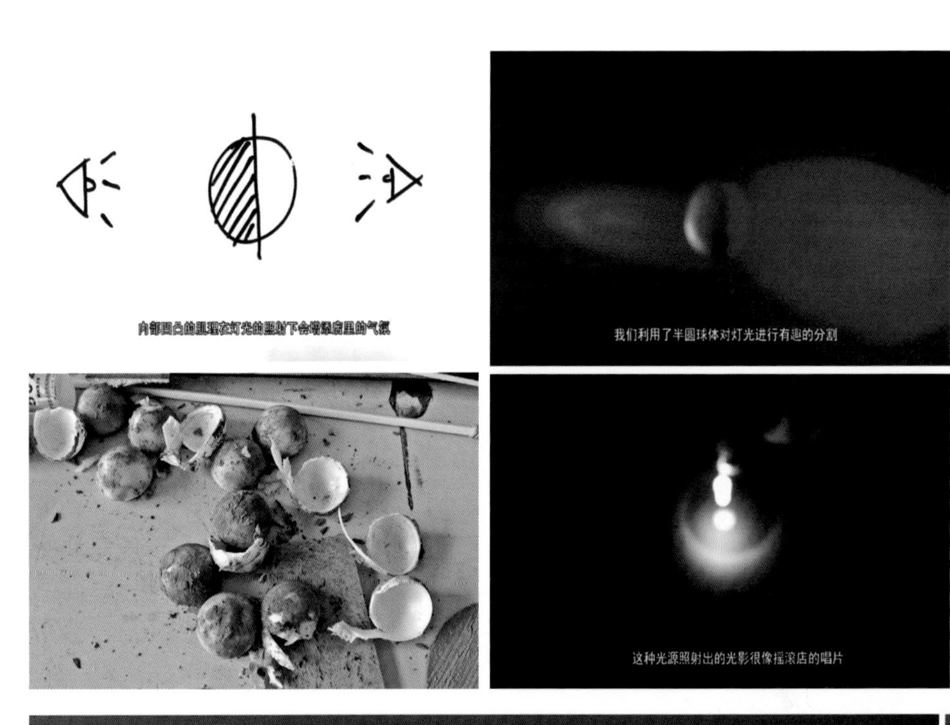
内部凹凸的肌理在灯光的照射下会增添房里的气氛
我们利用了半圆球体对灯光进行有趣的分割
这种光源照射出的光影很像摇滚店的唱片

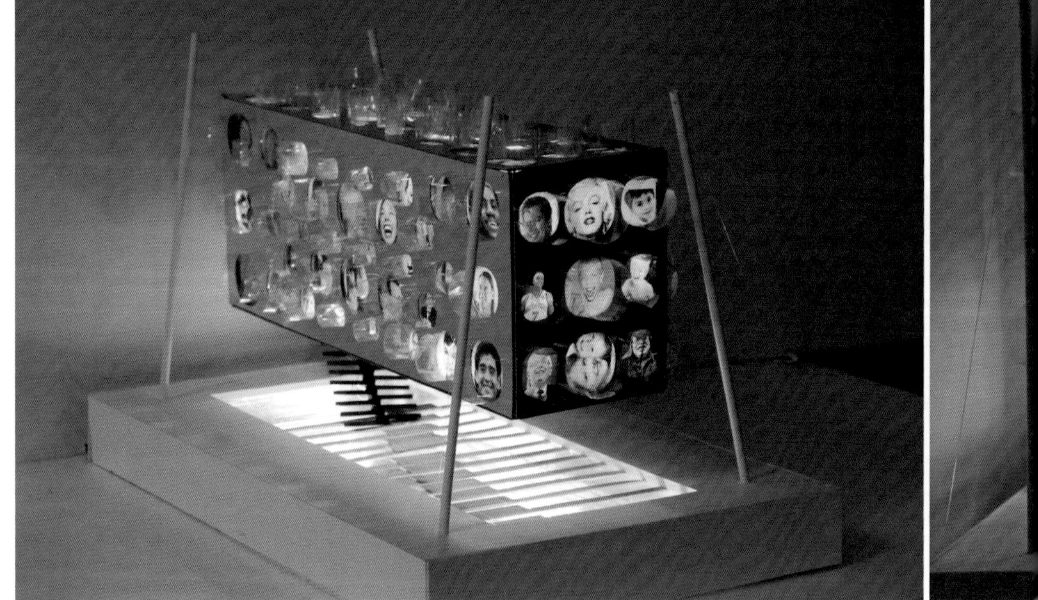

图 7-87 “摇滚唱片店”设计（2011 级建筑 王毅恒）

该设计为凸显摇滚乐的文化精神，在建筑外立面上，采用红色和蓝色灯光相对，照射墙面混凝土球体。商店内部材料采用高反射性的压花金属板，营造灯光闪烁的效果。另外，在设计中加入互动元素，灯光依据声音大小而改变颜色，以此促进音乐主题商品的销售

图 7-88 “笑脸美容馆”设计（2011 级建筑 刘欣）

该设计外立面借鉴广告灯箱的做法，利用透光材料使建筑整体成为一个硕大的灯笼。建筑表皮上一张张笑脸通过透光性能好的材料清晰地映射出来，给以人明亮、舒畅的感觉。底层架空，配合地面的均匀布光，使深色的建筑体量因轻盈感而“漂浮”起来

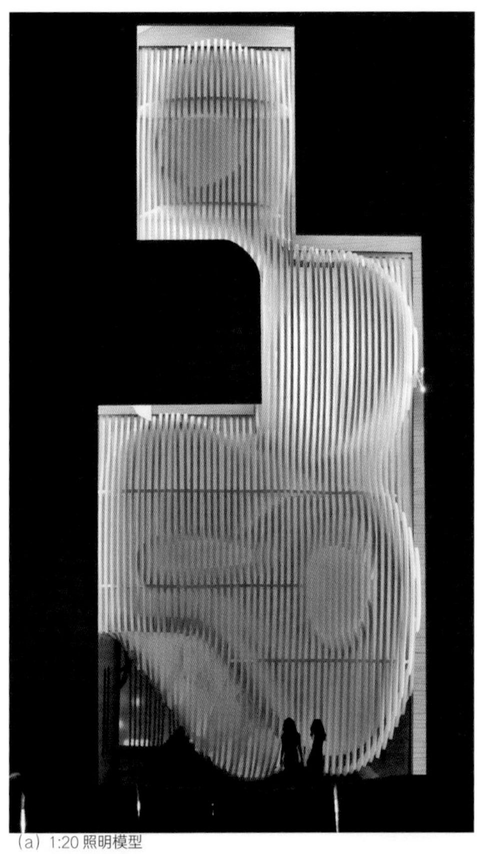

(a) 1:20 照明模型

图 7-89 心理咨询诊所设计（2011 级建筑 邓宵亮）

该设计对建筑结构、材料与照明三者之间的关系进行了深入探讨。构思面向有意向体验精神障碍感受以及有精神治疗需求的人。设计强调建筑外表皮、底部灰空间以及外部景观三个部分，曲面包裹着方正的空间，内部被分成 4 个独立又相互融合的空间区域，外部景观兼休憩座椅采用相同的形态，该形态也便于灯具的安装

照明设计分成 4 组：采用不同光色的灯光划分内部不同的功能区域；建筑外围安置泛光灯照射建筑外立面曲面；建筑底部嵌入阶梯灯，强化楼梯的引导性；外部景观中暗藏防眩光射灯，柔和地照亮人们活动的区域

这个设计的亮点在于建筑立面与灯光的组合。立面造型采用参数化设计，复杂、扭曲的形态使得受光面呈现出明、暗、集中、扩散等光现象。光源藏于建筑侧面，乳白色亚克力材料对光的高度扩散作用使得建筑外观明亮且柔和，而立面构件不同角度的断面则使得立面光影变化极富韵律感

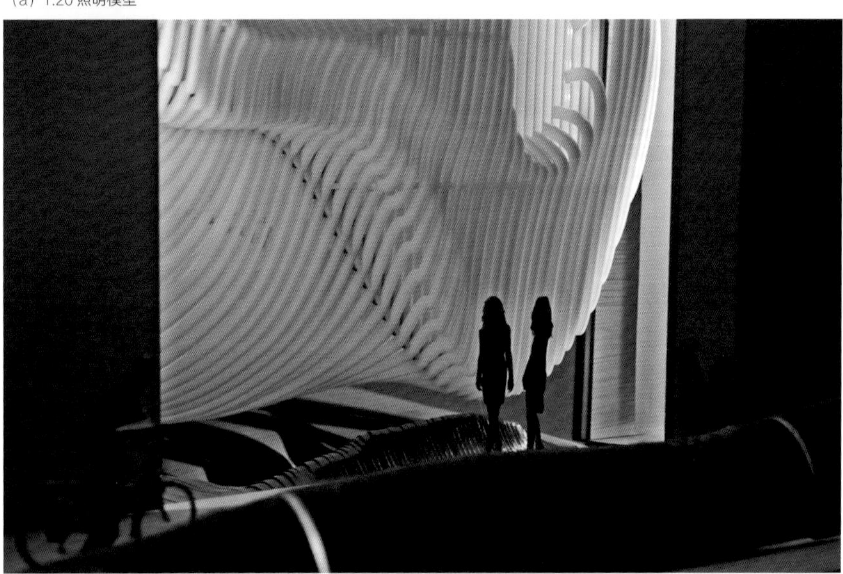

(b) 1:20 照明模型局部，表达入口空间和户外景观设计

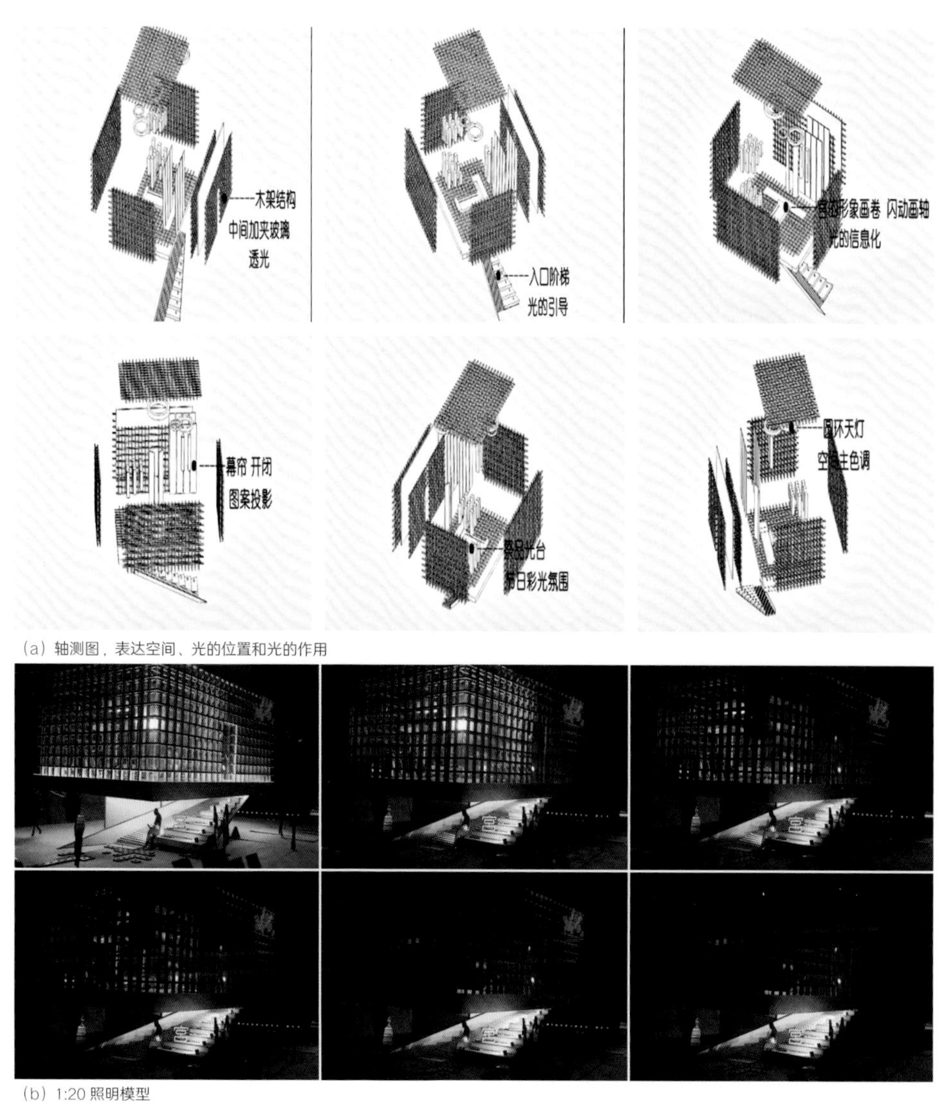

（a）轴测图，表达空间、光的位置和光的作用

（b）1:20 照明模型

图 7-90 “宫 1.0——都市中的精神空间”设计（2011 级建筑 许振潮）

来自潮州的学生以有关家乡极具特色的宗族活动的个体记忆，结合现代生活需求，以变幻的光为主角塑造了一个城市精神式的社交空间。方案以模型、空间设计分解图与灯光图示组合，表达了灯光对建筑造型的塑造，以及对外部环境和内部空间的划分，将逐层切换的光效与社交仪式中的程序节点逐一对位，赋予了该建筑空间以传统和时尚相交织的文化气息。建筑设计与照明设计同步进行，该建筑以木架结构形成通透盒体，灯光以内透光为主，其他形式的光为辅。室内灯光采用暖色光和彩光相结合，以适应各种特定日子中所需要的灯光氛围。建筑入口以动态的灯光强调空间的引导性，建筑立面运用大尺度的格栅、门扇和升降帘幕等元素进行组合，营造出建筑多变的外观形象，对精神（仪式）性建筑空间在当代城市中的昼夜形象进行了大胆的创新

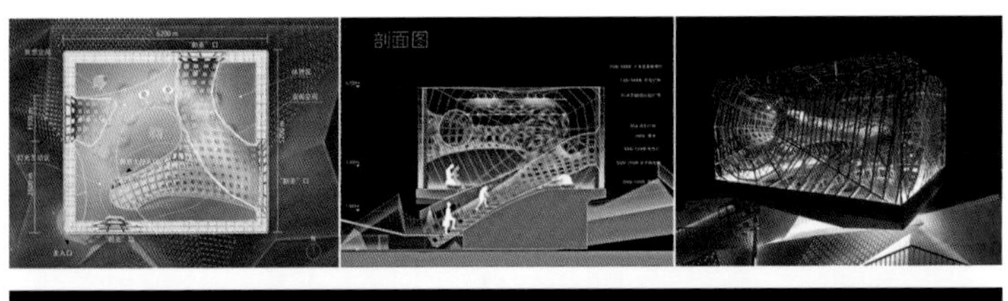

(a) 照明平面图，照明剖面图，1：20 照明模型

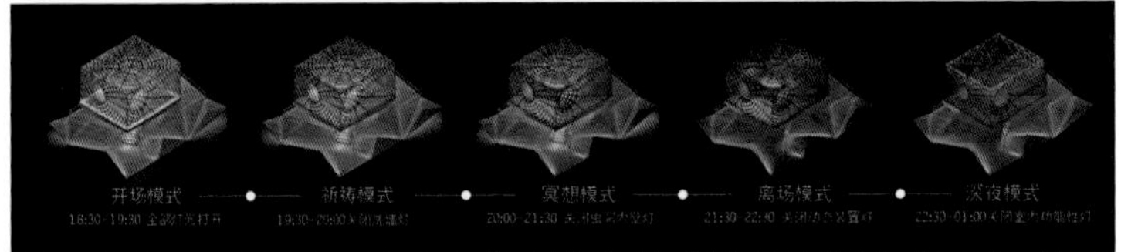

(b) 五种照明场景

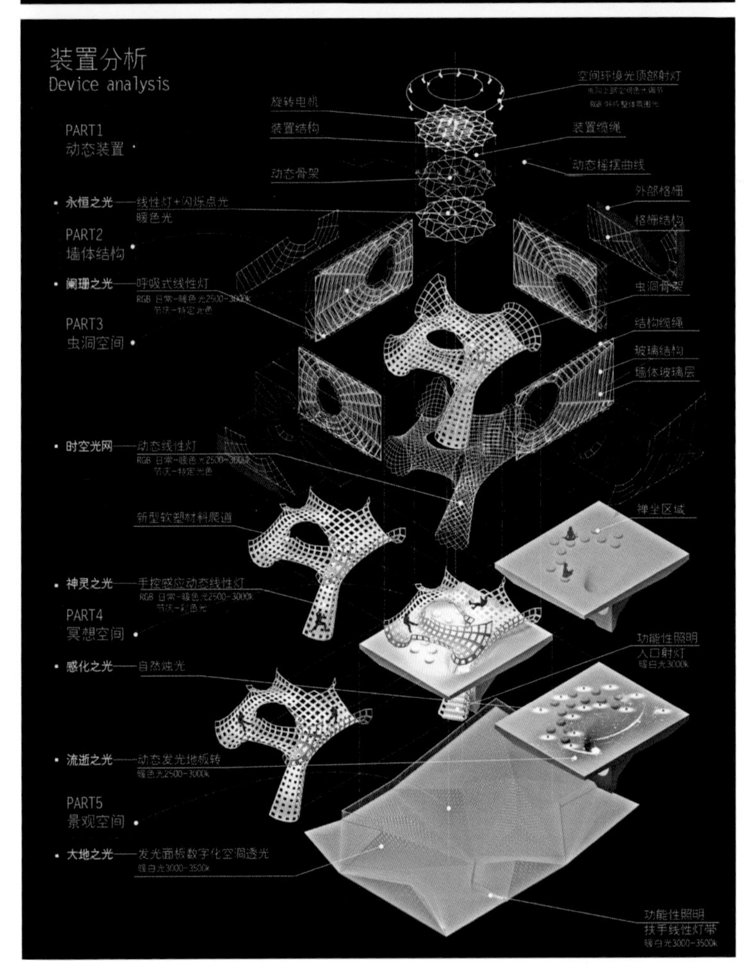

(c) 装置分解图

图 7-91 “宫 2.0——光装置型新体验空间设计”（2016 级研究生 许振潮）

该空间曲折蜿蜒，形态丰富，配合光的韵律、明暗，以及色彩变化引导人们在空间中漫游奇境，让精神与喧嚣尘世暂时隔绝，营造都市中“朝圣式”的新体验空间。该设计可以作为动态的光装置构造模型，也可以作为一个光主题的建筑方案

（a）1:20 照明模型

（b）1:20 照明模型（局部

图 7–92 “自闭症者艺术品店”设计（2011 级建筑 梁少丰）

“自闭症者艺术品店”的照明设计深受《照明设计》期刊 2010（2）中研究性论文《光与自闭症儿童：光环境设计作为与发育障碍人群沟通的工具》的启发[22]。该论文研究的是灯光对发育障碍人群沟通行为的影响，研究结果表明在一间理想的标准教室中，全光谱、高显色性的光源对于自闭症儿童可能并不是最好的选择，而窄光谱、低显色性、低色温的光源则是比较合适的选择；色彩鲜艳、热闹、有视觉刺激的空间对自闭症儿童也会产生负面影响，所以在设计中应尽量采用暖色系、金色系，而且对色彩种类和其他视觉刺激要严格把控

根据以上研究成果和其他相关资料，该设计小组的学生在建筑室内墙面上采用了梵高的《星夜》做装饰，选用黄光的钠灯照亮墙面的漂流瓶，以发光球体代表星球，入口光纤草地代表深邃的星空，以此来对应该群体的特殊感受。这个设计方案从独特的视角切入照明设计主题，以经典画作的意境完好展现了特殊人群艺术品商店的主题形象特征

—

22. Brianna, McMeneny. 光与自闭症儿童：光环境设计作为与发育障碍人群沟通的工具．照明设计，2010(2).

图 7-93 小型商业空间照明设计 · 模型集合展示（广州美术学院 2011 级建筑 + 澳门科技大学室内设计专业）

上排从左至右：情趣用品店，占卜店，心理咨询诊所，I.T 买手店 *，茶餐厅，玩具修复店，情趣用品店 *，茶室

下排从左至右：儿童用品店，自闭症艺术品店，摇滚唱片店，宫 1.0，八邑食馆，黑胶唱片店 *，糖果店 *，笑脸美容馆

（注：带 * 号的作业为澳门科技大学室内设计专业同学作业）

图 7-94 JNBY 服装店外立面照明设计 · 第一组模型 · 建筑表皮结构 + 光的组合（2011 级研究生 程倩）

in Music

图 7-95 JNBY 服装店外立面照明设计 · 第二组模型 · 建筑表皮色彩 + 光的组合（2011 级研究生 程倩）

图 7-96 JNBY 服装店外立面照明设计 · 第三组模型 · 建筑表皮材质 + 光的组合 （2011 级研究生 程倩）

JNBY 服装店——广州传统商业街北京路的一间服装店的外立面照明设计改造项目，学生通过对品牌的分析，确定商店的外观形象定位和灯光设计概念，以提升品牌价值为设计目标，用光为商业建筑注入新的视觉元素。具体流程包括确定建筑外观照明方式、立面构造、灯位和灯具数量，完成材料试验、效果图制作、1:20 模型和设计说明，并以照片（或影片）记录制作过程

制作的 6 个模型分为 3 组，分别针对建筑表皮结构 + 光的组合、建筑表皮色彩 + 光的组合、建筑表皮材质 + 光的组合，清晰呈现建筑表皮灯光效果的完整研究过程

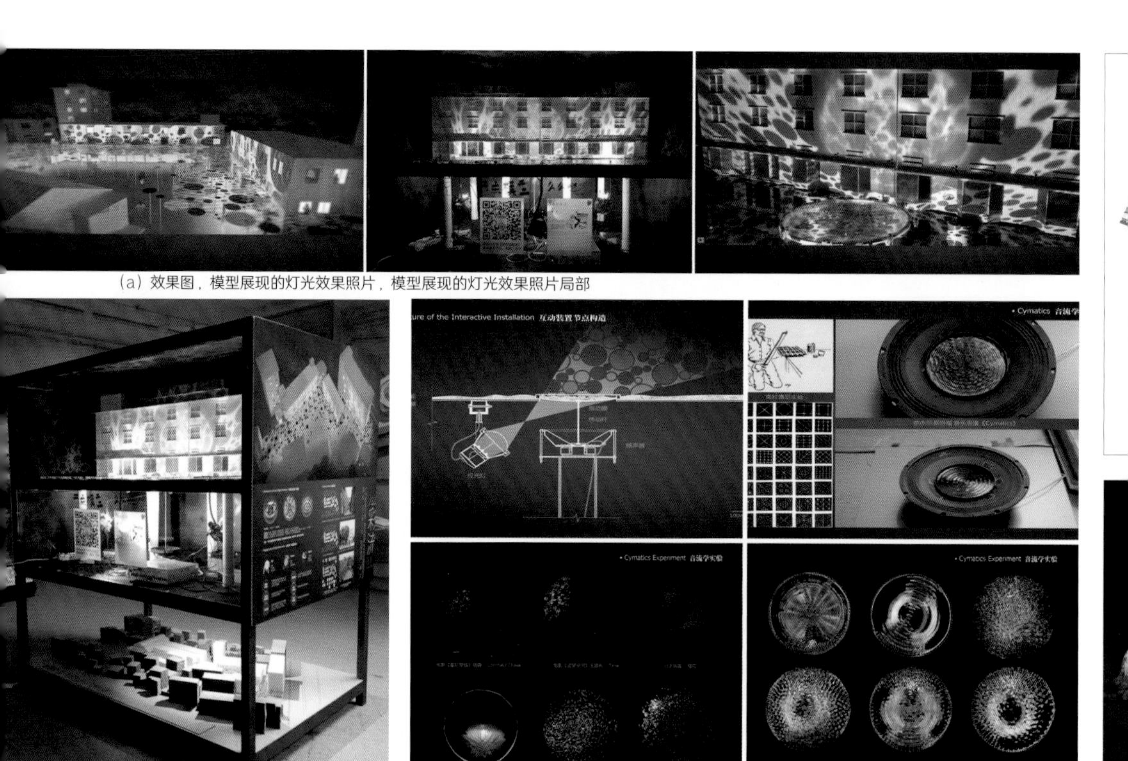

（a）效果图，模型展现的灯光效果照片，模型展现的灯光效果照片局部

（b）1:10 照明模型

（c）声光水互动装置原理图示

图 7-97 广州织金彩瓷厂景观照明和声光水互动装置设计（2011 级景观 黄炜）

声光水装置，即将水盘放在扬声器上，配合不同的音乐，变换出不同的灯光效果。本设计利用水面震动时，波纹图案瞬息万变的情景，将波纹图案投射到建筑立面上，从而实现了装置为环境服务的大目标

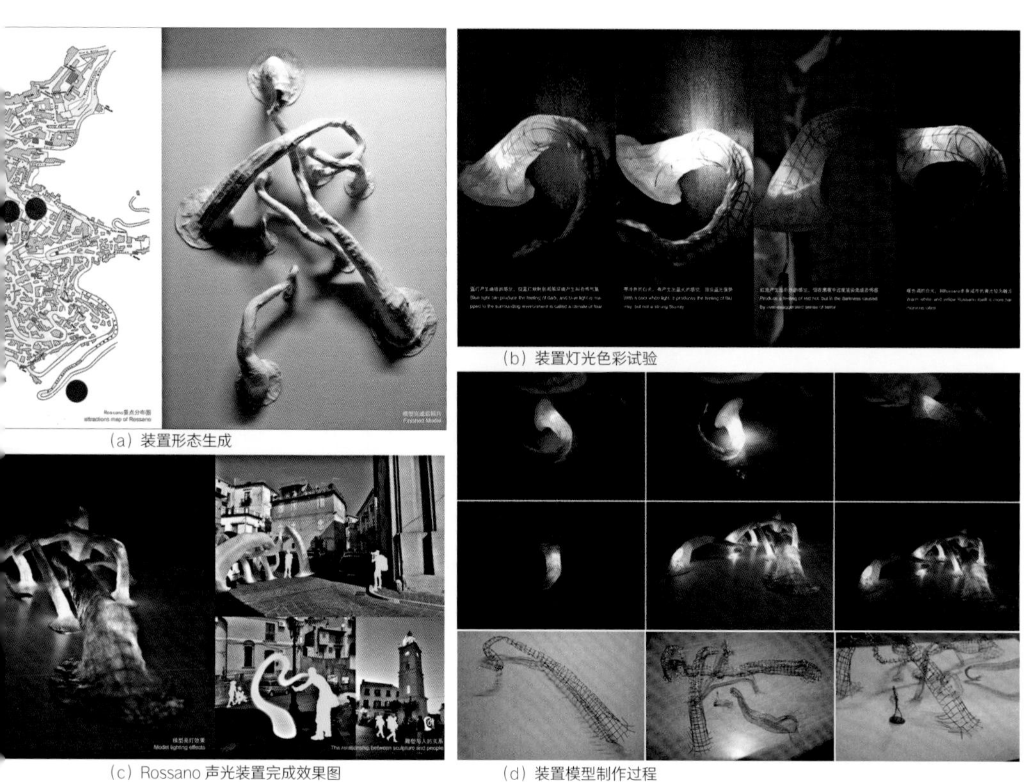

（a）装置形态生成

（b）装置灯光色彩试验

（c）Rossano 声光装置完成效果图

（d）装置模型制作过程

图 7-98　中意工作坊声光装置艺术设计及制作过程（2008 级环艺 杨宁宇）

此为 2009 年，广州美术学院与意大利罗萨诺（Rossano）“中意夏日设计工作坊”联合工作坊课程，其中中方（广州美术学院）的作业成果之一为声光装置艺术设计，旨在为意大利罗萨诺小城不同区域之间创造新的意象的联系，促进老城镇的活化再生发展。指导老师为林红、王铬、何夏昀

设计主题为“在 Rossano 的艺术介入”（Art Intervention in Rossano）。课题以意大利 Rossano 小城为照明设计背景，“希望以微小的环境设施或艺术举动，柔软地磁极和诱发对原有状态的改变。艺术介入公共空间的基本目的，就在于要通过某种场景、事件或抽象的观念来调动社会的广泛关注和思考。课题没有明显的专业范围，要求学生具有多元、开放、动态的艺术批评观念。设计切入点可以是多样的，或以空间形态出现，为现有的都市带来直接的变化，如建立新的地标、对空间设施的艺术化处理等；或通过对感觉的表达，建立与当地意象上的联系，借助装置及录像作品来完成；公共艺术活动的设计，如旅游宣传活动、艺术事件的策划等，也是我们鼓励的方向。”[23]

—

23. 沈康，杨一丁，王铬．触摸边际．北京：中国建筑工业出版社，2010.

等比例照明模型

等比例照明模型就是将设计方案直接制成实际尺寸并模拟该空间的照明。其中包括足尺的房间，1:1 的建筑局部等。比如美术馆、博物馆这类对光严格要求的空间，酒店类可以大量复制的客房，间接照明和发光顶棚的照明效果，都会用到实际的装修材料和实际模拟该空间的照明效果。

1:1 模型制作环节的侧重点在于对“材料性”研究，同时尝试了解思考光源、灯具和构件细部处理的关系。

(a) 间接发光墙面等比例照明模型

(b) 间接发光天花和墙面在发廊室内的位置图示

(c) 间接发光天花和墙面等比例照明模型制作过程

图 7-99 “风格派发廊”间接发光天花和墙面等比例照明模型及制作过程（2013 级环艺 孙家鼎，黄浩凯，陈丽媛）

“发廊”室内设计及照明设计是从功能深化入手，以蒙德里安画作形式为母题完成发廊的发光镜墙模块的制作。多种灯具光线经过多层次组合，合理、体贴地对应美发过程中的使用功能和顾客心理需求

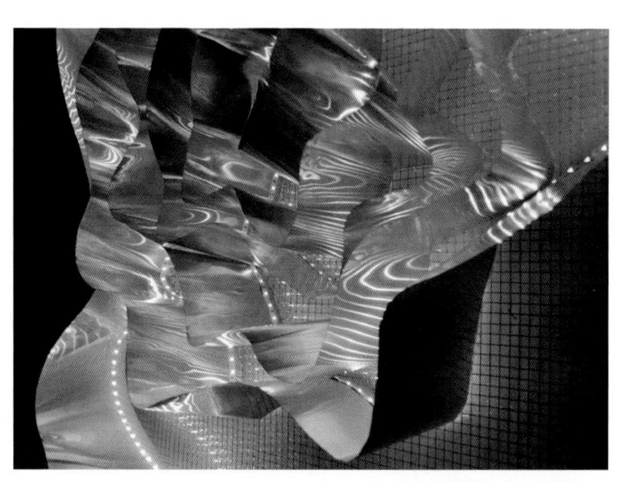

（a）“巨型花朵”等比例照明模型

（b）等比例照明模型制作过程

图 7–100 花店橱窗等比例照明模型及制作过程（2013 级环艺，李林洁，曾宇瑶，郑泽源）

“花店橱窗”室内及照明设计是从主题情趣入手，取材于常见爱情电影中的花店橱窗，以纤薄紫铜片和闪烁的LED灯带组合完成“巨型花朵”，交替的动态光节奏吸引消费者的注意

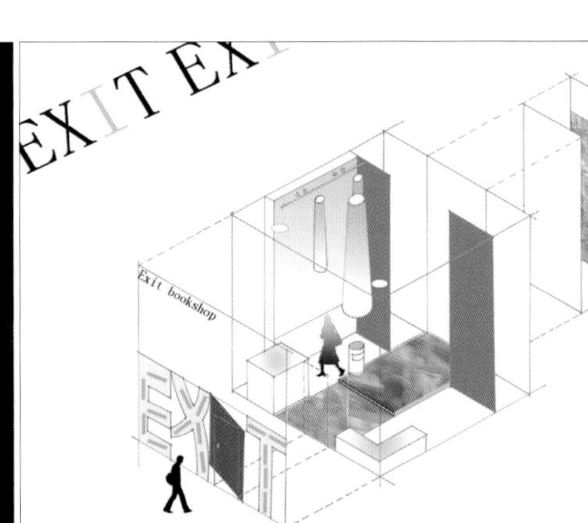

(a) 等比例照明模型和轴测图

(b) 1:20 照明模型

(c) 等比例照明模型制作过程

图 7-101 “EXIT 书店”入口装置（2013 级环艺 阮豪毅，王于尊策，周莹莹）

“EXIT 书店”室内设计及照明设计借鉴当代艺术理念，将日常所见的疏散指示灯 EXIT 字符放大，并置换材料与光源关系做成书店的主要出入口，其中蕴含了对现实生活中户外环境恶化的恐惧与嘲讽

（a）等比例照明模型

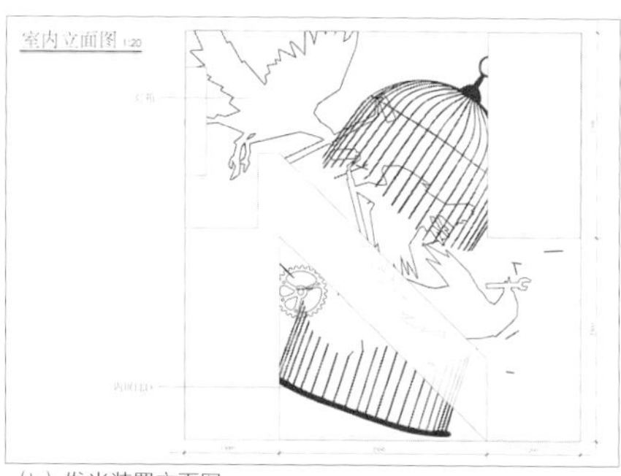

（b）发光装置立面图

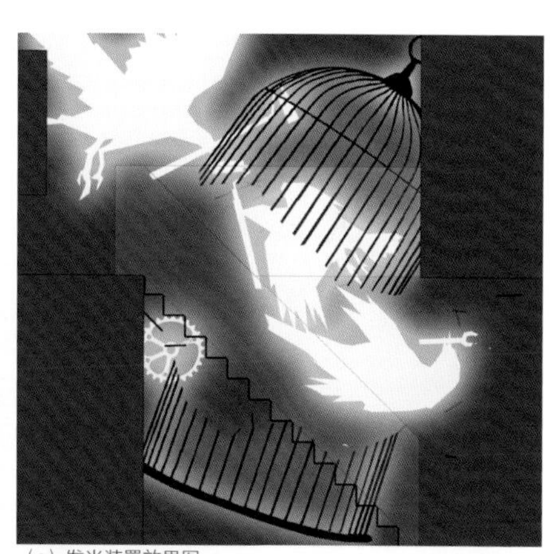

（c）发光装置效果图

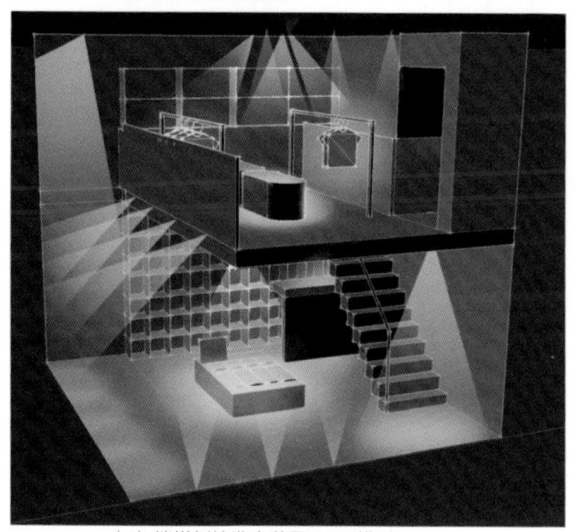

（d）楼梯侧墙发光装置 1:20 模型

（e）轴测图

图 7-102 “死飞单车店”楼梯侧墙发光装置（2013 级环艺 戴韵怡，陈凯彤，黄耀源）

在“死飞单车店”室内及照明设计中，将店主个人的爱好及其向往自由的内心渴望转译为商店墙面的发光装置

图 7-103 “电影主题咖啡馆”墙面灯箱（2013 级环艺 祝婷婷，林佳毅，冯雨菡）

（a）1:20 照明模型　（b）等比例照明模型

“电影主题咖啡馆”室内及照明设计中的灯箱形象取材于电影《布达佩斯大饭店》

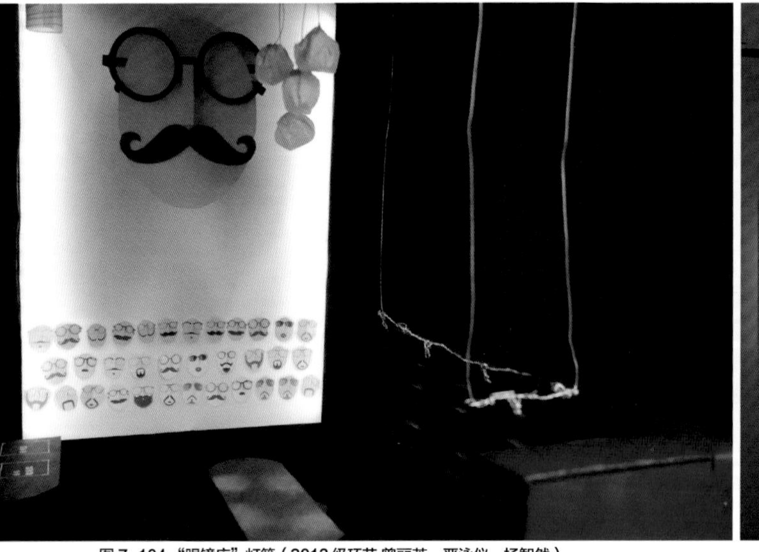

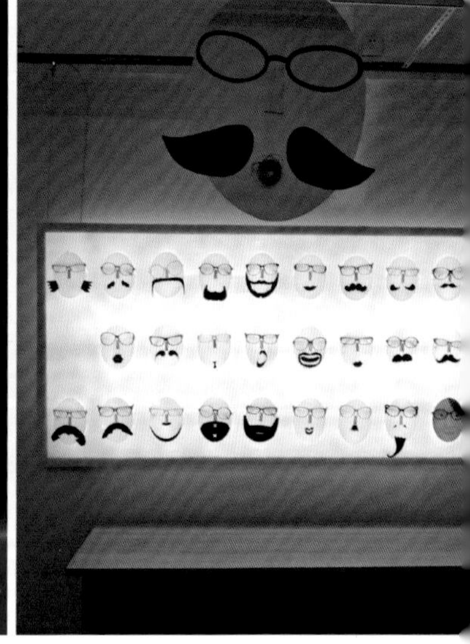

图 7-104 “眼镜店”灯箱（2013 级环艺 曾丽芳，严泳仪，杨智然）

(a) 1:20 照明模型　(b) 等比例照明模型

眼镜店室内及照明设计中的灯箱在提供照明功能的同时，也作为眼镜陈列装置光是可以赋予空间情感与惊喜的设计元素，它一方面决定性地塑造着空间的形象并保证其中的功能使用，另一方面似乎飘忽不定，难以捉摸。如果拿酿酒的过程与我们的课程教学做个类比的话，“记录与叙事”是采收原料，“体验与想象”是投入酒曲，“设计与表达”和“模型引导的照明设计”两个环节自然也就是漫长且最富成就感的酿造和产出环节了。

照明设计的主元素是光，由于光的特殊性，照明更强调设计者对使用者生理、心理需求及其相关反应的观察、捕捉、分析与回应，直指对“设计”本质及其相关各元素关联性与系统性的深入探索。

照明设计是一种关于“光”的艺术创作，在人类文明发展的进程中，对光的属性的体验和审美变化构成独立的设计线索，不同的设计风格反映出不同功能需求和审美，形成种类多样、层次丰富的展现文化创意的独特专业领域。

照明设计以工程技术为基本支撑，但当代的照明设计正走向更宽泛的专业融合，一方面照明的产品和技术应用快速迭代，另一方面照明在现代设计中担当的角色也在发生转变，正以一种融合跨界元素的综合载体形象存在于人居环境当中。

照明设计教学的重中之重是引导学生清晰认识和思考光与空间（环境）的辩证关系，以及光、空间（环境）、人三者之间的动态发展与平衡规律，深刻理解照明设计对空间、环境塑造的功用和意义，以及其本身的独特性和作为一个专门行业的价值。

照明设计作为一门实用性的专业课程，在教学内容组织上需要知识性和技能性并重。我们总结多年的教学经验得出，将知识性和技能性并置于“照明设计”的总目标下，融汇现代多专业、多学科视野，能够引导学生在观察与思考、理论与实践的全过程中始终保持活力四射的良好状态。

图 7-105 室内照明设计课程等比例照明模型展览现场（2015 年）

“艺术与光环境试验室”落成后的首次展览（2013 年，第 5 届 bpi 照明设计学生竞赛获奖作品广州美术学院巡展）

历届照明设计课程结课评图

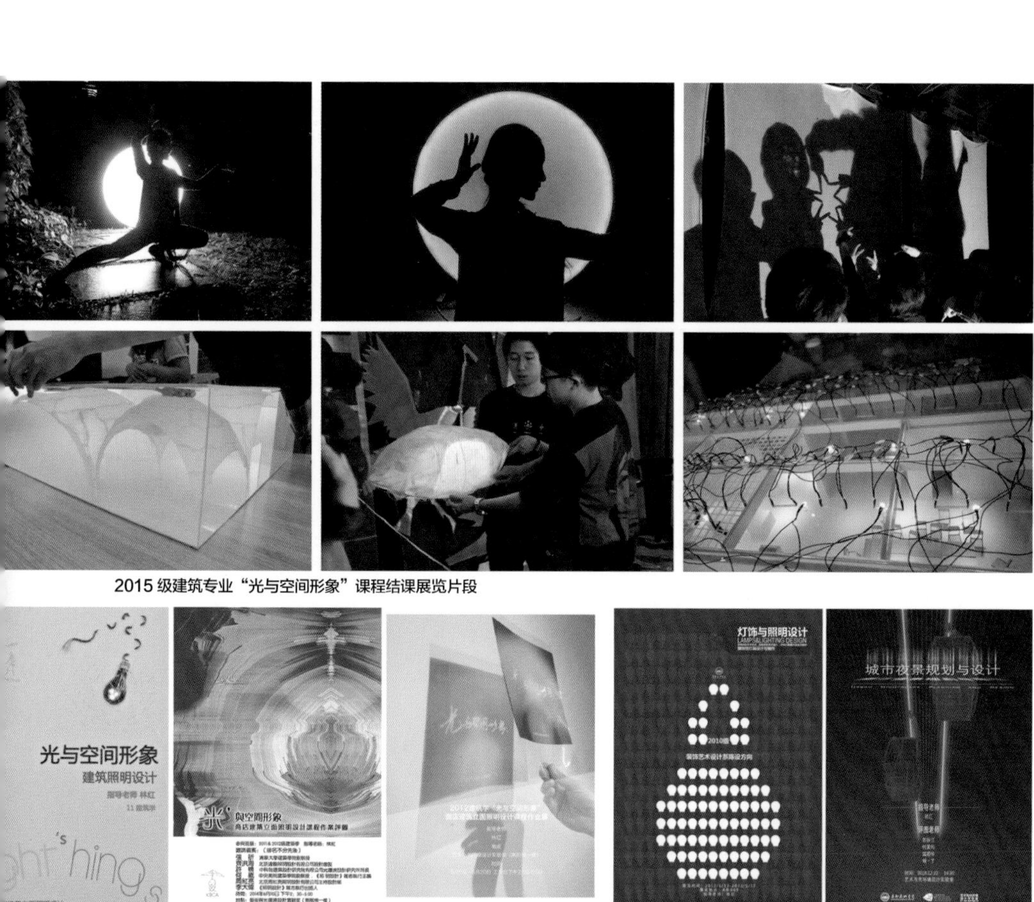

2015 级建筑专业“光与空间形象”课程结课展览片段

历次评图海报（节选）

知名灯具品牌认知课程现场

灯光试验

“羊城光探 1.0”夜景调研工作坊（2016 年）

“羊城光探 2.0”工作坊（2018 年）

附录

参考书目

（1）福多佳子．照明设计．朱波，金旭东，刘涛，等，译．北京：中国青年出版社，2015.

（2）日本照明学会．光·建筑：设计大师的空间照明手法．叶韦利，译．台北：尖端出版社，2011.

（3）面出薰．光城市：不可思议的世界城市光设计．李衣晴，译．台北：尖端出版社，2012.

（4）X-Knowledge Co.,Ltd. 照明设计终极指南．曹茹萍，译．台北：枫叶社文化事业有限公司，2012.

（5）加里·戈登．室内照明设计（第五版）．程天汇，译．北京：清华大学出版社，2018.

（6）NIPPO 电机株式会社．间接照明．许东亮，译．北京：中国建筑工业出版社，2004.

（7）陈新业，尚慧芳．展示照明设计．北京：中国水利水电出版社，2012.

（8）Entwistle J. Detail in Contemporary Lighting Design. New York: Thames & Hudson, 2012.

（9）Innes M. Lighting for Interior Design. London: Laurence King, 2012.

（10）Descottes H. Architectural Lighting Designing with Light and Space. Princeton: Princeton Architectural Press, 2011.

（11）Krautter M, Schielke T. Media Details: Light Perspectives Reference Book. ERCO, 2009.

图片来源

图 1-1 https://www.erco.com/planning-light/mediaassetpool/lighting-technology/lighting-analysis-shops-6556/en.
图 1-2 https://artsandculture.google.com/asset/mystery-and-melancholy-of-a-street-girl-running-with-a-hoop/HQGg0C62z_eSsw.
图 1-6 https://img.itch.zone/aW1hZ2UvMjQyNjQ3LzEyMDU3MDlucG5n/original/tY9n5P.png.
图 1-7 https://www.archdaily.com/332438/ad-classics-la-muralla-roja-ricardo-bofill.
图 2-1 http://socks-studio.com/2013/12/13/a-revolution-in-stage-design-drawings-and-production.s-of-adolphe-appia/.
表 2-1 Filippo Lodi, William de Boer, Alexander Leck. NIGHTSIGHT Lighting System: Collaboration with Zumtobel. 2017. https://www.unstudio.com/en/page/5894/nightsight-lighting-system-collaboration-with-zumtobel.
图 2-2 图片经视频截图组合处理。https://alchetron.com/Josef-Svoboda#-.
图 3-1 https://www.toptal.com/designers/ui/gestalt-principles-of-design.
图 3-2 根据 Erco Handbook of Lighting Design/basic 部分改画。 https://www.erco.com/download/en/.
图 4-1 https://www.louispoulsen.com/en/professional/about-us/designers/poul-henningsen.
图 4-2 https://louispoulsen.azureedge.net/images/catalog-images/14852_14852_PH-Artichoke-CopperRose-720-06C-2-5-90145.png?width=600&format=png.
图 4-3 https://www.louispoulsen.com/en/catalog/professional/decorative-lighting/pendants/ph-5?v=90293-5741099825-01&t=about.
图 4-4/ 图 4-5 http://digital.lighting.co.uk/lighting/issue_2_april_2015?pg=18#pg18.
表 4-1 Journal Editor. Doug James of Mindseye Lighting Design talks us through the 10 key lighting techniques for integrating lighting into architecture. lighting- illumination in architecture, 2015(3). http://digital.lighting.co.uk/lighting/201506?pg=94#pg94.
图 5-2 https://www.lighting.co.jp/projects/detail/43.
图 5-3 http://kenchiqoo.net/english/archives/000797.html.
图 5-4 (a) http://english.chikada-design.com/works/view/14.
图 5-4 (b) http://www.chikada-design.com/news/img/20150901_1.jpg.
图 5-5 (a)/(b) http://en.licht.de/en/service/publications-and-downloads/lichtwissen-series-of-publications/.
图 5-6 (a) https://www.ulrike-brandi.de/wp-content/uploads/2005/09/02_Rathaus-Hamburg-nachher_Ulrike-Brandi-.jpg.
图 5-6 （b） Ulrike Brandi, Christoph Geissmar-Brandi. Light for Cities: Lighting Design for Urban Spaces，Basel: Birkhauser, 2006.
图 5-7 (a)/(b) https://www.wiseguys-urban-art-projects.com/opdrachten-kunst-openbare-ruimte/ijsei-waiting-busses-birdsmoniek-toebosch/.
图 6-1 (a) Lighting concepts 2013. https://www.lamp.es/download_186953.pdf.
图 6-1 (b) https://wonderfulight.com/chateau-de-puilaurens/.
图 6-2 (b) http://www.stevenholl.com/projects/st-ignatius-chapel.
图 6-2 (c) Peter Zumthor. 1990－1997 Buildings and Projects(2). http://www.archiposition.com/items/20181112110522.
图 6-3 https://www.newschool.edu/parsons/student-work/?id=17179872406.
图 6-4 http://www.speirsandmajor.com/work/strategy/durham_lighting_strategy/.
图 6-5 (a)－(f) 来自灯具产品册， i-LèD_MAESTRO 1.0_Professional Led Lighting. https://www.linealight.com/en-gb/catalogues.

图 6-6 来自阿拉丁资料视频截图，https://www.alighting.cn/resource/2014/5/7/105454_32.htm.
图 6-8 SVETLO NEWSPAPER. https://lumenart.net/projekten/poliklinika-novamed/.
图 6-9 https://skira.hr/wp-content/themes/skira/pdf/28_2011_pld_novamed_polyclinic.pdf.
图 6-10 广州研光所照明灯光设计有限公司提供.
图 6-11 面出薰 +LPA. 都市と建築の照明デザイン (Lighting Design For Urban Environments and Architecture). 东京：株式会社六耀社，2005.
图 6-12 (a) 马尔科姆·英尼斯. 室内照明设计. 张宪，译. 武汉：华中科技大学出版社，2014.
图 6-13 https://www.archlighting.com/design-awards/2014-al-design-awards-memorial-to-the-victims-of-violence-mexico-city_o.
图 6-14 (a)－(e) https://postimg.cc/yWGF7q4S.
图片 6-14 (f) https://www.arup.com/perspectives/publications/promotional-materials/section/rediscovering-heritage-lighting.
图片 6-14 (g) https://www.interempresas.net/Iluminacion/Articulos/262898-Un-nuevo-enfoque-para-la-iluminacion-de-edificios-historicos.html.
图 6-15 Star Davies. The Measure of Nature. Lighting-Illumination in Architecture, 2017(5). https://www.lighting-magazine.com/library-issues/.
图 6-16/ 图 6-17 马尔科姆·英尼斯. 室内照明设计. 张宪，译. 武汉：华中科技大学出版社，2014.
图 6-18 广州研光所照明灯光设计有限公司提供.
图 7-8 (a)/(b) 北京远瞻照明设计有限公司提供.
图 7-21 https://www.erco.com/guide/designing-with-light/drawing-2653/en_us/.
图 7-25 www.erco.com.
图 7-28 https://issuu.com/luminous.international.lighting.magazine/docs/luminous-13-lighting-mag-2014-int.
图 7-31 https://ascmag.com/blog/the-film-book/gordon-willis-tribute-the-godfather.
图 7-36 https://en.wikipedia.org/wiki/Mona_Lisa.
图 7-37 https://en.wikipedia.org/wiki/Card_sharp.
图 7-38 https://en.wikipedia.org/wiki/File:Monet_-_Impression,_Sunrise.jpg.
图 7-39 https://en.wikipedia.org/wiki/Le_D%C3%A9jeuner_sur_l%27herbe.
图 7-40 https://en.wikipedia.org/wiki/File:Georges_Seurat_-_A_Sunday_on_La_Grande_Jatte_--_1884_-_Google_Art_Project.jpg.
图 7-41 https://en.wikipedia.org/wiki/The_Starry_Night.
图 7-43 https://en.wikipedia.org/wiki/File:La_ronda_de_noche,_por_Rembrandt_van_Rijn.jpg.
图 7-44 https://en.wikipedia.org/wiki/File:Meisje_met_de_parel.jpg.

后记

《照明艺术设计：光与空间形象》从构思到编撰，历时多年，现在终于付梓，回首释然之余也颇多感怀。以“光与空间形象”为题的照明设计课程，在广州美术学院建筑艺术设计学院的整个教学框架中所占的比重不大，课程周期也不长（通常为六周），但多年教学过程中积累起来的成果资料在数量上却相当可观，而将这些教学成果加以梳理、总结并编著成册，的确不是一件容易的事。作为一本教学专著，我们慎重地筛选了多个教学过程中一直尊崇的经典照明理论，并对课题类型多样的学生作业进行反复评估和再整理，花费了很多的时间和精力。针对本课程教学的创新尝试、验证和调整，目前和未来仍会持续。我们希望在本书中尽可能搭建一个展现科学和艺术融合的且实用有效的照明设计教学架构，同时又能呈现出面向艺术设计类专业学生的有质量的系列教学方法，也希望借此来部分地反映广州美术学院建筑及环境设计教学的思路和实验探索。

在广州美术学院，照明设计的教学内容从十多年前就开始与“空间环境设计专业板块”的设计课程结合在一起。随着时代发展和专业创新的要求，以及环境设计、建筑学、风景园林三个专业教学内容在深度与广度上的拓展，照明设计成为对应各个专业的独立必修课程，我们随之对其进行了更具针对性的课程设计与教学安排，同时延展成为面向其他专业的选修课程。课程得到来自校内外多方面的重视和支持：学校投资建设了“艺术与光环境设计实验室”；多家国内外著名照明厂商慷慨赞助了反映行业发展潮流的高品质灯具和光源；许多照明设计界的专家、学者参与到课程教学的各个环节当中，热情地指导教学，并为课程发展提出了很多建设性意见。除了日常课程教学外，我们还举办了多次学术会议、设计竞赛、设计工作坊、行业考察与实习等专业学术交流活动，通过全方位的形式和手段，努力践行广州美术学院建筑艺术设计学院“艺筑集成、思行并重”的教育理念。

在课程教学实践和研究探索逐步成形的过程中，有赖于前辈和同行在各个阶段给予的引领和帮助，这其中包括校内的赵健、沈康、杨岩等老师在学术方向确立、教学组织、实验室建设与管理等方面的关心与指导，也包括校外的詹庆旋、郝洛西、张昕、齐洪海、马剑、常志刚、何崴、杜异、李铁楠、严永红、周波、周炼、赖雨农、林志明、郑见伟、王小冬、许东亮、梁峥、丘玉蓉、Sarvdeep Basur、叶玉、周红亮、黄健怡、沈迎九、吴刚、李文、徐庆辉等在专业知识与教学经验等方面的无私传授，以及在有关项目研究方面的大力支持。

目前，“光与空间形象”在广州美术学院对建筑学、环境设计和风景园林专业的本科生和研究生同时开课。这门课程面对本科生的教学内容强调的是“面向艺术设计的照明设计”，参加课程学习的专业涵盖设计类和艺术类学生。本书几个教学环节选用了前后多届学生的作业作为示范，如杨明朗、邓宵亮、许振潮、王毅恒、周浩航、黄炜、谢翠婷、胡秀娴、吴韵健、黄爱璇、梁少丰、关灏正、郭培华、刘晓阳、李霖、梁璇、陈金勇等。这门课程面对研究生的教学内容强调的是“基于照明研究的空间环境设计”，参加课程学习并在本书中多个教学环节内容呈现示范作业的研究生有：程倩、陈幸如、赵梦周、黎振威、周丽娴、盛迪、萧卓尔、万艺姝、许振潮、张美梅等。书中的作业范例既反映出作为艺术设计专业的学生想象力丰富、造型能力强、图示表达多样等特点，同时也呈现出学生在各个教学互动环节中迸发出的充沛热情和智慧，更为本书的编撰提供了丰富的素材。限于本书的内容框架与表述侧重，很遗憾无法收录更多同学的优秀设计作业和相关艺术作品，在此对所有参与课程的同学的努力一并表示感谢。

最后特别感谢本书的责任编辑武蔚女士，从积极热忱地促成立项到整个编撰过程中的鼓励、推动与督促，不断给予我们坚持完成工作的勇气和动力；她在本书的架构调整、内容精选、编写体例、表述方式以及装帧设计等方面均给予了大量极富建设性的专业意见。我们致敬她及其同济大学出版社的同事们对本书的倾情付出。

光，描画空间的功能意义，诠释环境的美学内涵。我们希望照明设计不仅是一门专业的知识和技术，更希望它能成为一条设计生活的线索。

林红　杨一丁

图书在版编目（C I P）数据

照明艺术设计：光与空间形象 / 林红，杨一丁著
. -- 上海：同济大学出版社，2020.9
（建筑·城规设计教学前沿论丛 / 吴江 主编）
ISBN 978-7-5608-9285-6

Ⅰ. ①照… Ⅱ. ①林… ②杨… Ⅲ. ①建筑照明—照明设计 Ⅳ. ① TU113.6

中国版本图书馆 CIP 数据核字（2020）第 101966 号

广州美术学院 2019 年教材资助项目 项目编号：Gmjc10604340601

照明艺术设计：光与空间形象

林 红 杨一丁 【著】

责任编辑 武 蔚
责任校对 徐春莲
装帧设计 曾 增
出版发行 同济大学出版社 http://www.tongjipress.com.cn
地址：上海市四平路 1239 号 邮编：200092 电话：021-65985622
经 销 全国各地新华书店，建筑书店，网络书店
印 刷 上海安枫印务有限公司
开 本 787mm×1092mm 1/16
印 张 16
字 数 399 000
版 次 2020 年 9 月第 1 版
印 次 2023 年 1 月第 2 次印刷
书 号 ISBN 978-7-5608-9285-6
定 价 128.00 元